D. N. PRJANISCHNIKOW

DER STICKSTOFF IM LEBEN DER PFLANZEN UND IM ACKERBAU DER UdSSR

DER STICKSTOFF IM LEBEN DER PFLANZEN UND IM ACKERBAU DER UdSSR

VON

D. N. PRJANISCHNIKOW

MITGLIED DER AKADEMIE DER WISSENSCHAFTEN DER UdSSR

1952

AKADEMIE-VERLAG · BERLIN

Д. Н. ПРЯНИШНИКОВ

АЗОТ В ЖИЗНИ РАСТЕНИЙ И В ЗЕМЛЕДЕЛИИ СССР

erschienen im Auftrage der Akademie der Wissenschaften der UdSSR im Verlag der Akademie der Wissenschaften der UdSSR Moskau - Leningrad 1945

Die deutsche Ausgabe erscheint unter der wissenschaftlichen Redaktion von Nationalpreisträger Prof. Dr. Roemer †, Halle/Saale, und Prof. Dr. Gustav Könnecke, Halle/Saale

Erschienen im Akademie-Verlag GmbH., Berlin NW 7, Schiffbauerdamm 19

Lizenz-Nr. 202 · 100/60/51

Satz und Druck VEB Offizin Haag-Drugulin, Leipzig III/18/38

Bestell- und Verlagsnummer: 5069

Printed in Germany

Am 7. November 1945 jährte sich zum 80. Mal der Geburtstag des

HELDEN DER SOZIALISTISCHEN ARBEIT

Dmitri Nikolajewitsch Prjanischnikow,

MITGLIED DER AKADEMIE DER WISSENSCHAFTEN DER UdSSR,

des Begründers der sowjetischen Agrochemie. An diesem Tage erschien die vorliegende Monographie des Jubilars, die einem der aktuellsten Probleme der Agrochemie gewidmet ist. Bei der Bearbeitung dieses Problems haben die Forschungen Prjanischnikows eine hervorragende Rolle gespielt.

Д. Прянишников

INHALTSVERZEICHNIS

Teil I

Teil II

Teil III

„Seulement par ce que la science n'est sûre de rien, elle avance toujours." *Duclaux*

TEIL I

ÜBER DIE QUELLEN DES PFLANZENSTICKSTOFFS

Vor über 50 Jahren (im Dezember 1890) hielt *Kliment Arkadjewitsch Timirjasew* eine öffentliche Vorlesung über die „Quellen des Pflanzenstickstoffs." Er begann seine Vorlesung mit folgenden Worten: „Es kommt selten vor, daß die Wechselbeziehungen von Theorie und Praxis so scharf in Erscheinung treten wie bei den Forschungen nach der Herkunft des Pflanzenstickstoffs, die mit dem rein praktischen Problem des Anbaues von Klee und überhaupt Leguminosen verbunden sind."

Dieser Ausspruch von *Kliment Arkadjewitsch Timirjasew* hat im darauf folgenden halben Jahrhundert nicht nur eine Bestätigung, sondern auch eine Vertiefung seines Sinnes erhalten. Die Erkenntnisse der theoretischen Chemie sind von der Stickstoffindustrie verwirklicht worden und der „biologische Stickstoff" fand Anschluß an den „technischen Stickstoff". Ich hoffe, daß es mir in dieser Arbeit mit Hilfe eines neuen Materials gelungen ist, den Grundgedanken von *K. A. Timirjasew* weiter zu entwickeln und zu ergänzen.

Es ist bekannt, daß die pflanzlichen und die tierischen Organismen in der Hauptsache auf vier Organogene zurückgehen, auf die die Botaniker mehr als einmal den bekannten Vers Schillers anwandten:

„Vier Elemente,
Innig gesellt,
Bilden das Leben,
Bauen die Welt."

Wenn diese vier Elemente vom Standpunkt der Physiologie gleichwertig und in gleicher Weise notwendig sind, dann muß man in der praktischen Landwirtschaft doch feststellen, daß sie sich verschieden verhalten, und zwar aus erklärlichem Grunde: Während der Sauerstoff der Luft, die Kohlensäure und das Wasser, das gleichfalls aus der Luft kommt, allen Pflanzen zugänglich sind, können die höheren Pflanzen den Stickstoff aus der Luft überhaupt nicht unmittelbar beziehen und müssen ihn im Boden suchen. Die Erdrinde ist aber keineswegs die primäre Fundstätte des Stickstoffs – hier ist er selten, und in der Mehrzahl der Böden befindet sich der Stickstoff im Minimum (das betrifft die Podsolböden, die den größten Teil Westeuropas und der Sowjetunion einnehmen). Die Hauptmasse des Stickstoffs finden wir in der Luft. Aber die Atome im Stickstoffmolekül sind dermaßen fest gebunden, daß es nur bei sehr hohen Temperaturen gelingt, diese Verbindung zu lockern; in der Kälte reagieren, zum mindesten in der Hand des Chemikers, weder Sauerstoff, noch Wasserstoff mit dem Stickstoff. Allerdings gibt es einen Fall, wo die Reaktion auch im Kalten abläuft: Lithium ist imstande, dieses Molekül zu lockern und eine Verbindung mit dem Stickstoff einzugehen: $N \equiv N + 6\,Li = 2\,Li_3\,N$. Dieser Fall kann aber nur den Technologen, nicht den Physiologen interessieren. Auch für das Leben der Pflanzen unter natürlichen Bedingungen ist dieser Prozeß ohne Bedeutung.

In der Natur kennen wir nur zwei Fälle der Stickstoffbindung: die elektrische Entladung (Blitz) und Prozesse, die für einige Mikroorganismen charakteristisch sind. Aber auf die Erscheinung des Blitzes kann man eine Ernte nicht gründen, und der Weg zum Stickstoff der Luft durch die Mikroorganismen war lange unbekannt, während man die technische Stickstoffgewinnung aus der Luft noch weniger kannte.

Solange *Hellriegel* und *Haber* diese Wege noch nicht gefunden hatten, erregte die Tatsache, daß der unermeßliche Luftozean fast zu vier Fünfteln aus Stickstoff besteht, während zur gleichen Zeit im Boden ein Mangel an Stickstoff herrscht, die Verwunderung aller auserwählten Vertreter der Landwirtschaft. Welch eine Sehnsucht nach dem Stickstoff, welch ein banges Verlangen, die Brücke zu seiner Nutzbarmachung zu finden, klingt aus den Worten des später berühmt gewordenen *Schultz* aus Lupitz („Wüstenei Lupitz – Wolfswüste"). Dieser Student aus der Zeit *Liebigs*, sein Schüler und eifriger Anhänger, übernahm eine Erbschaft, auf der nur Heidekraut wuchs, begann sie zu beackern, mit Kali und Phosphor zu düngen in der Hoffnung, daß der Stickstoff (nach *Liebig*) von selbst aus der Luft kommen würde[1]. Der Stickstoff kam aber nicht, und die Schulden des Gutes nahmen zu, bis der scharfe Beobachter *Schultz* noch vor der Entdeckung *Hellriegels* die Feststellung machte, daß die Wolfsbohnen, die Lupinen[2] imstande sind, die „Wolfswüste" zu befruchten. Jetzt entstand bei ihm eine Art „Hohelied auf den Stickstoff", wenn auch verfaßt in Prosa: „Wenn man vom Wasser absieht, dann ist gerade der Stickstoff der gewaltigste Motor in den Prozessen der Entwicklung, des Wachstums und der Schöpfung der Natur. Ihn einzufangen, Gewalt über ihn zu bekommen – das ist die Aufgabe; ihn zu erhalten – das ist der Schlüssel zur Ökonomik. Seine Quelle, die mit unerschöpflicher Energie sprudelt, den Menschen dienstbar zu machen – das ist das Geheimnis des Wohlstandes."

Aus der Geschichte der Stickstofffrage

Eine Reihe von Gegensätzlichkeiten ist mit dem Begriff Stickstoff verbunden: einerseits ist er ein „lebloses Gas", andererseits gibt es kein Leben ohne Stickstoff,

[1] Dabei hatte *Liebig* aber nicht den freien Stickstoff gemeint, sondern diesen im kohlensauren Ammonium; der Gehalt an dieser Verbindung in der Luft ist aber so gering, daß sie auf die Höhe des Ertrages keinen Einfluß haben kann.

[2] Vom lateinischen Wort Lupus = Wolf.

weil er ein unbedingter Bestandteil der Eiweiße ist; der Stickstoff liefert bald oxydierte Verbindungen, bald reduzierte, mal Verbindungen mit saurem, mal mit basischem Charakter, wobei es, im Gegensatz zu anderen Elementen, auf die Fähigkeit der Pflanze ankommt, verschiedene Stufen der Oxydation und Reduktion, wie Nitrate oder Nitrite, Ammoniak und Hydroxylamin, sowie bei niederen Organismen den freien Stickstoff bei den Syntheseprozessen zu verwenden. Auch von der ökonomischen Seite ist der Stickstoff mal das teuerste Element, wenn die Rede von der mineralischen Düngung ist, und dann wieder das billigste, wenn man die stickstoffsammelnde Tätigkeit der Leguminosen im Auge hat.

Die Geschichte des Stickstoffs soll man natürlich nicht mit *Schultz* beginnen, sondern mit *Boussingault*, aber auch dieses ist nur dann richtig, wenn man von der Periode der echten Chemie spricht, die mit *Lavoisiér* einsetzt.

Tatsächlich reicht diese Frage noch in eine Zeit vor *Lavoisiér* zurück, in jene der Alchemie und Iatrochemie, wobei man sich damals einer anderen Terminologie bediente. Man sprach gewöhnlich von der „Luftherkunft des Salpeters". Man nahm an, daß die „Salpeterkeime" (germes, œufs) in der Luft schweben und daß im Boden nur die „Inkubation" und die Entwicklung der Keime stattfindet, wobei das wertvolle Salz („das Salz der Erde") geboren wird[1]. Schon *Albert der Große* (XI. Jahrhundert) spricht in seinem Traktat „De mirabilibus mundi" vom Salpeter[2].

Die Schriftsteller des XIV. Jahrhunderts erwähnen Rezepte zur Reinigung des Salpeters als Bestandteil des Pulvers (Codex Germanicus, 1350); später interessierte man sich für ihn als das „Salz der Fruchtbarkeit". 1540 verbot man in Frankreich den Salpeterexport ins Ausland und verlangte seine Ablieferung an den Staat. 1544 erscheint ein Edikt betreffend die Bildung von 300 Stützpunkten zur Gewinnung des Salpeters. Aus jener Zeit wird auch mitgeteilt, daß die holländischen Schiffe mit Salpeter aus Indien kamen. Reisende wußten zu berichten, daß der Salpeter unter natürlichen Bedingungen nicht nur in Indien, sondern auch in Amerika, in China und sogar in Spanien entsteht. 1563 erschien ein Traktat von *Bernard Palissy*[3] über

---

[1] Wir erinnern daran, daß auch später (in der 1. Hälfte des XIX. Jahrhunderts), als man schon wußte, daß der Stickstoff der Hauptbestandteil der Luft ist, die Ansicht verbreitet war, daß Salpeter aus dem gasförmigen Stickstoff im Boden entsteht, wobei der Boden als poröser Körper die Stickstoffoxydation nach Art eines Wasserstoffeuerzeuges begünstigt, und daß die gebildeten Stickstoffoxyde an das Kalzium des Bodens gebunden werden. Diese Ansicht widerlegte *Boussingault*, der zeigte, daß die Ansammlung von Nitraten im Boden nicht mit der Bindung des Luftstickstoffs zusammenhängt.

[2] Dem Salpeter (nitrum) schrieb man eine wichtige Rolle zu bei der geheimnisvollen Auffindung des Steins der Weisen (*Paracelsus*).

[3] *Bernard Palissy* – ein begabter Autodidakt, ursprünglich Töpfer, dann empirischer Chemiker, Zusammensteller der Emaille für Sèvres-Porzellan, Kunstmaler, Bildhauer, Reisender, Topograph und Geologe. Als älterer Mann hielt er Vorlesungen am königlichen Hof für ein ausgesuchtes Auditorium von Ärzten usw. und wurde schließlich von der Inquisition zum Tode verurteilt (in der Zeit, als die katholische Kirche gegen die Hugenotten kämpfte), von dem ihn nur der Einspruch der Königin-Mutter rettete. Charakteristisch ist seine stolze Antwort, die er

die Bedeutung der Salze im Ackerbau („les sels végétatifs"), in dem er die Fruchtbarkeit des Bodens vom Gehalt an gewissen Salzen abhängig macht und behauptet, „daß der Dünger ohne ein bei der Zersetzung von Streu und Heu entstehendes Salz wertlos sei". Einer seiner Hörer in Paris[1] drückt sich noch genauer aus und sagt, daß der Dünger das „Salz des Harns" enthält und daß die Zunahme der Bodenfruchtbarkeit von der Bildung des „sucs nitreux" oder „la salure de nitre[2]" abhängig ist.

Am bemerkenswertesten sind die Gedanken, die *Johann-Rudolf Glauber* über den Kreislauf des Stickstoffs in der Natur und über seine Bedeutung im Leben der Pflanze im XVII. Jahrhundert ausgesprochen hat.

Allerdings spricht *Glauber* noch nicht von Stickstoff, sondern sagt: nitrum. Es ist schwer zu sagen, wie man dieses Wort übersetzen soll, aber Salpeter ist es nicht. Nicht selten unterscheidet er mal Salpeter und dann wieder nitrum. Ich würde unter Gebrauch der Terminologie des „blauen Vogels" mich so ausdrücken, daß „nitrum" die „Seele des Salpeters", eine Ahnung von der Existenz des Stickstoffs, ist. Bei der Übertragung in die moderne Sprache könnte man sagen, daß nitrum bei *Glauber* in manchen Fällen „Stickstoff" und in anderen das „Ion NO_3" bedeutet.

In seiner Arbeit „Teutschlands Wohlfahrt" (1656) sagt er: „Sal et nitrum est unica vegetatio, generatio omnium vegetabilium, animalium, mineralium", was man wörtlich kaum übersetzen kann und das in einer modernisierten Fassung der Behauptung nahekommt, daß die Aschen (Salze) und der Stickstoff (oder die „Seele des Salpeters") die einzigen Ursachen für das Wachstum der Pflanzen sind, wenn man nur vom Boden spricht. Charakteristisch ist folgende Stelle bei *Glauber*: „Wahrscheinlich stammt der ganze Salpeter (oder der „Anfang des Salpeters"), dessen wir uns bedienen, von den Pflanzen." Unter Hinweis darauf, daß der Salpeter an den Wänden der Pferde- und Viehställe vorkommt, fragt er, wie der Salpeter entsteht. Offenbar sind seine Quellen der Harn und die Exkremente der Tiere. Aber diese Stoffe stammen aus der Nahrung der Tiere, aus dem Gras oder dem Heu, mit einem Wort aus den Pflanzen. Folglich enthalten diese den „Anfang des Salpeters", während die Verdauungsorgane nur seine Abspaltung vorbereiten. *Glauber* bemerkt, daß

---

dem König erteilte, als dieser ihn im Gefängnis besuchte und zur Einigung mit der Kirche bewegen wollte. Näheres über *Palissy* im Buch von *Figié*, „Das Leben bedeutender Menschen", und bei *Grandeau*, „Chimie appliquée à l'agriculture", Paris 1879.

[1] Das war *Gui de Bross*, Arzt *Ludwigs XIII.*, der später (1621) ein Buch über die Natur der Pflanze schrieb, in dem ein Kapitel die Überschrift trägt: „De la manière de vivre des plantes et de leur nourriture". Aber neben vernünftigen Betrachtungen über die Bedeutung des Salpeters und anderer Salze im Boden findet man in diesem Buch auch ganz phantastische Behauptungen bezüglich der Herkunft der Kohlenhydrate in der Pflanze („La manne").

[2] Unser Wort „selitra" enthält den Stamm nitrum und kommt vom Lateinischen sal nitri, auf spanisch – salitra; sal geht dann in das französische sel über.

Er wiederholte nochmals die These von *Palissy*, daß für den Boden „das Salz der Vater der Fruchtbarkeit" sei. Aber man sieht bei ihm deutlicher als bei *Palissy*, welchem Salz die Hauptbedeutung zukommt.

Salpeter auch ohne Beteiligung der Exkremente entsteht, wenn man Blätter und andere Stoffe pflanzlicher und tierischer Herkunft mit Erde durchmengt, und macht darauf aufmerksam, daß man dieses Verfahren zur industriellen Salpetergewinnung benutzen kann. Weiter sagt er, daß man Salpeter (nitrum) auch aussäen kann, genau so wie den Samen der Feldkulturen und daß es möglich ist, mit fermentativen Mengen des Salpeters eine große Bodenmenge zu impfen, die sich sofort mit Salpeter überzieht, „ähnlich dem, wie eine kleine Menge Bierhefe eine große Menge Teig zum Gären bringt". Auf diese Weise läßt also *Glauber* schon den Gedanken von einer bestimmten Ähnlichkeit der Gärung mit dem Prozeß der Salpeterbildung erkennen.

Glauber hatte bereits einige Vorstellungen vom Kreislauf des gebundenen Stickstoffs. Er sagt, daß der „Anfang des Salpeters" (nitrum) aus der Tiefe des Erdreiches in die Luft emporsteigt und dann wieder zurückkommt, „gesättigt mit astralen Einflüssen und gelöst im Wasser, Schnee oder Tau, um dem Boden die Fruchtbarkeit zu bringen."

Weiter sagt *Glauber* folgendes über den „Anfang des Salpeters": „Das ist gleichsam ein Vogel ohne Flügel, der Tag und Nacht fliegt, ohne zu ruhen, zwischen alle Elemente eindringt und den Odem des Lebens bringt. Vom nitrum leiten die Mineralien, die Pflanzen und die Tiere ihre Herkunft ab. Diese Quelle versiegt niemals, sie ändert nur ihre Form. Wenn nitrum als Nahrung in den Körper der Tiere eingeht, dann verläßt es ihn wieder in Gestalt der Exkremente und kehrt in den Boden zurück, um von hier zum Teil mit den Dämpfen und Ausscheidungen in die Luft zu steigen, so daß es wieder inmitten der Elemente sich befindet. Es existiert in den Wurzeln der Pflanzen und schon ist es wieder in den Nahrungsstoffen. Somit führt sein Kreislauf von den Elementen zu den Nahrungsmitteln, aus der Nahrung in die Exkremente und von hier wieder zu den Elementen."

Glauber empfiehlt, den Wurzeln der Reben Salpeter zu geben, er erteilt den Rat, das Saatgetreide mit einer Salpeterlösung anzufeuchten, um die Erträge zu heben. Seine Hymne über den „Salpeteranfang" beschließt *Glauber* damit, daß er neben Epitheta und Vergleiche die Frage stellt: „Vielleicht ist das auch der ‚Stickstoff', von dem die Philosophen schreiben." Woher kannte aber *Glauber* das Wert „Azot"? Gewöhnlich nimmt man an, daß Azot von *Lavoisièr* stammt und aus dem griechischen Wortteil zoo (ich lebe) und der Negation a (alpha privativum) gebildet worden ist. Tatsächlich ist dieses Wort aber viel älter, denn es findet sich bereits bei den Alchimisten, wenn auch in einem anderen Sinne.

Betrachten Sie die Gravüre von 1618 (Abb. 1); die Unterschrift lautet: „Waschung der Latona mit Stickstoff." Hier versteht man unter Stickstoff eine Art lebendiges Wasser, ein Lebenselixier, mit einem Wort irgendeine wundertätige Flüssigkeit.

Woher stammt aber das Wort, dessen sich die Alchimisten bedienten? Die Zusammensetzung des Wortes „Azot" lautet so: „Alpha" – der erste Buchstabe aller damaligen Alphabete, deren man sich bei der Niederschrift wissenschaftlicher

Werke bediente (griechisch, lateinisch, hebräisch), „z“ – letzter Buchstabe im lateinischen, „Omega“ – im griechischen Alphabet und „Tow“ – der Endbuchstabe des hebräischen Alphabets. Aus diesen Buchstaben ist auch das Wort „Azot“ entstanden. Das ist eine Variation auf das Motiv der Apokalypse: „Ich bin das Alpha

Abb. 1. „Waschung der Latona mit Stickstoff“. Aus Atalanta Fugiens, Maier 1618, s. *John Read*, Prelude to chemistry, London 1936

und Omega, der Anfang und das Ende.“ Mit dem Worte „Azot“ bezeichnete man mal den unbekannten „Anfang aller Anfänge“, mal den Stein der Weisen, dieses wundertätige „Ferment“, das Metalle in Gold verwandelt[1], mal überhaupt einen geheimnisvollen Schlüssel zu Schönheit, Gesundheit und Reichtum.

[1] Sicut fermentum pastae vincit pastam et ad se convertit semper, sic et his lapis philosophorum habet convertere plurimas partes metallorum ad se et non converti.“ (*Petrus Bonus de Ferrara*, 1330. Zit. aus *Schultzenberger*, Les fermentations.)

Wenn also *Glauber* sagt, daß die „Seele des Salpeters“ auch der „Stickstoff der Philosophen“ ist, dann darf man es natürlich nicht so auffassen, daß *Glauber* den Stickstoff im Sinne *Lavoisiérs* gemeint hat; das war nur ein bildlicher Vergleich, um die ganze Bedeutung des „Anfangs des Salpeters“ hervorzuheben. Man kann aber annehmen, daß auch *Lavoisiér* vom „Stickstoff der Philosophen“ Kenntnis hatte und diesem Worte nur einen konkreten Sinn beilegte.

Es ist festzustellen, daß *Glauber* nicht der einzige war, der im XVII. Jahrhundert von der Bedeutung des Salpeters gesprochen hat. 1621 erschien ein Werk von *Gui de Brosse*, dem Arzt Ludwigs XIII., unter der Überschrift „De la nature, de la vertu et de l'utilité des plantes“. Außer ungenauen Behauptungen, daß zur Pflanzennahrung Salz, Butter und „Spiritus“ gehören, ist in diesem Buche stellenweise die Rede von „nitrosen Säften“ des Bodens (les sucs nitreux), und der Ausdruck „das Salz der Erde“ schließt bei ihm die Vorstellung vom Salpeter („Der Dünger enthält das Salz des Harns“) ein. An anderer Stelle: „Ohne Salz ist der Boden zur Fruchtbringung ungeeignet oder, genauer, das Salz ist der Vater der Fruchtbarkeit.“ Ein gewisser Dr. *Stubbes* berichtete 1668 in der Londoner Königl. Gesellschaft aus seinen Beobachtungen auf der Insel Jamaica, daß auf Böden, die Salpeter enthielten (les terres nitreuses), das Zuckerrohr üppiger wuchs als auf anderen Böden und daß der Tabak beim Rauchen knisterte. Beiläufig bemerkte er, daß Pflanzen, die mit Salpeter gesättigt sind, eine schlechte Haltbarkeit besitzen und leicht faulen.

Schon vor sehr langer Zeit hatten die Alchimisten die Vorstellung von der „Luftherkunft des Salpeters“ (le nitre aérien).

1660–1669 sprechen verschiedene Autoren (*Digby*, *Hengshaw*, *Beal*) davon, daß der Anfang des Salpeters im Tau vorkommt, und empfahlen, den Samen in eine Salpeterlösung zu tauchen. *Francis Bacon* schenkte in seinem Traktat: „Silva silvarum“ (1626) dem Salpeter eine große Beachtung und nennt ihn gleichfalls das „Salz der Fruchtbarkeit“; auch er hatte die Vorstellung, daß ein „gewisser subtiler Teil des Salpeters“ zum wesentlichen Bestandteil der Pflanze wird. Zu jener Zeit gehören auch recht interessante Ausführungen *Mayows*, der 1671 das „Tractatus quinque medico-physici, quarum primus agit de sal-nitro et spiritu nitro-aereo“ verfaßt hat. *Mayow* hat als erster die präzise Behauptung aufgestellt, daß der Salpeter aus einer Säure und einer Base besteht, daß die Luft an seinem Zustandekommen beteiligt ist, indem sie seinen flüchtigen Teil hergibt und daß auch der Boden dabei eine Rolle spielt, weil er die nicht flüchtige Base bereitstellt („le sel fixe alcali“). *Mayow* studierte die Bildung des Salpeters im Boden und zeigte, daß er im Frühjahr, zu Beginn der Vegetation, reichlicher vorkommt und dann immer mehr schwindet, weil ihn die Pflanze aufnimmt.

Robert Boyle (1626–1691), ein bekannter Chemiker und Physiker, Begründer der Londoner Königl. Gesellschaft, widmet dem Salpeter besondere Memoiren „A fundamental experiment made with nitre“, in denen er sagt, daß der Salpeter aus zwei

Urstoffen besteht: dem sauren, der flüchtig ist und eine Art „mineralischen Essigs" darstellt, und einem zweiten, nicht flüchtigen von basischer Natur. In denselben Jahren befaßten sich in Deutschland die Mitglieder der Akademie (Academia naturae curiosorum) häufig mit dem Salpeter und *Baldvinus (Baudoin)* schrieb u.a.: „Der Dünger ist voll vom Urstoff des Salpeters." *Barbieri* verfaßte 1681 Memoiren unter der Überschrift: „Spiritus nitroaerei operationes in microcosmo", *Giovanni* legte 1685 eine Dissertation „über die Gärung, die Luft und den Salpeter" vor, *Regis* spricht in seiner „Physik" (1691) von der Verbreitung des Salpeters im Boden, und *Stahl* widmete 1698 dem Vorkommen des Salpeters eine große Beachtung in seinem „Opusculum chimicum"; er sagt auch, daß es unrichtig sei, die Herkunft des Salpeters nur aus der Luft oder nur aus dem Boden zu vermuten, weil Luft und Boden an seiner Bildung beteiligt sind.

Somit bestand schon lange vor *Lavoisiér* eine Vorstellung nicht nur von der Bedeutung des „Salpeterurstoffs" im Leben der Pflanzen, sondern auch die Annahme seiner atmosphärischen Herkunft.

Als *Priestley* entdeckte, daß die Luft aus Sauerstoff und irgendeinem anderen Rest, der die Verbrennung nicht unterhält, besteht, nannte er diesen Rest „phlogistonierte Luft". Allein *Lavoisiér* zeigte, daß dieses Gas als solches in der Atmosphäre vorhanden ist und nicht bei der Verbrennung entsteht, wobei die Unfähigkeit dieses Gases, die Atmung und die Verbrennung zu unterhalten, vor allen Dingen die Aufmerksamkeit auf sich lenkte; daher stammt die ursprüngliche Bezeichnung *Lavoisiérs* „mofette atmosphérique", d.h. Miasmen oder Stickgase der Luft. Irgendeine Verbindung zur „Herkunft des Salpeters aus der Luft" hat man damals nicht festgestellt, in den Vordergrund trat der Gegensatz dieses Gases zum Sauerstoff im Hinblick auf die Prozesse der Atmung und Verbrennung. 1783 zeigte aber *Cavendish*, daß dieses Gas eine Verbindung mit Sauerstoff eingeht und Stickoxyde bildet, wenn man einen elektrischen Funken durch die Luft sendet, und gelangte damit zur Bezeichnung nitrogen (hier fand man im Grunde genommen die Brücke vom „leblosen" Stickstoff zum lebenspendenden Salpeter). Andererseits fand *Bertholet* sehr schnell, daß dasselbe Element auch einen Bestandteil des „alcali volatil", d.h. des Ammoniaks (und folglich auch einen Bestandteil einer ganzen Reihe von Stoffen der tierischen Herkunft) bildet. Infolgedessen empfahl *Fourcrois* den Terminus „alcaligène". Eine 1787 aus *Lavoisiér*, *Bertholet*, *Fourcrois* und *de Morveau* gebildete Kommission für chemische Terminologie beschloß aber, statt der positiven Charakterisierung des neuen Gases seine negativen Eigenschaften hervorzuheben und nannte es „lebloses Gas" oder Stickstoff (Azot), wobei sie dieses Wort vom griechischen zoo – ich lebe – ableiteten und davor die Vorsilbe „a" als Negation (im Griechischen gibt es tatsächlich das sogenannte alpha privativum) setzten. Es ist aber zu bemerken, daß die Gesetzlichkeit dieser Wortbildung Zweifel erregt, weil der Buchstabe t am Ende des Wortes nicht vorkommt; von zoo leitet sich zoè, d.h. das Leben, ab, also ein Wort ohne den Buchstaben t am Ende; das gleiche betrifft auch die kombinierten Termini, wie Zoologie, Zootechnik usw. Das Wort Azot stammt natürlich von den Alchimisten[1] ab, und es liegt nur der Versuch vor, ihm einen neuen Sinn zu geben. Es ist eigenartig, daß der Stickstoff, den *Lavoisiér* ein „lebloses Gas“ nannte, nicht gleich zu *Glaubers* „Seele des Salpeters“ geworden ist, die aus den Elementen in die Pflanzen, von den Pflanzen in den Körper der Tiere wandert und mit den Exkrementen in das Reich „der Elemente“ (d.h. in die anorganische Natur) zurückkehrt. Die Rolle der „Seele des Salpeters“ im Leben der Pflanzen und Tiere hat man scheinbar mitunter ganz vergessen. In der von *Déhérain*[2] verfaßten Biographie *Boussingaults* wird jedenfalls eine Erzählung gebracht, nach der ein Reisender beobachtete, daß, wenn die Lava eine üppig mit Gras bestandene Wiese erreicht, ein starker Ammoniakgeruch zu spüren ist, der sich in der Luft ausbreitet und dessen Auftreten der Reisende nicht erklären konnte. Als dieser Reisende sich an *Bunsen* wandte und eine Erklärung erbat, erhielt er zur Antwort, daß das Ammoniak bei der Einwirkung der glühenden Lava auf das Gras entstehen mußte, „weil *Boussingault* unlängst nachwies, daß die Pflanzen Stickstoff enthalten“.

Diese Erzählung klingt etwas sonderbar, weil der bekannte Chemiker *Davy*, der in der Geschichte der Chemie vor allen Dingen dank seiner Entdeckung des metallischen Kaliums berühmt geworden ist, in seinen Vorlesungen über agronomische Chemie (1812) vom Stickstoff als dem wichtigsten Bestandteil der Pflanzen deutlich gesprochen hat[3]. *Davy* kannte den besonderen Stickstoffreichtum der Hülsenfrüchte und äußerte sogar die Vermutung, daß sie den Stickstoff aus der Luft beziehen. Aber die wenigen physiologischen Versuche *Davys* waren primitiv[4]. Wenn man von

---

[1] Dieses kann man den folgenden Zeilen aus der Abhandlung „La chimie“, die *de Morveau* 1786 verfaßte, entnehmen: „On a remarqué, que suivant le Dictionnaire de Trevoux, azote signifiait la matière première des métaux, le mercure de philosophes; an aurait pu citer aussi Paracelse que se sert réelement des mots azot et azoth. ...“ (Encyclopédie méthodique, I. p. 641, 1786.)

[2] Beilage zum Band VIII der gesammelten Werke von *Boussingault* (Agronomie, chimie agricole et physiologie).

[3] Außerdem ist erwähnenswert, daß *Leblanc* 1804 in Paris gelegentlich einer Sitzung der Akademie der Wissenschaften einen Vortrag über folgendes Thema gehalten hat: „Sur les substances ammoniaquales considérées principalement comme matières végétatives.“ (*Grandeau*, „Chimie et physiologie appliquées à l'agriculture“, Paris 1879, p. 60–62.)

[4] *Davy* vermerkt ganz richtig, daß die Lösungen von Salpeter, Chlorammonium, Chlorkalium und kohlensaurem Kalium eine gute Wirkung auf die Pflanzen ausüben; die beste Wirkung dagegen hat das kohlensaure Ammonium. „Dieses Resultat“, sagt *Davy*, „war ganz natürlich, weil das Salz, von dem die Rede ist, Kohlenstoff, Wasserstoff, Stickstoff und Sauerstoff enthält.“

Der Versuch, der die Wirkung des kohlensauren Ammoniums auf die Pflanzen prüfen sollte, ist 1808 in folgender Weise angestellt worden: Eine Retorte wurde mit Dünger gefüllt, der sich in Zersetzung befand; die bei der Zersetzung entstehenden Gase leitete man an das Wurzelsystem von Gräsern. Schon vor Ablauf einer Woche konnte man beobachten, daß die Gräser, denen die Gase zugeführt waren, sich auffallend kräftiger entwickelten als andere auf diese Weise nicht gedüngte Gräser.

Einige sehr treffende Behauptungen findet man bei *Saussure* (1804), und zwar: „Die Überlegenheit der Düngemittel tierischer Herkunft im Vergleich zu pflanzlichen Stoffen hängt offenbar nur vom größeren Stickstoffgehalt der ersteren ab.“ *Saussure* ist aber nicht konse-

der Epoche der Alchemie und der Periode *Glaubers* absieht, dann muß man die Geschichte der strengen experimentellen Erforschung des Stickstoffproblems bei den Pflanzen doch nicht mit *Davy*, sondern mit *Boussingault* beginnen, der noch mehr als *Liebig* das Recht hat, als Begründer der modernen Agrochemie zu gelten. Schon vor *Liebig* hat *Boussingault* die damals herrschende Lehre *Thaers* abgelehnt. Er wußte, daß die Kohlensäure der Atmosphäre die Quelle des Kohlenstoffs für die Pflanzen ist, die ihn durch die Blätter aufnehmen, und setzte in der Frage der Wechselwirkung zwischen Pflanze und Boden an Stelle der Humustheorie die Theorie der Stickstoffdüngung der Pflanzen. Damit wies er den stickstoffhaltigen Düngemitteln den ersten Platz in der Wirkung auf die Ernte zu. („Les engrais les plus puissant sont ceux qui contiennet le plus d'azote“ (1837).

Über die Formen der aufnehmbaren Stickstoffverbindungen

Wirft man die Frage nach der Bedeutung des gebundenen Stickstoffs für die Pflanzen[1] auf, dann ergibt sich sofort ein andres Problem, das die *Formen* der Stickstoffverbindungen betrifft, die den Pflanzen zugänglich sind. Es handelt sich um folgendes: Während wir bei Schwefel und Phosphor genau wissen, daß die Pflanzen nur eine bestimmte Oxydationsstufe beanspruchen (Schwefelsäure, Phosphor-, und zwar Orthophosphorsäure), kommen beim Stickstoff, wie wir noch sehen werden, sehr viele Verbindungen von den am meisten reduzierten bis zu den am meisten oxydierten in Frage; sogar der freie Stickstoff kann in gewissen Fällen aus diesem Verzeichnis nicht ausgeschlossen werden.

Die Frage nach den Formen der Stickstoffverbindungen, die den Pflanzen zugänglich sind, passierte verschiedene Phasen, und man kann hier gewissermaßen eine *Hegel*'sche Triade feststellen, d.h. bei einiger Schematisierung 3 Stadien unterscheiden: die These, die Antithese und schließlich die Synthese der gegensätzlichen Auffassungen. Tatsächlich kann aber eine strenge Abgrenzung dieser Stadien (insbesondere zwischen der Antithese und der Synthese) nicht vorgenommen werden. Wenn auch beide Melodien in dem gemeinsamen Chor gleichzeitig durchklingen, so ist dieses Schema dennoch nützlich und erleichtert die Übersicht.

Nach der Ausgangsthese war das Ammoniak die Quelle für den Pflanzenstickstoff. Von dieser Auffassung sind *Boussingault* und *Liebig* ausgegangen. *Boussingault* nahm an, daß die tierischen Exkremente und andere organische Substanzen vor allem deswegen Düngemittel sind, weil bei ihrer Zersetzung Ammoniak entsteht. Wie kam *Boussingault* zu dieser Ansicht? *Boussingault* war bekannt für seine strengen Ver-

quent gewesen, denn 1842 hat er behauptet, daß das Ammoniak den Pflanzen nicht unmittelbar als Nahrung dient, sondern nur dazu beiträgt, daß der Bodenhumus, der Stickstoff enthält, gelöst wird (Bibliothèque universelle de Genève, 1842; zit. aus *Grandeau*, Chimie et physiologie, 1899, I. p. 496).

[1] Die Rolle *Boussingaults* in der Frage nach dem freien Stickstoff, die er im selben Jahre 1837 gestellt hat, werden wir später untersuchen.

suche mit sterilem Sand. Bevor er aber diese Sandversuche in Europa vornahm, hatte er Gelegenheit, eigenartige „Sandkulturen“ im Ackerbau Südamerikas zu sehen, wo er in der Jugend einige Jahre zubrachte, um die Erscheinungen in der freien Natur zu beobachten (er richtete auch ein Laboratorium auf dem Krater eines Vulkans ein) und die besonderen Ackerbaumethoden der Eingeborenen zu studieren. An der Küste von Peru sah er, wie aus unfruchtbaren Sandflächen fruchtbare Felder entstehen, die reiche Maisernten tragen, wobei diese Umwandlung nur dank der Düngung mit Guano zustande kam.

Boussingault analysierte das Guano und fand, daß es ein sehr stickstoffreiches Düngemittel ist, das zum Teil fertiges Ammoniumsalz (ampfersaures Ammonium), teils Stoffe, die bei der Zersetzung leicht Ammoniak liefern (Harnsäure u.a.), enthält[1].

Das gab den Anstoß und den Gedanken *Boussingaults* die erste Richtung über die Quellen des Pflanzenstickstoffs.

Auch *Liebig* schrieb dem Ammoniak die Hauptrolle bei der Ernährung der Pflanze mit Stickstoff zu. Außer der Ammoniakbildung bei der Zersetzung von Ausscheidungen tierischer Organismen legte er eine besondere Bedeutung dem kohlensauren Ammoniak in der Luft bei, das zwar nur in geringen Mengen vorkommt, aber bei der Größe und der Beweglichkeit der Luftmassen dennoch, nach seiner Ansicht, eine große Rolle bei der Ernährung der Pflanzen spielt. Eine gewisse Ahnung veranlaßte *Liebig*, die Quelle des Stickstoffs in der Luft zu suchen, und er glaubte, daß die mehrjährigen Futterpflanzen, deren Vegetation im Frühling zeitiger einsetzt und im Herbst später aufhört, der Luft mehr Ammoniak entnehmen als das Getreide.

Die Vorherrschaft der ursprünglichen These vom Ammoniak als der hauptsächlichsten Stickstoffquelle der Pflanzen war so groß, daß man für den ersten Transport des Chile-Salpeters in Hamburg keinen Käufer fand und gezwungen war, die Ladung ins Meer zu werfen. So verfuhr man im XIX. Jahrhundert mit dem Salpeter, den *Glauber* im XVII. Jahrhundert so hoch einschätzte, weil er in ihm die Verkörperung des „Stickstoffs der Philosophen“ sah.

Es ist charakteristisch, daß man bei den ersten Versuchen mit Sandkulturen (*Wiegmann* und *Polstorf*, 1842) als Stickstoffquelle das huminsaure Ammonium benutzte. Auch bei den ersten Feldversuchen in Rothamstedt (1843) figurierte schwefelsaures Ammonium und nicht Salpeter. Nachdem aber der Salpeter dennoch mit sehr guten Erfolgen in die Praxis der Landwirtschaft Eingang gefunden hatte, fand *Kühlmann*, ein Zeitgenosse *Liebigs* und *Boussingaults*, folgende Erklärung: Der Salpeter wirkt deswegen auf die Pflanzen, weil unter dem Einfluß organischer Bodensubstanzen seine Reduktion bis zum Ammoniak vor sich geht. So stark wirkte sich die herrschende These aus. Als aber *Salm-Horstmar* 1846 bei seinem Versuch, eine

[1] Die Guanoablagerungen kamen dadurch zustande, daß die Exkremente der Vögel (Pinguine u. a.), die von Fischen, d.h. einer stickstoffreichen Nahrung, lebten, durch Jahrhunderte in regenfreien Gebieten angesammelt wurden.

normale Mischung für Sandkulturen zu finden, von NH_4NO_3 zu $NaNO_3$ übergegangen war, mußte er zu seiner Überraschung feststellen, daß die Pflanzen auch ohne Ammoniak auskommen und sich allein mit Salpeter ernähren können. In die 50er Jahre des XIX. Jahrhunderts fallen die bekannten Salpeterversuche *Boussingaults* (sie finden Erwähnung in allen Lehrbüchern über Pflanzenphysiologie), dem der Widerspruch zwischen der Erklärung *Kühlmanns* und den Ergebnissen *Salm-Horstmars* aufgefallen war und der jetzt seine Versuche im durchglühten Sand mit zunehmenden Salpeterdosen, beginnend mit Null, vornahm. Der Ertrag einer Sonnenblume stieg (in den Grenzen des Versuchs) proportional der zugeführten Salpetermenge. So wurde bewiesen, daß die Pflanze mit Salpeter unmittelbar ernährt werden kann, und gleichzeitig wurde auch gezeigt, daß das berüchtigte kohlensaure Ammonium der Luft den Stickstoffhunger einer Pflanze, der man keinen gebundenen Stickstoff zuführt, in keiner Weise verhüten kann.

So näherte sich *Boussingault* scheinbar dem Stadium der Synthese (d. h. der Annahme, daß sowohl der Ammoniak als auch der Nitratstickstoff aufnehmbar seien), bis der folgende Umstand unerwartet eine scharfe Wendung zur Antithese, insbesondere in Deutschland, mit sich brachte: Seit dem Aufkommen der Methode der Wasserkulturen (Ende der 50er, Anfang der 60er Jahre) erlebte man eine Reihe von Mißerfolgen bei dem Versuch, Ammoniak als Stickstoffquelle zu benutzen. Diese Mißerfolge gingen darauf zurück, daß man nicht NH_4HCO_3, wovon *Liebig* sprach, auch nicht huminsaures Ammonium, wie es *Wiegmann* und *Polstorf* taten, sondern NH_4Cl und $(NH_4)_2SO_4$ nahm, ohne irgendwelche Maßnahmen zur Reaktionsregelung zu treffen. Dabei litten die Pflanzen natürlich und gingen zuweilen auch ein unter der Wirkung der Säurereste (HCl und H_2SO_4), wie dieses von *Rautenberg* (1863) richtig festgestellt worden ist[1].

Man fand damals die richtige und logische Erklärung nicht, nämlich die physiologisch saure Wirkung der zugeführten Salze, sondern nahm statt dessen an, daß das Ammonium als solches nicht geeignet sei und nur Nitrate für die Ernährung der Pflanzen in Frage kämen. Man unternahm allerdings einen Versuch (der aber mißlang), die starken Säuren auszuschließen. 1867 legte *Bayer* seine Versuche mit kohlensaurem Ammonium an, aber nicht einmal mit Bikarbonat, sondern mit $(NH_4)_2CO_3$. Natürlich haben dabei die Pflanzen unter der basischen Reaktion stark leiden müssen und lebten erst in der zweiten Hälfte des Versuches auf, als die Nitrate erschienen. Darin erblickte *Bayer* eine Bestätigung dafür, daß das Ammoniak an sich die Stickstoffquelle für die Pflanze nicht sein kann. Dieses war aber ein typischer Fall logischen Irrtums (cum hoc ergo propter hoc!), denn tatsächlich handelt es sich darum, daß infolge Verflüchtigung eines Teils des Ammoniaks beim Durchlüften der Kulturen die basische Reaktion gemildert wurde und auch daß die Nitrifikation eingetreten war. So scheiterten zwischen Scylla und Charybdis die Versuche jener Zeit, die Bedingungen zu finden, unter denen die Pflanzen das Ammo-

[1] *Rautenberg* und *Kühne*, Landwirtschaftliche Versuchsstationen, VI, 355.

niak ohne Umwandlung seines Stickstoffs in die Nitratform aufnehmen können, und die Antithese gewann immer mehr Boden. Bei dieser Sachlage blieb der einzig erfolgreiche Versuch jener Zeit, wo das Ammoniak tatsächlich ohne Nitrifikation aufgenommen wurde, ohne Beachtung bzw. genügende Würdigung. Bei diesem Versuch ist aber das Ammoniak nicht durch die Wurzeln, sondern durch die Blätter der Pflanze zugeführt worden nach Art des Versuchs, bei dem *Gries* schon vor 30 Jahren den Chlorpflanzen Eisen zuleitete. Wir denken an den klassischen Versuch des bekannten Agrochemikers und Physiologen *Adolf Mayer* (1874), bei dem sich die Wurzelsysteme von zwei Vergleichspflanzen in einem Gefäß befanden, während die oberirdischen Teile isoliert, jede für sich unter zwei Glasglocken wuchsen, wobei unter der Glasglocke der einen Pflanze ein Behälter mit kohlensaurer Ammoniumlösung aufgestellt war und die zweite Pflanze (die Kontrollpflanze) Ammoniak nicht erhielt. Das Resultat dieses Versuchs war sehr deutlich: die erste Pflanze entwickelte sich besser und war reicher an Stickstoff, und es konnte, da den Wurzeln beider Pflanzen dieselbe Nahrung (abgesehen vom Stickstoff) zur Verfügung stand, nicht mehr bezweifelt werden, daß die Stickstoffspeicherung bei der ersten Pflanze durch die Ammoniakaufnahme seitens der Blätter erfolgt war[1].

---

[1] Diese scharfsinnige Versuchsanlage beseitigte sämtliche Zweifel, die bei den Versuchen der Vorgänger von *A. Mayer* aufgetreten waren. Als erster in seiner Zeit unternahm der Agrochemiker *Stöckhardt* (Tharandt, 1859) Versuche, um die Wirkung des kohlensauren Ammoniums auf die Pflanze zu erklären. Seine Versuche haben aber wenig hinzugefügt zu den schon erwähnten Versuchen von *Davy*. 1860 führte der später bekannt gewordene Physiologe *Sachs*, ein Schüler und Gehilfe *Stöckhardts*, diese Versuche in einer vollständigen Form weiter. *Sachs* zog Bohnen in Sandkulturen und brachte die oberirdischen Teile unter eine Glasglocke, deren Luftinhalt täglich erneuert wurde. Bei der Zugabe von kohlensaurem Ammonium zum Gehalt der Luft wuchsen die Pflanzen besser und wiesen einen höheren Stickstoffgehalt auf.

	Trockengewicht der Pflanzen (g)	Gesamtmenge an Stickstoff (mg)
1. Luft + CO_2	4,140	106
2. Luft + NH_4HCO_3	6,740	208

Daraus schloß *Sachs* auf die Fähigkeit der Blätter, Ammoniak aus der umgebenden Luft aufzunehmen. Es bestand aber immer noch folgender Einwand: Da die Oberfläche des Sandes von der Atmosphäre nicht isoliert war, konnte das Ammoniak auch zu den Wurzeln gelangen und durch die Wurzeln in die Pflanze; mithin ist die unmittelbare Ammoniakaufnahme durch die Blätter noch nicht erwiesen

Daher haben *Schlösing* in Frankreich und *A. Mayer* in Deutschland 1873–1874 diese Frage einer nochmaligen Prüfung unterzogen. *Schlösing* zog Tabak in stickstoffarmem Boden und führte der Atmosphäre, die die Blätter umgab, kohlensaures Ammonium zu. Die geräumige Glasglocke, unter der die oberirdischen Pflanzenteile sich befanden, war an einer Glasscheibe angekittet, die zur Isolierung des Bodens von der Atmosphäre diente. Die Tabakpflanze selbst ragte aus einer Öffnung dieser Glasscheibe nach oben, und es waren sämtliche Vorkehrungen getroffen, um eine Berührung der Luft in der Glasglocke mit der Bodenluft zu verhindern. Es zeigte sich unter diesen Bedingungen, daß die Pflanzen, zu deren Blättern das kohlensaure Ammonium freien Zutritt hatte, 3,320 g Stickstoff enthielten und die Kontrollpflanze nur 2,460 g, d.h. daß 0,820 g Stickstoff von den Blättern aus dem kohlensauren Ammoniak entnommen worden sind (0,025 g Ammoniak auf 1 cbm Luft). Die Pflanze erhielt insgesamt 1,093 g Stickstoff, d.h. daß sie sich mehr als 75 % des Stickstoffs in Form von Ammoniak

Man hat damals auf Grund dieser Tatsache die Frage nicht aufgeworfen, wie es möglich ist, daß die Zellen der Blätter Ammoniak aufnehmen und die Zellen der Wurzeln Nitrate beanspruchen?

Die Herrschaft der Antithese bestand fort und sie schien im Einklang zu stehen mit den Tatsachen, die auf eine große Verbreitung des Nitrifikationsprozesses in der Natur hinwiesen.

Schon *Boussingault* zeigte, wie sehr die Nitrifikation in der Natur verbreitet ist[1]. Nachdem er im Hinblick darauf nicht nur die Kulturböden, sondern auch die Böden der Wälder und Wiesen untersucht hatte, konnte er zeigen, daß die Menge der Nitrate im Boden mit den Stickstoffverbindungen, die die Niederschläge zuführen, nicht erklärt werden kann und daß der Stickstoff der Luft bei der Nitrifikation keine Rolle spielte. 1823 hat aber *Longchamps* die Nitratbildung im Boden durch direkte Stickstoffoxydation mit Sauerstoff erklärt und dabei den Einfluß des Bodens mit der Wirkung des schwammartigen Platins verglichen. *Boussingault* zeigte, daß die Nitrate nicht aus dem Stickstoff der Luft[2], sondern auf Kosten der organischen Substanz gebildet werden und daß bei künstlichen Bodenmischungen die Nitrifikation nur bei Zugabe von nicht durchglühtem Humus zustande kommt.

Die Schüler *Boussingaults*, *Schlösing* und *Müntz*, setzten seine wissenschaftliche Arbeit auf dem Gebiete der Agrochemie fort und stellten als erste fest, daß die Nitrifikation ein biologischer Prozeß ist. Sie erforschten den Einfluß verschiedener Fak-

---

aneignete. Aber in den Tabakblättern ist das Ammoniak selbst nicht gespeichert worden, sondern fand Verwendung zur Bildung von Eiweiß.

Während *Schlösing* mit einer ziemlich komplizierten Apparatur arbeitete (ein besonderes Pumpensystem zur Gewinnung einer künstlichen Atmosphäre von bestimmter Zusammensetzung usw.), bediente sich *A. Mayer* viel einfacherer Apparate, war sehr genau bei der Ausarbeitung des Versuchsschemas und brachte seine Versuche mit der schon erwähnten Vollendung zum Abschluß. Um jegliche Zweifel, ob auch die Wurzeln und nicht nur die Blätter der Pflanzen mit Ammoniak in Berührung kommen, zu beseitigen, brachte *A. Mayer* die Wurzeln beider Pflanzen in eine gemeinsame Lösung und überdeckte die oberirdischenTeile getrennt mit zwei Glasglocken. So wurde mit aller Strenge die Methode des einzigen Unterschiedes gewahrt, und das Resultat war unzweifelhaft: Nach 5 Wochen enthielten die Pflanzen, die sich mit Ammoniak durch die Blätter ernährten, 4,4% Stickstoff in der Trockensubstanz und die Kontrollpflanzen — 1,6%. Die absolute Stickstoffmenge betrug im ersten Falle 28 mg, im zweiten 8 mg. (Landw. Vers.-Stat. XVII, 1874). Somit haben diese Versuche deutlich gezeigt, daß die Blätter imstande sind, Ammoniak aufzunehmen und in Eiweißstoffe umzuarbeiten. Allerdings ist man zu diesem Ergebnis nur bei künstlicher Anreicherung der Atmosphäre mit Ammoniak gekommen, so daß die Annahme *Liebigs*, wonach die Pflanzen auch aus der gewöhnlichen Atmosphäre nennenswerte Stickstoffmengen aufnehmen können, sich weder für Getreide noch für Hülsenfrüchte bestätigte.

[1] Siehe Agronomie, chimie agricole et physiologie, Bd. II.

[2] Es ist beachtenswert, daß dieser Theorie der unmittelbaren Oxydation des Luftstickstoffs schon ein Zeitgenosse *Boussingaults*, *Kühlmann* in Frankreich, entgegentrat. Er zeigte (1838), daß Stickstoff und Sauerstoff bei der Leitung durch erhitztes schwammartiges Platin zu keinem Stickoxyd führen und daß die Oxydation nur dann stattfindet, wenn man statt Stickstoff Ammoniak nimmt. *Kühlmann* entdeckte Ammoniak im Wasser bei der Salpeterauslaugung in Erdgruben und sah in ihm eine notwendige Zwischenstufe in den Prozessen der Nitrifikation (Einzelheiten siehe bei *Grandeau*, Chimie et physiologie, 1879, S. 463).

toren (Temperatur, Sauerstoff der Luft) auf die Entwicklung der nitrifizierenden Bakterien und lieferten die ersten Angaben über die Verbreitung des Nitrifikationsprozesses[1].

So entdeckte *Müntz* nitrifizierende Bakterien auf der Faulhornspitze, wo keine Pflanzen zu finden sind und wo die Bakterien offenbar als Pioniere des Lebens auftreten[2]. Alles das stimmte scheinbar mit dem damals herrschenden Dogma, daß die Pflanzen Ammoniak ohne Nitrifikation nicht aufnehmen, gut überein.

Als man aber der Verbreitung des Nitrifikationsprozesses in der Natur nachging, stellte man fest, daß er in den Moor- und Waldböden gar nicht oder in beschränktem Umfange vorkommt, obwohl auch diese Böden eine Pflanzendecke, vielleicht sogar eine stark entwickelte, aufweisen. Ähnliche Überlegungen veranlaßten *Müntz* in den Jahren 1885–1888[3], Versuche anzustellen mit einem Boden, dem vorher nicht nur die Nitrate entzogen worden waren, sondern auch die Fähigkeit, das im Boden entstehende Ammoniak weiter zu nitrifizieren. Ausgehend von der Tatsache, daß die Nitrifikationsbakterien gegenüber hohen Temperaturen weniger widerstandsfähig sind als verschiedene Organismen, die die Prozesse der Ammonifikation hervorrufen, wählte *Müntz* den Weg der sog. halben Sterilisierung des Bodens: er erhitzte die Gefäße mit dem Boden bis 100° und beseitigte damit die Nitrifikatoren. Die Ammoniakbildung in diesem Boden ging weiter, aber die übliche Oxydierung zur Salpeter- und salpetrigen Säure blieb aus. In diesem halbsterilen Boden waren die Pflanzen nur auf die Ammoniaknahrung angewiesen wie die Flora der Moor- und vieler Waldböden (vor der Sterilisation wurden die Böden ausgewaschen zwecks

[1] Wir halten uns bei dieser Serie wichtiger Arbeiten deswegen nicht länger auf, weil ihre Ergebnisse schon oft in russischer Sprache behandelt worden sind, so z. B. in meiner 1906 gehaltenen Festrede „Zur Geschichte der Entwicklung neuzeitlicher Anschauungen in der Agrochemie“ (Russ.), oder im Buch „Die Düngerlehre“ (1922 Russ.) und gleichfalls im Lehrbuch von *Gustafson* „20 Vorlesungen über agronomische Chemie“ (1888 Russ.), das vor kurzem als Neuauflage in der Serie „Klassiker der Naturwissenschaften“ (Selchosgis) erschienen ist.

Die gründlichen Arbeiten von *Schlösing* und *Müntz*, als Fortsetzungen der Arbeiten von *Boussingault* über die Nitrifikation, sind eines von vielen Beispielen dafür, wie Vertreter der agronomischen Chemie als Pioniere auftreten, das Wesen einer bis dahin unbekannten Erscheinung aufdecken und auf den Grundcharakter dieses oder jenes Prozesses hinweisen. Nachdem dieses geschehen ist, erscheinen Vertreter der Grundwissenschaften, die dieser Disziplin besonders zugewandt sind, erforschen diese Erscheinung mit aller Gründlichkeit, wonach sie in den entsprechenden Zweigen der allgemeinen Klassifikation der Wissenschaften beschrieben werden kann. So haben beispielsweise *Schlösing* und *Müntz* den Boden für die Arbeiten von *Winogradski* vorbereitet; *Hellriegel* wirkte als Pionier bei der Erkennung der Symbiose, in der die Hülsenfrüchte mit Bakterien leben, aber seine Arbeiten bedurften noch der Teilnahme von Spezialisten der Mikrobiologie (*Prashmowski*, *Bejerink* u. a.). *Déhérain* und *Schlösing* legten auch den Grundstein zur Erforschung der Methangärung, während bei der Denitrifikation dieses *Déhérain* und *Gayon* getan haben. Das gleiche gilt für eine Reihe anderer Probleme auf dem Gebiet der Bodenchemie (Sorptionserscheinungen, organische Bodensubstanzen) und für verschiedene Fragen der Pflanzenphysiologie und der Biochemie.

[2] Man kann sich aber schwer vorstellen, wo hier, abgesehen von geringen Mengen, die mit den Niederschlägen kommen, die Quelle des Ammoniaks zu suchen ist.

[3] Journal d'agriculture pratique, 1889, s. gleichfalls *Breal*, Annales agronomiques, 1893.

Entfernung früher gebildeter Nitrate). Die Saat fand mit sterilisiertem Samen statt; die oberirdischen Pflanzenteile entwickelten sich in Glaskammern, zu denen nur eine Luft ohne Bakterien Zutritt hatte. Eine ergänzende Kontrolle für das Fehlen der Nitrifikatoren bestand darin, daß ein Teil der Gefäße keine Pflanzen trug und man im Boden dieser Gefäße nach Abschluß des Versuchs Nitrate nicht feststellte. Eine gute („ganz normale", wie sich *Müntz* ausdrückt) Entwicklung in diesen Gefäßen wurde bei Mais, Gerste, Bohnen und Hanf festgestellt, die energisch Stickstoff aufnahmen, in einigen Fällen bis zu 915 g je Gefäß.

Diese Versuche führten *Müntz* zu der Schlußfolgerung, daß das Ammoniak von den Pflanzen unmittelbar aufgenommen wird ohne voraufgehende Oxydation.

Es sei bemerkt, daß *Müntz* sich eines scharfsinnigen Verfahrens bediente, um den Pflanzen Ammoniak zuzuführen ohne Schwefel- und Salzsäure, wie das in den Versuchen mit NH_4Cl und $(NH_4)_2SO_4$ der Fall ist. In den Versuchen von *Müntz* gehörte das Ammoniak zum Bestand des sorbierenden Bodenkomplexes, d. h., daß es an sehr schwache Säuren, die Humin- und die Alumokieselsäure, gebunden war, die bei der Ammoniumaufnahme den Pflanzen keinen Schaden zufügen konnten.

Somit ist *Müntz* der erste Autor gewesen, dem es gelang, zwischen Scylla und Charybdis durchzukommen, d. h. die Alkalität des kohlensauren Ammoniums, der die Pflanzen in den Versuchen *Bayers* (S. 12) erlegen waren, und auch die saure Reaktion, die die Ammoniumsalze mit HCl und H_2SO_4 hervorrufen und die die Entwicklung der Pflanzen in den Versuchen von *Rautenberg* und vieler anderer paralysierte, zu vermeiden[1].

Wenn man dazu noch die Versuche der Blatternährung mit kohlensaurem Ammonium hinzufügt, dann stellt es sich heraus, daß die Schulen *Boussingaults (Schlösing* und *Müntz)* in Frankreich und *A. Mayers* in Deutschland ihrer Zeit vorausgeeilt waren. Aber die überwiegende Mehrzahl der Forscher, die teils sogar über eine gute analytische Technik verfügte, besaß nicht dieselbe Kraft der logischen Analyse. In den Werken dieser versanken, von den Lesern unbeachtet oder unterschätzt, dermaßen logisch gefeilte und experimentell (für ihre Zeit) vollkommene Arbeiten, wie sie *Müntz* und *A. Mayer* geliefert haben. Die Erfolge von *Müntz* werden im besonderen noch durch seinen Zeitgenossen, den holländischen Forscher *Pitsch*, übertroffen, der seine Versuche genau so wie *Müntz* im Jahre 1885 vornahm[2]. Auch *Pitsch* führte seine Versuche in einem Boden durch, den er durch Auswaschung und Sterilisation nitratfrei gemacht hatte. Sein Boden war restlos steril, und es wurden ihm nur im Verlauf des Versuchs bestimmte Stickstoffquellen zugeleitet. *Pitsch* füllte in Metallgefäße 30 kg durchwaschenen Bodens („humoser

[1] Der einzige Einwand, den man *Müntz* gegenüber gemacht hat, lag darin, daß den Pflanzen in seinem Versuch außer Ammoniak noch andere Stickstoffquellen zur Verfügung stehen konnten, wie Aminosäuren und Amide, die sich beim Abbau der Eiweißverbindungen im Boden bilden. Jedoch kann man mit Sicherheit behaupten, daß diese Stickstoffquellen weder quantitativ noch qualitativ neben dem Ammoniak ins Gewicht gefallen sind.

[2] Landwirtschaftliche Versuchsstationen, Bd. 34.

Sand“), schloß die Gefäße mit Watte und sterilisierte sie im Ölbad bei einer Temperatur von 160–180° C. Den Stickstoff gab er gewöhnlich in einer der Formen: $NaNO_3$ und $(NH_4)_2SO_4$. Nach Abschluß des Versuches ließ er den Boden eine Weile ruhen und prüfte ihn dann auf die Anwesenheit von Nitraten. Eine Nitrifikation hat aber unter diesen Bedingungen nicht stattgefunden.

Mit einer Beharrlichkeit, die eines Besseren wert gewesen wäre, setzte *Pitsch* eine Reihe von Jahren (1885–1894) seine Versuche fort und ist dabei infolge eines unvollkommenen, deutlich fehlerhaften Schemas immer wieder zu demselben Resultat gekommen: Obwohl die Pflanzen unzweifelhaft den Stickstoff nicht nur in der Nitrat-, sondern auch in der Ammoniakform (das ist einwandfrei bewiesen worden) aufnahmen, war die Entwicklung im ersten Falle viel besser als im zweiten. Hier ein Beispiel aus den Versuchen mit Gerste[1]:

	Ohne Stickstoff	$NaNO_3$	$(NH_4)_2SO_4$
Trockengewicht der Pflanzen	14,0	36,6	21,6 g

Diese Versuche waren einerseits den *Müntz*'schen Versuchen gewissermaßen überlegen, weil hier eine genaue Zuführung des Ammoniaks, das als solches auch unzweifelhaft aufgenommen wurde, stattfand; aber andererseits war das Ammoniak in schlechtere Bedingungen gestellt als bei *Müntz* und vor allen Dingen in schlechtere als der Salpeter in den Versuchen desselben *Pitsch*. Deswegen schien es auch, daß die Nitrifikation zwar nicht absolut notwendig, immerhin aber für eine normale Entwicklung der Pflanzen erforderlich ist.

Zehn Jahre hat *Pitsch* nach diesem Schema gearbeitet, ist aber nicht auf den Gedanken gekommen, den Gefäßen mit schwefelsaurem Ammonium $CaCO_3$ zuzusetzen, weil der Sandboden (und scheinbar sogar ein saurer, wie das gewöhnlich bei „humosen Sanden“ in Holland der Fall ist) das Material zur Neutralisierung der mit $(NH_4)_2SO_4$ zugeführten Schwefelsäure nicht hergeben konnte. Dieses ist um so sonderbarer, weil ihm außer den alten Beobachtungen *Rautenbergs* (1863) auch die von *A. Mayer* (1881) gegebene allgemeine Formulierung des Begriffes der physiologisch sauren Salze hätte bekannt sein müssen[2]. Auch die Feldversuche von *Maerker*, der 1888 die positive Wirkung des Kalkes bei der Düngung mit schwefelsaurem Ammonium[3] nachwies, hat *Pitsch* nicht beachtet und schließlich auch die Vegetationsversuche von *Paul Wagner*, der noch anschaulicher zeigte, daß auf kalkarmen Böden der Wirkungskoeffizient des schwefelsauren Ammoniums (im Vergleich zum Salpeter) nach der Zugabe von $CaCO_3$ beträchtlich ansteigt[4]. Da *Pitsch*

[1] Die Gerste ist viel empfindlicher gegen saure Reaktion als der Hafer.

[2] Landwirtschaftliche Versuchsstationen, 1881.

[3] Jahrbücher der Deutschen Landwirtschafts-Gesellschaft 1889.

[4] *P. Wagner*, Die Stickstoffdüngung, Berlin 1892. *Maerker* und *Wagner* erklärten in diesen

seine Versuche lange Zeit durchführte und in 10 Jahren (1887, 1893 und 1896) wiederholt Veröffentlichungen in einer zentralen agronomischen Zeitschrift von internationaler Bedeutung[1] vornahm, trugen seine Arbeiten viel dazu bei, der damals herrschenden Ansicht, daß ohne Nitrifikation und mit reiner Ammoniakernährung eine gute Pflanzenentwicklung unmöglich sei, eine feste Stütze zu geben.

In denselben Jahren erschienen noch einige Arbeiten, die die unmittelbare Aufnahme des Ammoniaks (ohne Nitrifikation) mit aller Klarheit bewiesen; es fehlte aber in ihnen ein Vergleich der Ammoniak- mit der Nitraternährung und deswegen konnte man sie den Versuchen von *Pitsch* nicht entgegenhalten. Hierher gehören die Arbeiten von *Breal*, der zeigte[2], daß Exemplare von Poa annua Ammoniak aus schwachen Lösungen von $(NH_4)_2SO_4$ (bei dieser Versuchsanlage war eine Sterilisierung der Umgebung nicht notwendig) vollständig aufnahmen; dieselbe Ammoniakaufnahme beobachtete auch *Griffits* bei seinen Versuchen mit sterilen Kulturen[3], aber auch hier fehlte wieder der Vergleich mit Nitraten, so daß die Schlußfolgerung von *Pitsch* scheinbar ohne Widerspruch geblieben ist. Erst ganz am Ende des vergangenen Jahrhunderts haben *Kossowitsch* bei uns und *Mazé* in Frankreich Vergleichsversuche der Ammoniak- und Nitraternährung unter Ausschaltung der physiologischen Azidität durchgeführt und gefunden, daß das Ammoniak unter bestimmten Bedingungen sogar besser als die Nitrate wirkt. Ich muß aber, entsprechend der chronologischen Reihenfolge, zuvor von meinen Arbeiten über den Umsatz stickstoffhaltiger Stoffe in den Pflanzen berichten, um dann auf die Versuche von *Kossowitsch* und *Mazé* nochmals zurückzukommen.

Der Umsatz stickstoffhaltiger Substanzen in den Pflanzen und die Rolle des Ammoniaks und der Amide

In jener Zeit, als in der Frage, ob Ammoniak- oder Nitraternährung, bei einzelnen Forschern schon Anzeichen des Überganges zur Synthese zu beobachten waren, aber in der Literatur die Antithese immer noch vorherrschte, mußte ich mich ganz unerwartet in dieses Arbeitsgebiet einschalten.

1892 erhielt ich den Auftrag, das Ausland zu besuchen. Ich war auf der Suche nach Laboratorien, in denen man Forschungsmethoden der Grenzgebiete der Agrochemie mit der Pflanzenphysiologie und Biochemie studieren konnte[4].

Fällen den Erfolg bei der Einbringung von $CaCO_3$ durch die positive Wirkung auf den Lauf der Nitrifikation. Weil aber diese Versuche mit einer nicht sterilen Nährlösung stattfanden, war es nicht möglich, den Einfluß auf die Nitrifikation vom Einfluß auf die unmittelbare Ernährung der Kulturpflanze mit Ammoniak zu unterscheiden.

[1] Landwirtschaftliche Versuchsstationen Bd. 34, 42 und 46.

[2] Annales agronomiques, 1893.

[3] Direct absorption of ammoniacal salts by plants. Chemical News, vol. 64, 1891 (Referat), Zentralblatt für Agrikulturchemie.

[4] Da *Hellriegel*, *Prashmowski* und *Winogradski*, die neue Horizonte entdeckten, die Stimmung jener Zeit beeinflußten, wandte auch ich mich zunächst der mikrobiologischen Metho-

Ich sah, genau wie 25 Jahre vor mir *K. A. Timirjasew*, daß ich eher bei einigen Agrochemikern als bei Physiologen der Botanik (unter denen damals *Pfeffer* eine hervorragende Rolle spielte) die nötige Anleitung finden würde. Ich besuchte zwei agronomische Laboratorien, die eine Tendenz zur Biochemie hatten: bei *Tollens* in Göttingen (kaum einige, die die Chemie der Kohlenhydrate nach dem bekannten Buch von *Tollens* studierten, werden wissen, daß er sein Leben lang einen Lehrstuhl für agronomische Chemie innehatte) und bei *Ernst Schultze* in Zürich. Ich entschloß mich für *Schultze*, weil *Tollens*, obwohl er ein hervorragender Chemiker war und die Bestandteile der Pflanzen erforschte, sich für die biochemischen Prozesse scheinbar gar nicht interessierte. *Schultze* dagegen, der sich genau so wie *Tollens* mit der Ausscheidung bestimmter chemischer Verbindungen aus den Pflanzen befaßte, war nicht abgeneigt, auch mit lebenden Pflanzen zu experimentieren (zum mindesten mit den Keimlingen), und dieses lockte mich mehr als die rein chemische Richtung bei *Tollens*.

Das Laboratorium von *Schultze* war zu jener Zeit ein stiller Zufluchtsort, sehr geeignet für wissenschaftliche Arbeiten und vorwiegend von ausländischen Doktoranden besucht. Obwohl es ein Laboratorium des Lehrstuhls für agronomische Chemie war, ist das Personal des Laboratoriums mit Unterrichtspflichten nicht belastet gewesen[1]. Die landwirtschaftliche Abteilung in Zürich war von wenigen

dik zu und verbrachte ein Semester bei *Alfred Koch* in Göttingen, wo eben ein Lehrstuhl für landwirtschaftliche Bakteriologie eingerichtet worden war. Anschließend versuchte ich, in Paris im Institut von *Pasteur*, in der Abteilung „Microbiologie général", die unter der Leitung von *Duclaux* stand, zu arbeiten. Ich hatte die Absicht, die Methangärung und die entsprechenden Mikroorganismen kennenzulernen. Es stellte sich aber heraus, daß ich mich bei der Wahl des Laboratoriums geirrt hatte, da *Duclaux* in ihm nur Gast war, der zweimal in der Woche erschien, um eine Vorlesung über Biochemie zu halten. Er pflegte einen flüchtigen Blick ins Laboratorium zu werfen und zu fragen: „Comment va-t-il?". Sein Gehilfe *Fährenbach* arbeitete mit Hefen und interessierte sich in keiner Weise dafür, was die Doktoranden taten. *Duclaux* arbeitete vorwiegend an anderer Stelle, im Laboratoire des Fermentations am Agronomischen Institut. Ich habe überhaupt feststellen können, daß, während die deutschen Professoren auf den Zustrom von Ausländern in ihre Laboratorien besonderen Wert legten (in Deutschland arbeiteten damals viele Doktoranden aus Rußland, Amerika und Japan), man in Paris an Ausländern überhaupt nicht interessiert war. Als *Kossowitsch* und ich uns an *Schlösing* mit der Frage wandten, ob wir bei ihm arbeiten könnten, sagte er uns, daß er im Agronomischen Institut nur Lektor sei und seine Arbeiten im Tabak-Institut durchführe, wo Ausländer nicht zugelassen würden. Auf dieselbe Frage antwortete *Müntz*, daß in seinem Laboratorium im Agronomischen Institut nur die allgemeine Methodik der agrochemischen Analyse erlernt werden könne und daß Ausländer die Genehmigung des Ministers zur Aufnahme benötigten und 800 Gold-Frank im Semester für einen Arbeitsplatz im Laboratorium bezahlen müßten. Es fand sich allerdings ein Laboratorium, das Doktoranden haben wollte, aber ich erhielt von ihm erst Kenntnis, nachdem ich mich mit Zürich schon verständigt hatte und Paris verlassen sollte. Das war das Laboratorium von *Déhérain* im Jardin des Plantes (Muséum d'histoire naturelle). Natürlich kannte ich *Déhérain* als Professor in Grunion bei Paris, aber ich wußte nicht, daß ihm auch ein Forschungslaboratorium über Pflanzenchemie in Paris selbst unterstand. Nun reiste ich nach Zürich und habe diesen Entschluß nicht bereut.

[1] Diese Einrichtung ist für die meisten landwirtschaftlichen Abteilungen auch an deutschen Universitäten typisch.

Studenten besucht (etwa 15 in jedem Semester), sie erschienen 2–3 mal in der Woche zu vierstündiger Gruppenarbeit über landwirtschaftliche Analysen, während der Rest des achtstündigen Arbeitstages vom Professor und seinen Assistenten der ruhigen wissenschaftlichen Arbeit im Laboratorium und in der Bibliothek gewidmet war. Die schweizer Studenten bei *Schultze* (vorwiegend Bauernkinder, die nur die Ackerbauschule und keine allgemeinbildende Schule absolviert hatten) waren an der wissenschaftlichen Arbeit wenig interessiert und strebten nur dahin, ihren dreijährigen Kursus schnell zu beenden, um wieder in die Praxis zu kommen[1]. Daher war *Schultze* gern bereit, Ausländer, die sich die Methoden wissenschaftlicher Forschung aneignen wollten, als Doktoranden in seinem Laboratorium aufzunehmen. Unter diesen Ausländern gab es nicht wenige Russen (*Palladin*, *Krascheninnikow*, *Kiesel*, *Wassiljew* u.a.)[2].

Schultze arbeitete vor allen Dingen an der Umwandlung der stickstoffhaltigen Substanzen in den Pflanzen. Zunächst schied er in mühseliger Kleinarbeit des analytischen Chemikers einfach eine Reihe kristallischer Produkte aus, identifizierte sie mit Verbindungen, die in der organischen Chemie bekannt waren, und entdeckte außerdem bisher unbekannte Stoffe, wie z.B. das Arginin. Allmählich ging er aber dazu über, das allgemeine Bild des Stoffwechsels bei der Keimung zu studieren und machte dabei eine Reihe von Feststellungen, die den im Kreise der botanischen Physiologen damals herrschenden Ansichten des Leipziger Professors *Pfeffer* radikal entgegenstanden. *Pfeffer* war eine große Autorität und hatte beachtenswerte Verdienste auf dem Gebiet der physikalischen Physiologie. Seit den 70er Jahren forschte *Pfeffer* nicht makrochemisch, sondern mikroskopisch an den Prozessen der Keimung und kam zu der Schlußfolgerung, daß der Zerfall der Eiweißstoffe in den Pflanzen anderen Gesetzen unterworfen ist als im tierischen Organismus (unter dem Einfluß von Fermenten) oder in der Hand des Chemikers (unter dem Einfluß von Säuren), und zwar: in den Pflanzen bildet sich überwiegend Asparagin, während bei der sauren und bei der fermentativen Hydrolyse aus dem Eiweiß nur unbedeutende

[1] Ich muß sagen, daß die meisten hervorragenden Professoren in Zürich nicht Schweizer, sondern Deutsche aus deutschen Universitäten waren. Zu diesen gehörte *Schultze* und *Winterstein*, der Botaniker *Schröter*, der Chemiker *Lunge*, der Geologe *Heim* u.a. Zu ihnen zählte auch der spätere glanzvolle Inhaber des Lehrstuhls für Agrochemie *Georg Wiegner*. Auch auf den Lehrstühlen der angewandten Wissenschaften spielten die Hauptrolle Leute wie *Krämer* (Zootechniker), *Nowatzki* (Ackerbau) u.a., also keine Schweizer. Dann kam die Tendenz auf, freiwerdende Lehrstühle gebürtigen Schweizern zu überlassen, selbst dann, wenn es auf Kosten des wissenschaftlichen Niveaus im Polytechnikum geschah, was den Anlaß gab zur giftigen Bemerkung von *Lunge*: „Sei es ein Ochs, nur ein schweizer Ochs!“

[2] Als ich bei *Schultze* arbeitete, hatte er zwei Assistenten, *E. J. Winterstein* und *S. L. Frankfurt*, die außer der deutschen auch die russische Sprache beherrschten. Wenn *Schultze* den allgemeinen Arbeitssaal verließ, um in sein Zimmer zu gehen, dann begannen wir russisch zu sprechen, wobei sich noch *I. O. Okulitsch*, der damals Student war, zu uns gesellte. Dieses veranlaßte den alten Dienstmann *Burkhardt*, einen echten Schweizer, über die „Festsetzung der Russen“ im Laboratorium zu klagen.

Mengen Asparaginsäure entstehen, in der Hauptsache jedoch Leuzin, Aminovaleriansäure und Tyrosin.

Der Bildung des Asparagins hat *Pfeffer*, wie bekannt, gerade bei der Keimung eine besondere Bedeutung beigemessen. Er erblickte in ihm die Transportform der Stickstoffsubstanzen, die sich durch ihre Fähigkeit zu diffundieren und aus den Keimblättern in die wachsenden Organe überzugehen von dem Eiweiß genau so unterscheidet wie die Glukose von der Stärke.

Nachdem aber *Schultze* mit den Methoden der quantitativen Bestimmung der Bestandteile in der Pflanze den Stoffwechsel in den einzelnen Keimungsstadien und in den einzelnen Organen der Keimlinge verfolgt hatte, ergab sich mit der Zeit ein Bild, das den Ansichten *Pfeffers* in keiner Weise entsprach. *Schultze* fand, daß in den ersten Keimungsstadien, solange die wachsenden Organe (Sproß und Wurzel) noch klein sind, unter den Produkten des Eiweißzerfalls die gewöhnliche Mischung der Aminosäuren vorherrscht, wie sie bei der Hydrolyse überhaupt und im besonderen unter dem Einfluß des Trypsins bei Tieren entsteht (Leuzin, Tyrosin, Aminovalerian- und andere Aminosäuren). Je mehr aber die wachsenden Organe sich auf Kosten der Keimblätter entwickeln, gewinnt das Asparagin Oberhand. Weiter stellte sich heraus, *daß die Lösungskonzentration des Asparagins in den Keimlingen der Lupine höher als in den Keimblättern ist.*

Alles das sprach gegen die Ansicht *Pfeffers* über das Asparagin als ein primäres Produkt des Eiweißzerfalls, das in den Keimblättern entsteht und zu den Vegetationspunkten wandert. Aber *Schultze* hat sich damals als sehr vorsichtiger Forscher noch nicht ganz ablehnend gegen die in botanischen Kreisen herrschende Theorie ausgesprochen, sondern sammelte allmählich seine Tatsachen, von denen viele ganz anders lauteten[1].

Um die Divergenz zwischen dem primären (hydrolytischen) Eiweißzerfall und dem sekundären Überwiegen des Asparagins zu erklären, stellte *Schultze* verschiedene Hypothesen auf (siehe seinen Artikel in den Landwirtschaftlichen Jahrbüchern von 1888), ohne sich endgültig für die eine oder andere von ihnen zu entscheiden. Unter diesen Hypothesen figurierte z.B. auch die Vermutung, daß bei der Rück-

---

[1] Eine wesentliche Verbesserung der *Pfeffer*'schen Ansichten lieferte der bedeutende russische Botaniker *I. P. Borodin.* Er gab zu, daß das Asparagin sehr verbreitet und nicht nur auf die Keimlinge beschränkt ist und daß es eine wesentliche Rolle in den Lebensprozessen überhaupt spielt, so wie sich das früher *Boussingault* und *Hartig* vorgestellt haben; besonders große Asparaginmengen entstehen dann, wenn die Pflanzen sich im Dunkeln befinden und der Vorrat an Kohlenhydraten erschöpft ist. Weil aber *Borodin* vorwiegend mit der mikroskopischen Methode arbeitete, konnten seine Arbeiten trotz einiger feinsinniger Verfahren immerhin nicht das geben, was *Schultze* gab, der neben den qualitativen auch die Methoden der quantitativen chemischen Analyse anwandte, um die Umwandlung der stickstoffhaltigen Substanzen in der Pflanze zu erforschen. (Siehe Näheres über die Bedeutung der *Borodin*'schen Arbeit in meiner ersten, in den Publikationen des Moskauer Landwirtschaftlichen Instituts von 1895 veröffentlichten Dissertation. Von späteren Verfassern hat *Chibnall* die Arbeit von *Borodin* hoch eingeschätzt und in seinem 1939 erschienenen Buch dessen Abbildung gebracht).

bildung von Eiweiß in den Sproßorganen des Keimlings – wenn man derartiges mit *Pfeffer* gelten läßt – die Aminosäuren (Leuzin, Aminovaleriansäure u.a.) die Hauptrolle spielen, während das Asparagin bei der Eiweißsynthese schwerer Verwendung findet, so daß es sich bei der Wiederholung der Prozesse des Zerfalls immer mehr und mehr ansammelt. Diese Erklärung widersprach natürlich grundsätzlich der Ansicht *Pfeffers*, wonach das Asparagin einen spezifischen Stoff darstellt, der nur dem Transport der stickstoffhaltigen Substanzen und der Regeneration der Eiweiße in den wachsenden Organen dient. Aber *Schultze* konnte sich nicht entschließen, mit der ganzen Lehre *Pfeffers* über die Umwandlung der stickstoffhaltigen Substanzen bei der Keimung zu brechen.

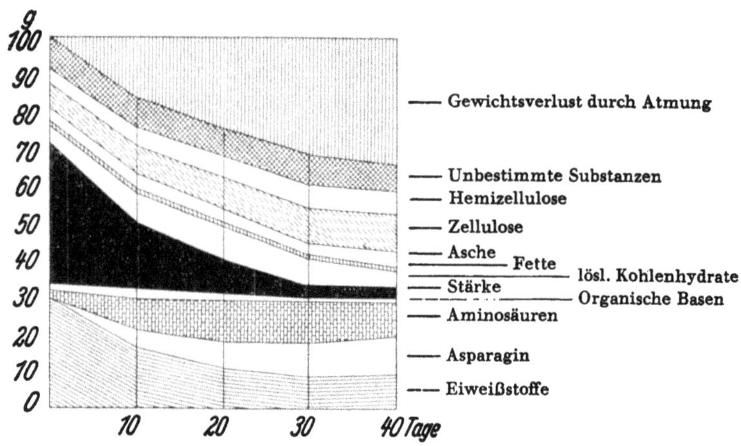

Abb. 2. Stoffumwandlung bei der Keimung der Wickensamen

So lagen die Dinge, als ich mit meiner Arbeit im Laboratorium von *E. Schultze* begann. Im Sommer 1893 machte mir *Schultze* den Vorschlag, diejenigen Komponenten aus der grünen Pflanze zu extrahieren, die sich in den etiolierten Keimlingen (Asparagin, Leuzin, Tyrosin, organische Basen) reichlich einstellen, jedoch in geringer Menge auch bei den assimilierenden Pflanzen vorkommen müssen. Ich bin aber, nachdem ich mir im Laufe des Sommers die Methodik angeeignet hatte, im Winter 1893/1894 dazu übergegangen, die Umsatzbilanz sämtlicher Stoffe bei der Keimung, die nach dem damaligen Stand unserer Kenntnisse erfaßt werden konnten, zu studieren und wählte mir als Objekt die Wicke, die sich von der durch *Schultze* erforschten Lupine durch das Vorkommen von Stärke im Samen unterschied.

Dabei hatte ich im Auge, nachzuprüfen, ob dieser Stärkereichtum der Regeneration des Eiweißes in den wachsenden Organen, von der *Pfeffer* immer gesprochen hat und die voraussetzt, daß außer dem Asparagin auch die Kohlenhydrate zu den Vegetationspunkten wandern, förderlich ist.

Meine Versuche führten mich aber zu ganz anderen Ergebnissen, und außerdem wandelte sich plötzlich, je mehr ich mich in die Arbeit vertiefte, die ganze Frage vom Asparagin in eine Frage nach dem Ammoniak als Stickstoffquelle für die Pflanze um.

Die grundlegenden Ergebnisse meiner im Winter 1893–1894 im Laboratorium von *Schultze* geleisteten Arbeit wurden in der folgenden graphischen Darstellung niedergelegt. Aus dieser Darstellung (Abb. 2) erkennt man den Stoffumsatz in 40 Tagen bei einem Keimling in der Dunkelheit; man sieht den Substanzverlust bei der Atmung, den Verlust an Stärke, den Zuwachs an Zellulose, den Eiweißzerfall mit der Bildung des Asparagins und der Aminosäuren. Das ist dasjenige Bild des Stoffwechsels bei der Keimung, von dem *K. A. Timirjasew* bei der Verteidigung meiner Magister-Dissertation im Jahre 1896 gesagt hat, daß es in die Lehrbücher eingehen müsse.[1]

Jetzt wollen wir aber die Stärke und die Zellulose beiseite lassen und uns dem Umsatz der Stickstoffsubstanzen zuwenden.

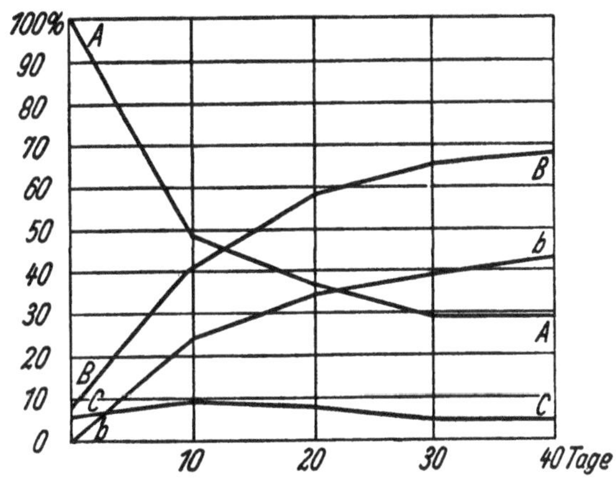

Abb. 3. Umsatz stickstoffhaltiger Substanzen bei der Keimung von Wickensamen

Die Linie *AA* entspricht dem Eiweißstickstoff, *BB* – der Stickstoffsumme der Aminosäuren und der Amide, *CC* – entspricht dem Stickstoff der organischen Basen und *bb* dem Stickstoff des Asparagins (in Prozenten der gesamten Stickstoffmenge)

Da wir bei den Keimversuchen keinen Stickstoff von außen zuführen, bleibt seine Menge unverändert. Wir können diese Menge = 100 setzen und die Stickstoffverteilung über die einzelnen Gruppen der Verbindungen in Prozenten davon ausdrücken. Die entsprechenden Angaben sind in Abb. 3 graphisch dargestellt. Eine der Kurven (*AA*) zeigt den Eiweißrückgang – zu Anfang sinkt die Kurve steil nach unten und dann wird der Eiweißrückgang verlangsamt. Fast ein Spiegelbild davon ist die Kurve *BB*, die ansteigt und die Summe der Aminosäuren und Amide ausdrückt. Die zweite ansteigende Kurve (*bb*) zeigt das Wachstum des Asparagins, das zum Hauptbestandteil des nicht eiweißartigen bei der Keimung sich ansammelnden Stickstoffs wird. Auf das Asparagin entfallen zwei Drittel des Stickstoffs aller Aminosäuren und Amide (ein Drittel entfällt auf die Aminosäuren) und vom Gesamtstickstoff der Keimlinge entfallen auf das Asparagin 42 %. Da nun vom ursprünglichen Eiweiß der Wickensamen auf die Asparaginsäure nur 3 % des gesamten Stickstoffs

[1] Das war später auch der Fall; diese Darstellung erschien zunächst im Lehrbuch von *Iwanowski* und dann auch in anderen Lehrbüchern.

entfallen, kann das Asparagin, wie leicht einzusehen, kein primäres Zerfallsprodukt des Eiweißes sein, was *Pfeffer* annahm, sondern muß bei den sekundären Prozessen entstehen. Außerdem setzt die Asparaginspeicherung, trotzdem der Wickensamen reich an Stärke ist, gleich zu Beginn der Keimung ein, und weiter wird das Asparagin bei der Eiweißsynthese in den wachsenden Teilen nicht verwandt, wie es nach *Pfeffer* sein sollte. Dieses veranlaßte mich, die Auffassung *Pfeffers* zu verlassen und das Asparagin für ein sekundäres Produkt des Stoffumsatzes zu halten, genau so wie den *Harnstoff*, der bei sekundärer Synthese auf Kosten des Ammoniaks gebildet wird. Diesen Gedanken hat schon einmal *Boussingault* ausgesprochen, aber er ist wieder in Vergessenheit geraten. Ich habe ihn nochmals aufgegriffen und brachte neue Beweise für die Richtigkeit einer Ansicht, die der Auffassung *Pfeffers* direkt entgegengesetzt war.

In der Arbeit von 1894 (Landw. Vers.-Sta., XLV, 265) steht nach einer Übersicht über das tatsächliche Material meiner Versuche mit Vicia sativa und einem Hinweis auf den Widerspruch der von mir gefundenen Tatsachen zu der Hypothese *Pfeffers* weiter folgendes: „Man wird unwillkürlich an *Boussingault* erinnert, nach dessen Ansicht das Asparagin in den etiolierten Keimlingen ein gleiches Oxydationsprodukt der Eiweiße[1] darstellt wie der Harnstoff im tierischen Organismus; sowohl das Asparagin wie der Harnstoff können beim Wiederaufbau des Eiweißes keine Verwendung finden, während aber der Harnstoff aus dem Organismus entfernt wird, sammelt sich das Asparagin im Zellsaft der etiolierten Pflanzen. Sobald aber unter dem Einfluß des Lichtes die synthetischen Prozesse in der Pflanze Oberhand gewinnen, hört die Analogie mit dem tierischen Organismus auf", weil die Pflanze jetzt das Asparagin zur Eiweißsynthese[2] beansprucht.

Das Problem des Eiweißzerfalls bei der Keimung wurde zum Thema meiner Magister-Dissertation („Über den Zerfall der Eiweißsubstanzen bei der Keimung", 1895), die meine bei *Schultze* durchgeführten Arbeiten (Kapitel I und IV), ergänzt durch Versuche in Moskau (Kapitel II und III), enthält.

Im Jahre 1896 erfuhr ich, daß ich in der Frage nach dem Asparagin einen Gesinnungsgenossen habe. Ich erhielt eine interessante Arbeit (einen Autorenabdruck) aus Tokio von *Oskar Loew*[3], in der er, genau so wie ich, sich für die

[1] Genauer nicht der Eiweiße, sondern der Produkte ihrer Hydrolyse.

[2] Eine Bestätigung der Ansicht *Boussingaults* über die Bildung des Asparagins und seine Beziehung zu den Oxydationsprozessen sah ich u.a. in der Arbeit von *Palladin*, der fand, daß bei der Versetzung der Keimlinge in keine Kohlensäure enthaltende Atmosphäre die Bildung des Asparagins aufhört [siehe *W. I. Palladin*, „Einfluß des Sauerstoffs auf den Zerfall der Eiweißstoffe in der Pflanze", 1889 (Russ.)]. Diese Ansicht von *Palladin* ist von *Clausen* bestritten und später von *Godlewski* bestätigt worden.

[3] Der Artikel über das Asparagin erschien in der Chemiker-Zeitung, 1896; im selben Jahr erschien in London als besondere Broschüre die Arbeit von *Loew*, "The Energy of Living Protoplasm", die später in wesentlich ergänzter Form ins Deutsche übersetzt worden ist.

Die Tatsache, daß *Oskar Loew* längere Zeit in Tokio Professor war, ist kein Sonderfall. Das Japan der 80er Jahre ließ oftmals den Ruf an deutsche Professoren ergehen, bezahlte sie gut und schloß mit ihnen einen 10jährigen Vertrag, wonach sie junge japanische Forscher aus-

sekundäre Asparaginbildung unter Beteiligung des Ammoniaks aussprach. Da aber in dieser wie in den folgenden Abhandlungen von *Loew* eine Reihe von Hypothesen vorkommt, die zum Teil ganz unwahrscheinlich sind, (so z. B. die Behauptung von Polymerisation des Asparaginaldehyds beim Prozeß der Eiweißsynthese) ist man auch den Gedanken, die Beachtung verdient hätten, mit Mißtrauen begegnet, so daß sie auf die experimentelle Durcharbeitung des Problems ohne Einfluß geblieben sind.

Außerdem waren auch die Ansichten *Pfeffers*, die damals vorherrschten, dem Aufkommen anderer Ansichten, insbesondere im Kreise der Botaniker, hinderlich.

Den endgültigen Beweis für die Bildung des Asparagins auf dem Wege der zweiten Synthese habe ich in den folgenden schon in Moskau durchgeführten Versuchen erbracht (1897)[1]. Ich habe an drei Pflanzen mit Hilfe täglicher Analysen den Eiweißzerfall und die Asparaginbildung während 24 Stunden verfolgt und gleichzeitig die Atmungsenergie berücksichtigt. Ich erwartete, daß entsprechend der steilen Kurve des Wachstums und der Atmung auch eine steile Kurve für den Zerfall des Eiweißes und die Bildung des Asparagins in Erscheinung treten würde. Das war auch der Fall (Abb. 4). Aber es erschien auch etwas ganz Unerwartetes, und zwar: In ihrem zweiten (niedergehenden) Teil kreuzen sich die beiden Kurven, und die „Asparaginkurve“ (Asparaginzunahme) lag über der „Eiweißkurve“ (Eiweißzerfall), d.h., daß gegen Ende der Keimung *mehr Asparagin gebildet wird als Eiweiß zerfällt*[2]. Auf

bilden sollten, um nach Ablauf dieser Zeit ihnen die Lehrstühle zu übergeben und Japan wieder zu verlassen. Diese Möglichkeit ist von vielen begabten Privatdozenten der deutschen Universitäten wahrgenommen worden. Von den Agrochemikern haben im besonderen außer *Loew* auch *Oskar Kellner*, *Liebscher* und *Veska* den „Weg durch Japan“ gewählt. Nach 10 Jahren kehrten sie nach Deutschland zurück mit größeren Aussichten, einen Lehrstuhl zu bekommen (dank vielen wissenschaftlichen in Japan geleisteten Arbeiten, die außer in japanischen auch in europäischen Zeitschriften veröffentlicht wurden), mit erspartem Geld und manchmal mit japanischen Frauen wie *Oskar Kellner*. Deutschland lieferte damals Professoren nach Japan, in die Vereinigten Staaten und nach Brasilien. Diese große Anzahl freier wissenschaftlicher Arbeiter ist, abgesehen von dem hohen Kulturniveau des damaligen Deutschland, noch damit zu erklären, daß es in Deutschland die Einrichtung der freien Privatdozentur (die bei uns häufig mit der etatsmäßigen Dozentur zu Unrecht verwechselt wird) und zahlreiche überetatsmäßige Assistenten gegeben hat, die verpflichtet waren, nach 3 Jahren entweder in der wissenschaftlichen Laufbahn weiterzugehen oder sich der Praxis zuzuwenden.

[1] Über meine Arbeiten mit physiologischem Charakter berichtete ich gewöhnlich in der botanischen Abteilung der Gesellschaft für Freunde der Naturwissenschaft, Anthropologie und Ethnographie, deren Vorsitzender *K. A. Timirjasew* war, der auch selbst häufig Vorträge hielt. Die Sitzungen der Abteilung fanden gewöhnlich im großen Saal des Polytechnischen Museums (altes Gebäude) statt und wurden von einer großen Anzahl wissenschaftlicher Arbeiter und Studenten der älteren Kurse verschiedener Forschungsanstalten von Moskau besucht. Dort berichtete ich auch über meine Arbeit, in der ich die sekundäre Asparaginbildung bewies, Anfang Dezember 1897. Zu Beginn des Jahres 1898 erschien als Sonderheft der „Zeitschrift für physiologische Chemie“ die Schrift von *Schultze*, in der er schon die Auswahl aus einigen seiner früher geäußerten Vermutungen getroffen hat. Sie schienen ihm zwar immer noch hypothetisch, aber er kam doch schon zu dem Ergebnis, daß Asparagin aus den Aminosäuren sekundär gebildet wird.

[2] Selbstverständlich werden die Stickstoffmengen im zerfallenden Eiweiß und entstehenden Asparagin miteinander verglichen.

Kosten wessen kann nun das Asparagin in solchen Mengen gebildet werden? Nur auf Kosten der Aminosäuren im sekundären Wege. Dieses ist aber nur dann möglich, wenn in den Keimlingen, genau so wie in den Geweben des tierischen Organismus, die Aminosäuren unter Bildung von Ammoniak zerfallen und dieses Ammoniak bei der Synthese des Asparagins Verwendung findet.

Es genügt, auf die Formeln der gewöhnlichen Aminosäuren, die das primäre Produkt des Eiweißzerfalls bei der Hydrolyse im pflanzlichen und im tierischen Organismus (Aminovaleriansäure, Leuzin, Tyrosin usw.) sind, und auf die Formel des Asparagins einen Blick zu werfen, um zu erkennen, daß aus einem Molekül einer beliebigen Aminosäure, die eine Gruppe NH_2 enthält, ein Asparaginmolekül mit $2NH_2$-Gruppen nicht gebildet werden kann ohne Zerfall eines anderen Moleküls der Aminosäure mit der Entstehung von Ammoniak, das beim Aufbau der Amidgruppe verbraucht wird.

Aminosäuren — Amide der Aminosäuren

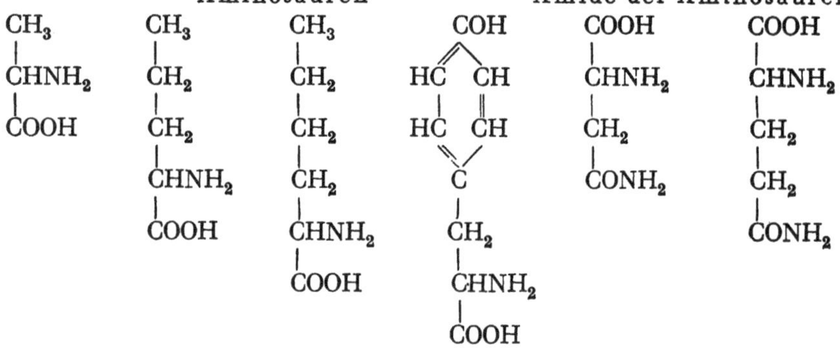

Amino-propionsäure (Alanin) — Amino-valeriansäure (Norvalin)[1] — Aminoca-pronsäure (Norleucin)[2] — p-Oxyphenyl-aminopropion-säure (Tyrosin) — Asparagin — Glutamin

Der Nachweis der sekundären Entstehung des Asparagins gab mir die Möglichkeit, den Widerspruch in den Ansichten über den Prozeß des Eiweißzerfalls während der Keimung zu beseitigen. Für *Schultze* war es ein hydrolytischer, für *Loew* und *Palladin* ein Oxydationsprozeß. Die von mir beobachteten Tatsachen erlaubten eine synthetische Lösung, nach der zunächst das Eiweiß in den Keimblättern unter der Einwirkung eines Ferments hydrolytisch zerfällt, genau so, wie bei der Einwirkung von Säuren (und gleichfalls in den Verdauungsorganen der Tiere unter dem Einfluß des Trypsins), und daß dann die Produkte der Hydratation in den wachsenden Organen oxydiert werden können unter Bildung von Ammoniak, welches in der zweiten Synthese der Asparaginbildung dient, z.B. durch Dehydratation des asparaginsauren Ammoniums ähnlich dem, wie der Harnstoff aus karbaminsaurem Ammonium entsteht. (Genaueres siehe in der späteren Zusammenfassung meiner Doktor-Dissertation „Die Eiweißstoffe", 1899, Kapitel II.)

[1] Norvalin [2] Norleucin

Weiter war mein Gedankengang folgender: Wenn die Pflanze imstande ist, das bei der regressiven Metamorphose gebildete Ammoniak zu einer neuen Synthese zu verwerten, *dann muß sie auch befähigt sein, von außen hinzukommendes Ammoniak unmittelbar, ohne vorherige Nitrifikation, aufzunehmen.* So ergab sich aus der Arbeit mit Asparagin ganz unerwartet eine neue Lösungsmöglichkeit in der Frage der Pflanzenernährung mit dem Stickstoff des Ammoniaks. Zur gleichen Zeit ist endgültig geklärt worden, daß Asparagin, genau so wie Harnstoff im tierischen Organismus, aus Ammoniak gebildet wird und keineswegs der Eiweißregeneration in den wachsenden Organen der etiolierten Pflanze (zugleich mit hinzukommender Glukose) dient, wie das *Pfeffer* angenommen hat. Das Asparagin wird als Abfallprodukt so lange gespeichert, bis die Assimilation einsetzt.

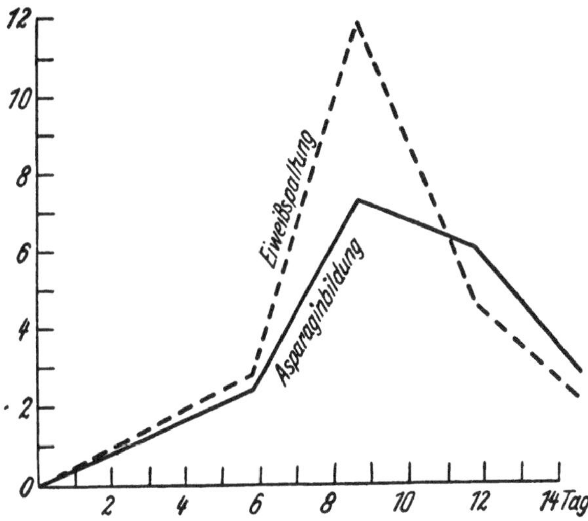

Abb. 4. Tägliche Geschwindigkeit der Eiweißspaltung und der Asparaginbildung

So trat ich in Gegensatz zu der herrschenden Ansicht und mußte dieses teuer bezahlen. *Pfeffer* als damals anerkannte Autorität erlaubte sich, über mich, der ich nur junger Anfänger war, ein Urteil dort auszusprechen, wo ich ihm nicht antworten konnte – auf den Seiten seines Lehrbuchs, und zwar: In der Auflage von 1897 stand geschrieben, daß die Ansicht *Prjanischnikows* über die Ähnlichkeit zwischen Asparagin und Harnstoff „unter allen Umständen irrig ist". Aber es bewahrheitet sich in diesem Falle noch einmal das französische Sprichwort: „Rira bien qui rira le dernier."

In der Folge haben nicht nur meine eigenen Arbeiten die Ansicht über das Asparagin als ein dem Harnstoff analoges Produkt, das bei der sekundären Synthese gebildet wird, bestätigt, sondern diese Bestätigung ergab sich auch in demselben Laboratorium, wo *Pfeffer* arbeitete, durch seinen Nachfolger *Ruhland.*

Es ist nicht uninteressant, dieses Gutachten *Pfeffers* damit zu vergleichen, was nach 40 Jahren *Chibnall*[1] in seiner eingehenden Übersicht[2] über die das Asparagin betreffenden Arbeiten von mir gesagt hat:

[1] *Chibnall*, Protein Metabolism in the Plant, 1939, S. 57–58.

[2] In dieser Abhandlung schenkt der Verfasser meinen Arbeiten viel Beachtung (s. insbesondere S. 52–104); dort befinden sich auch die Bilder vieler Autoren (mit *Schultze* an der Spitze), die sich mit dem Eiweißzerfall und der Asparaginbildung beschäftigten, wobei von russischen Autoren *Borodin* und *Prjanischnikow* abgebildet sind.

„Schon 5 Jahre vor der Arbeit von *Schultze*, die er nach langen und beharrlichen Forschungen veröffentlichte, hat *Prjanischnikow* genau festgestellt, daß ein Teil des Asparagins in den Keimlingen aus den Produkten des Eiweißzerfalls (und nicht des Eiweißes selbst – *D. P.*) gebildet werden muß. Gestützt auf eigene Feststellungen und auf die von *Merlis*, einem Schüler von *Schultze*, hat *Prjanischnikow* durch Vergleich der Abbauintensität des Eiweißes einerseits und der Intensität der Asparaginbildung andererseits gezeigt, daß beide Prozesse ihr Maximum etwa zur selben Zeit erreichen, daß aber dann der Eiweißabbau wesentlich schneller nachläßt als der Prozeß der Asparaginspeicherung (s. Abb. 4)[1]. Das beweist, daß Asparagin aus anderen Produkten des Eiweißzerfalls synthetisch gebildet wird und daß diese Produkte nach Annahme *Prjanischnikows* Aminosäuren sein müssen." Weiter bemerkt *Chibnall*, daß in den 90er Jahren des XIX. Jahrhunderts „eine derartige Vermutung theoretisch erschien und daß auch *Schultze* sie fraglos in diesem Sinne auffaßte. Zu jener Zeit waren die Eiweißanalysen noch keineswegs vollkommen (bis zu 45 %)[2] und es fehlte noch der Beweis, daß bei der enzymatischen und sogar bei der sauren Hydrolyse das Eiweißmolekül nur Aminosäuren liefert." „Hier tritt der Gegensatz zwischen dem Lehrer und dem Schüler, der Kontrast zwischen der Erfahrung des reifen Gelehrten und dem Mut, vielleicht sogar der scharfen Intuition des jungen Menschen deutlich in Erscheinung. Wir haben gesehen, daß *Schultze* 5 Jahre zähen Fleißes brauchte, um das endgültig zu beweisen, was *Prjanischnikow* auf Grund seine Schlußfolgerungen aus früheren Arbeiten der Schule desselben *Schultze* sofort erkannt hat!"

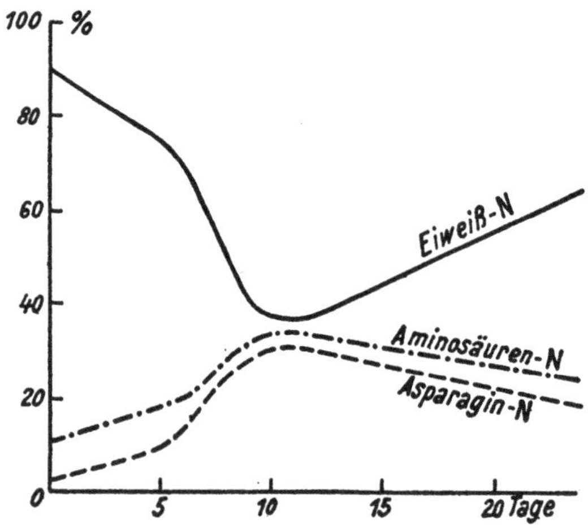

Abb. 5. Eiweißregeneration bei Licht
(Versuch mit Lupinus luteus)

Ich will noch erwähnen, daß *Pfeffer* damals (im Jahre 1896), wie das in der Polemik häufig der Fall ist, mir etwas zuschrieb, was ich niemals gesagt hatte: Ich sagte, daß Asparagin in der etiolierten Pflanze zur Eiweißsynthese nicht verwendet wird, während *Pfeffer* schrieb, daß ich damals von der Pflanze überhaupt gesprochen hätte. Bei der belichteten Pflanze wird das Asparagin zur Eiweißsynthese selbstverständlich

[1] Hier bringt *Chibnall* dieselbe Abbildung aus der Arbeit von 1897, die auch in diesem Buch vorkommt.

[2] Gemeint ist hier die unvollständige quantitative Berechnung bei der Hydrolyse zu jener Zeit.

verwandt, wie das beispielsweise aus meinem folgenden Versuch (1897) mit der Keimung bei Licht ohne Stickstoffzuführung von außen zu ersehen ist (Abb. 5). Hier sieht man, daß nach dem Stadium des Abbaues beim Eiweiß das Stadium der Synthese folgt, bei der sowohl die Aminosäuren als auch Asparagin Verwendung finden. Aber selbstverständlich wird das Asparagin bei der Eiweißsynthese nicht so verbraucht, wie es sich seinerzeit *Loew* vorstellte, der eine einfache Polymerisation bei gleichzeitigem Zutritt der Glukose (das war vor den Arbeiten von *Emil Fischer*) annahm. Das Asparagin dient als Träger der Gruppe NH_2. Obwohl wir es hier mit zwei Lagen der Gruppe NH_2 zu tun haben, wird keine von ihnen endgültig festgelegt; sowohl die Amid- als auch die Aminogruppe können sich freimachen und dem Aufbau beliebiger Aminosäuren in der Pflanze dienen, wovon später die Rede sein wird. In dem Sinne, daß das Asparagin als Träger der später für die Synthese seitens der Pflanze zu benutzenden NH_2-Gruppen erscheint, kann es, wenn man so will, eine Reservesubstanz genannt werden. Aber es ist keinesfalls eine Transportform der stickstoffhaltigen Reservestoffe in den Keimblättern, wie *Pfeffer* das annahm, weil es gar nicht in den Keimblättern, sondern in den energisch atmenden, wachsenden Sproßorganen gebildet wird[1].

Meine Schlußfolgerung, daß das in den Pflanzen entstehende Ammoniak bei der Asparaginsynthese wieder verbraucht wird, beruht auf den Versuchen von 1894 und insbesondere von 1897. Daher konnte ich die in den Jahren 1898–1900 fast gleichzeitig erschienenen Arbeiten von *P. S. Kossowitsch* in Petersburg und *Mazé* in Paris[2], die die unmittelbare Aufnahme des Ammoniaks durch die Wurzeln end-

[1] Die ersten Hinweise darauf, daß die Energie, mit der das Asparagin (oder Glutamin) gebildet wird, in einem Zusammenhang mit der Atmungsenergie steht, und daß das eine sowohl wie das andere von der Temperatur abhängig ist, stammen von *Ljaskowski* aus dem Jahre 1874 (Moskau, Lehrstuhl der Agrochemie an der Moskauer Staatlichen Universität) und sind in seiner Arbeit über die Keimung von Kürbissamen zu finden. Später hat auch *Palladin* den Zusammenhang zwischen der Asparaginbildung und der Sauerstoffatmung (s. das oben Gesagte) hervorgehoben. Ich stellte damals die Frage, ob eine Heraufsetzung der Temperatur die Energie der Asparaginbildung genau so beeinflußt wie das Wachstum und die Atmung, und fand eine Antwort in den Versuchen von 1899, die zeigten, daß das nicht der Fall ist. Bei einer Temperatur von 25–28° habe ich ein Optimum nicht feststellen können, sondern bei weiterem Anstieg der Temperatur bis zu 35° C stieg auch die Asparaginmenge, wie aus den folgenden Zahlen zu ersehen ist:

Versuch 1

	20°	28°	35°
1. Eiweißrückgang in 24 Stdn. (in N)	1,42 %	3,30 %	4,22 %
2. N-Zugang im Asparagin	0,57 %	1,20 %	1,48 %

Versuch 2

	22,5°	28°	35—36°
1. Eiweißrückgang in 24 Std. (in N)	2,80 %	4,05 %	4,40 %
2. N-Zugang im Asparagin	0,14 %	0,61 %	0,97 %

(Eiweißsubstanzen und ihre Umwandlungen in den Pflanzen im Zusammenhang mit Atmung und Assimilation, 1899, S. 61).

[2] Zeitschrift für experimentelle Agronomie, II, 637 (Russ.) und Annales de l'Institut Pasteur, XIV, 26. Eigentlich hat *Kossowitsch* seine Versuche vor *Mazé* durchgeführt, und zwar 1897. Da

gültig bewiesen, nur begrüßen als streng experimentellen Nachweis dessen, was für mich a priori unzweifelhaft gewesen war. *Kossowitsch* war der erste, der einen Versuch über die Ammoniakernährung der Pflanzen durchführte unter Berücksichtigung zweier notwendiger Voraussetzungen: nicht nur unbedingte Sterilität der Umgebung, sondern auch Ausschaltung der physiologischen Azidität bei $(NH_4)_2SO_4$, die die Ergebnisse der Versuche von *Pitsch*, von denen früher die Rede war, herabsetzte. Ohne an dieser Stelle die wesentlichen Vervollständigungen der Methodik steriler Kulturen bei höheren Pflanzen, die *Kossowitsch* zu verdanken sind, näher zu berühren, wollen wir nur hervorheben, daß er zur Milderung der sauren Reaktion Kreide bzw. Eisenhydrat zugab und auf diese Weise mit Ammoniakernährung (allmähliche Zuführung von Ammoniumsulfat zusammen mit Wasser) nicht nur allgemein gute Erfolge erzielte, sondern manchmal sogar bessere als mit Salpeter. Hier ein Beispiel aus seinen Versuchen.

	Gewicht der Pflanzen (in g)	ihr Stickstoffgehalt (in mg)
$(NH_4)_2SO_4 + CaCO_3$	3,00	67
$(NH_4)_2SO_4 + Fe(OH)_3$	3,95	127
$Ca(NO_3)_2 + CaCO_3$	3,05	77

Während *Kossowitsch* mit Sandkulturen arbeitete, bediente sich *Mazé* der Wasserkulturen und hatte dabei auch Fälle größerer Aufnahme des Ammoniaks als des Nitratstickstoffs. In einem Fall gab er in die Lösung gleichzeitig $Ca(NO_3)_2$ und $(NH_4)_2SO_4$ (im Beisein von $CaCO^3$) und stellte fest, daß die Pflanzen das Ammoniak restlos aufgenommen hatten, während der Nitratstickstoff zum Teil nicht ausgenutzt blieb.

Diese Einzelfälle, die damals Ausnahmen zu sein schienen, wiederholten sich ganz regelmäßig, als wir 1900 die Eigenschaft des salpetersauren Ammoniums systematisch zu erforschen begannen. Entgegen der damaligen Vorstellung erwies sich dieses Salz als physiologisch sauer, d. h., daß die Wurzeln der Pflanzen das Ammoniak schneller aufnehmen als die Salpetersäure, so daß die Lösung sauer wird. Wir erkannten dieses zum erstenmal im Jahre 1900 an einer Begleiterscheinung, und zwar an der Lösung der Phosphorite bei Sandkulturen in der überschüssigen Säure. Später haben wir die saure Reaktion auch unmittelbar in sterilen Kulturen nachweisen können. Wir wollen uns mit dieser Versuchsserie nicht länger aufhalten, weil wir im zweiten Teil dieser Arbeit nochmals darauf zurückkommen müssen.

Wir hatten also zu Beginn dieses Jahrhunderts genaue Kenntnis darüber, daß das

---

er aber seine Ergebnisse nicht rechtzeitig im Ausland (was russische Autoren häufig unterlassen) veröffentlichte, nahm man dort an, daß *Mazé* als erster die unmittelbare Ammoniakaufnahme, ohne Nitrifikation, durch die höheren Pflanzen feststellte. Neben *Kossowitsch* und *Mazé* verdient noch Beachtung die Arbeit von *Krüger*, Landw. Jahrbücher 1905, 761.

Ammoniak ohne Nitrifikation von den Pflanzen gut aufgenommen wird. Seit dieser Stunde kann man das Stadium der Antithese als überwunden betrachten, und es trat nun das Stadium der Synthese ein, die beide Stickstoffquellen als unmittelbar zugänglich bei der Pflanzenernährung gelten läßt. Allerdings ist dieses längere Zeit nur einem begrenzten Kreis von Spezialisten bekannt gewesen, während die Masse der Agronomen nach wie vor der Ansicht war, daß das Ammoniak unbedingt nitrifiziert werden muß. Diese These ist noch lange in den Lehrbüchern wiederholt worden, und sogar 1936 gab der staatliche Verlag für landwirtschaftliche Literatur (Selchosgis) ein Lehrbuch heraus, in dem zu finden ist, daß der Stickstoff nur in oxydierter Form von den Pflanzen aufgenommen werden kann[1].

Alle vorhandenen Tatsachen haben zu Beginn dieses Jahrhunderts das von mir entworfene Schema der Umwandlung von stickstoffhaltigen Substanzen in der Pflanze bestätigt:

Eiweiß ⟶ Aminosäuren ⟶ Ammoniak ⟶ Asparagin ⟶ Aminosäuren ⟶ Eiweiß
↑
Ammoniak von außen.

Aber nicht alle Übergänge zwischen den Gliedern dieser Kette waren experimentell überprüft. So war u.a. die Beteiligung des Ammoniaks bei der Asparaginbildung aus Aminosäuren während der Keimung eine logische Folge aus meinen Versuchen von 1897; entdeckt war dieses verborgene, bei der Synthese schnell aufgebrauchte Ammoniak zunächst noch nicht. Diesen Mangel beseitigte erst *W. L. Butkewitsch* im Jahre 1904, als er, nach Absolvierung der Schule von *Schultze*, seine Versuche auf diesem Gebiet fortsetzte, genau so wie ich (u.a. hat er seine weiterbeschriebenen Versuche in meinem Laboratorium durchgeführt; er arbeitete aber selbständig als Doktorand-Aspirant).

Ausgehend von der Theorie des bekannten Physiologen *Claude Bernard*, wonach anästhesierende Stoffe den Syntheseprozeß unterdrücken, den Abbau jedoch nicht berühren, unterwarf *Butkewitsch* die Keimlinge der Wirkung des Toluols. Die Synthese des Asparagins wurde gehemmt, und das Ammoniak konnte, wie ich vorausgesehen habe, experimentell nachgewiesen werden. Außerdem zeigte *Butkewitsch*, daß die Keimlinge der Lupine, wenn man sie länger im Dunkeln hält und Hunger an Kohlenhydraten leiden läßt, gleichfalls Ammoniak speichern.

Augenscheinlich findet die Ammoniakbildung bei normalen Pflanzen statt; das

[1] Bei dem Problem der Nitrifikation wird häufig zweierlei verwechselt: 1. die rein physiologische Frage, die in den obengenannten Versuchen ihre Lösung gefunden hat und 2. die normale Bodenreaktion im Sinne der natürlichen Aeration und Unterhaltung der Reaktion in gewissen Abständen. Von diesem Standpunkt gesehen behält die Nitrifikation ihre Bedeutung, weil ihr Fehlen auf gewisse Mängel hindeutet, z.B. fehlende Durchlüftung infolge zu starker Nässe oder zu großer Festigkeit, was gleichzeitig die normale Entwicklung der Kulturpflanzen behindert. Die saure Bodenreaktion, die die Tätigkeit der Nitrifikatoren unterdrückt, hindert ebenfalls das Wachstum der meisten höheren Pflanzen. Die Kalkung des Bodens führt zur Gesundung, sie stellt die Nitrifikation wieder her und beeinflußt die Ertragszunahme. Infolgedessen ist die Nitrifikation ein gutes Merkmal bei der Bewertung der Bodenfruchtbarkeit.

Ammoniak ist ein notwendiges Glied beim Umsatz der Stickstoffsubstanzen überhaupt, nur können wir es in der Regel nicht erfassen, infolge schnellen Übergangs in die Form der Amide.

Als *Butkewitsch* seinen Versuch mit der Anästhesie in einer sauerstofffreien Umgebung wiederholte, fand er keine Ammoniakbildung; man muß folglich annehmen, daß in diesem Falle die Ammoniakbildung mit den Prozessen der Oxydation verbunden ist[1].

Dadurch wird der Unterschied zwischen den höheren Pflanzen und z.B. den Schimmelpilzen, von denen man schon lange weiß, daß sie den Eiweißabbau nicht nur bis zu den Aminosäuren, sondern auch bis zum Ammoniak durchführen, das mitunter in sehr großen Mengen entsteht, in gewissem Maße ausgeglichen. Die Bedingungen dieser Ammoniakbildung sind u. a. durch folgende Beobachtungen von *Butkewitsch* beleuchtet worden: Die Fähigkeit einiger Formen (wie Aspergillus), bei der Ernährung mit Eiweiß beträchtliche Mengen Ammoniak zu speichern, verläuft parallel zu ihrer Fähigkeit, Säuren (Oxalsäure) zu bilden, die das Ammoniak neutralisieren. Beseitigt man künstlich die Säure, indem man z.B. Kreide hinzugibt, dann verlangsamt Aspergillus die Ammoniakspeicherung und beschränkt sich auf die Spaltung von Eiweiß oder Pepton bis zu den Aminoverbindungen (in der Flüssigkeit sammeln sich Leuzin und Tyrosin). Ein anderes Bild geben Penicillium und Mucor: Ohne imstande zu sein, größere Mengen Säuren zu bilden, bilden sie gewöhnlich wenig Ammoniak und viel Aminoverbindungen. Sobald man aber Säuren hinzufügt (z.B. Phosphorsäure), setzen auch diese Organismen den Abbau der Stickstoffsubstanzen bis zum Ammoniak so lange fort, als die Reaktion noch nicht basisch wird.

Die nächste Etappe unserer Arbeiten mit Asparagin bestand in der experimentellen Nachprüfung der Annahme, daß, wenn die Pflanze „ihr" Ammoniak unschädlich macht, indem sie es zur Amidbildung verbraucht, wahrscheinlich auch das von außen hinzutretende Ammoniak vor allen Dingen zur Bildung von Amino- und Amidgruppen im Asparagin und Glutamin Verwendung findet und in dieser unschädlichen Form eine fertige Reserve für die Synthese einer Reihe von Aminosäuren, die zum Bestand des Eiweißmoleküls gehören, darstellt. Da die synthetischen Prozesse bei Licht sehr schnell verlaufen und es häufig schwer ist, die Zwischenprodukte zu erfassen, so begannen wir unsere Versuche im Dunkeln mit Keimlingen, von denen wir genau wußten, daß sie ihre Vorräte an stickstofffreien Materialien noch nicht verbraucht hatten.

Wohl sind in dieser Richtung auch früher schon Versuche gemacht worden, jedoch waren ihre Ergebnisse widersprechend. So behaupteten die Schüler von *Oskar Loew* in Japan, *Kinoshita* und *Suzuki*, schon in den Jahren 1895–1897, daß es ihnen gelungen sei, die Asparaginbildung in der Pflanze mit Hilfe von Ammoniak oder Harnstoff sowohl bei Licht als auch in der Dunkelheit experimentell zu be-

[1] *Butkewitsch, W. S.* Regressive Metamorphose der Eiweißstoffe bei höheren Pflanzen, 1904.

weisen. Der Idee nach schienen die Behauptungen von *Kinoshita* und *Suzuki* richtig, aber ihre experimentellen Angaben waren unvollkommen[1]. Zur gleichen Zeit gelang es *Laurent* in Belgien, der sich strenger analytischer Methoden bediente, nicht, eine nennenswerte Zunahme an organischen Verbindungen in der Dunkelheit nachzuweisen; – die Synthese verlief nur bei Licht. Auf diese Weise widersprachen seine Angaben den Schlußfolgerungen von *Kinoshita* und *Suzuki*[2].

Somit fehlte in dieser Frage noch der experimentelle Nachweis, und ich begann daher 1909 meine Versuche mit verschiedenen Pflanzen, die einen ungleichen Gehalt an Kohlenhydraten sowohl primärer (in Abhängigkeit von der Zusammensetzung des Samens) als auch sekundärer (im Zusammenhang mit dem Entwicklungsstadium der Keimlinge) Herkunft aufwiesen. Nun zeigte es sich, daß das Ergebnis verschieden ist, je nach den Bedingungen der Versuche (Stickstoffquelle, Pflanzenart usw.), was mich veranlaßte, die Pflanzen nach dem Verhalten ihrer Keimlinge in drei Gruppen[3] einzuteilen, und zwar:

I. Pflanzen, in deren Keimlingen bei der Ernährung mit Lösungen von Ammoniumsalzen (z.B. 0,05–0,1 % NH_4Cl) leicht Asparagin gebildet wird; das Ammoniak wird dabei in diesen Pflanzen nicht gespeichert; typisches Beispiel dafür sind die Getreidearten.

II. Bei Pflanzen von anderem Typus (Erbsen, Wicken) ruft die Zuleitung der Ammoniumsalze mit starken Säuren keine Zunahme des Asparagingehaltes her-

---

[1] Der gesunde Gedanke, von dem die genannten japanischen Forscher ausgegangen waren, stammte von ihrem Lehrer *Oskar Loew*, aber die Ausführung entsprach nicht dem zu verlangenden Niveau. Ich habe seinerzeit (in der Dissertation von 1899) diese Arbeiten einer kritischen Betrachtung unterzogen und fand als Hauptmangel bei *Kinoshita* (College of Agriculture Tokyo, Bulletins, vol. II, Nr. 4, 1895) das Fehlen der Ammoniakbestimmung (sogar bei den Versuchen, in denen die Pflanzen mit einprozentiger Lösung von Ammoniumchlorid ernährt worden sind); infolgedessen bedeuten bei *Kinoshita* die Zahlen für Asparagin tatsächlich die Summe des Stickstoffs im Asparagin und im Ammoniak. *Suzuki* (dieselbe Serie, vol. II, Nr. 7, 1897) ist einen Schritt weitergegangen. Er benutzte schon schwächere Lösungen von NH_4Cl (0,1 %), aber auch in dieser Arbeit fehlte aus irgendeinem Grunde in der Regel die Ammoniakbestimmung mit Ausnahme nur eines Versuchs mit Buchweizen, wo die Bestimmung zeigte, daß das Asparagin nicht zugenommen hat. Dabei ist aber anzunehmen, daß bei *Suzuki* tatsächlich eine Synthese des Asparagins auf Kosten des Ammoniaks stattgefunden hat, z.B. in einem Versuch mit der Sonnenblume (0,99 % Stickstoff im Asparagin + Ammoniak gegenüber 0,29 % in den Kontrollpflanzen); weshalb aber *Suzuki* es unterlassen hat, diese Zahlen glaubhaft zu machen, indem er das Ammoniak bestimmte, bleibt völlig unverständlich.

[2] *Laurent*, Annales de la Science agronomique, 1897, II, 207. Wir bemerken, daß, während *Laurent* eine Zunahme organischer Substanzen in der Dunkelheit weder auf Rechnung des Ammoniaks, noch auf Rechnung der Nitrate beobachten konnte, *Godlewski* (Krakau, Lehrstuhl für Agrochemie) in demselben Jahre 1897 in seinen Versuchen mit etiolierten Weizenkeimlingen ein positives Resultat gehabt hat. *Godlewski* wiederholte diese Versuche im Jahre 1900 (Bulletin de l'Académie des Sciences, Cracovie),wobei sie noch überzeugender ausgefallen waren. Somit hat *Godlewski* als erster nachgewiesen, daß die Synthese stickstoffhaltiger organischer Substanzen im Dunkeln möglich ist. Und wenn ihm dieser Nachweis in bezug auf die Nitrate gelungen ist, dann muß dieses um so mehr vom Ammoniak erwartet werden. *Godlewski* hat aber Versuche mit unmittelbarer Ammoniakernährung der Pflanzen nicht angestellt.

[3] s. *Prjanischnikow*, Zeitschrift für experimentelle Agronomie, 1912, 673.

vor oder man beobachtet sogar einen Rückgang infolge Unterdrückung des Wachstums und Verlangsamung des Eiweißabbaues; erst bei Zugabe von $CaCO_3$ setzt die Asparaginbildung mit Verwertung des Ammoniaks ein.

III. Bei den Keimlingen der Lupine als Regel und bei anderen Pflanzen nur nach äußerster Erschöpfung der Vorräte an Kohlenhydraten bewirkt sogar die Zugabe von $CaCO_3$ die Synthese des Asparagins nicht, und die Pflanzen leiden unter Ammoniakvergiftung.

Bei diesen Versuchen sind beteiligt gewesen: *I. S. Schulow*, *O. N. Kaschewarowa*, *F. T. Periturin*, *S. N. Kalinkin*, *G. I. Ritmann*, *I. A. Dabachow*, *A. G. Nikolajewa*, *A. S. Kablukow*, *A. P. Krassinski*, *W. A. Morosow*, *A. I. Smirnow*. Wir bringen einige charakteristische Beispiele[1].

Der erste Versuch in dieser Serie stammt von *I. S. Schulow* aus dem Winter 1909/10 mit Keimlingen von Erbsen und Gerste bei einer Ernährung von 0,1 n NH_4Cl-Lösung. Der Erbsenversuch fiel negativ aus; Asparagin wurde nicht gebildet, im Gegenteil, sein Gehalt sank sogar unter dem Einfluß von NH_4Cl. Wäre der Erbsenversuch der einzige gewesen, dann könnte man annehmen, daß die Schlußfolgerung *Laurents*, wonach eine Synthese der Amide im Dunkeln nicht stattfindet, bestätigt worden sei.

Aber der Versuch mit Gerste ergab ein anderes Bild. Nachdem die Keimlinge 10 Tage lang in einer Lösung von NH_4Cl gewesen waren, zeigte die Analyse:

100 Keimlinge enthielten in mg	Wasser	Lösung von NH_4Cl	Differenz
Gesamtstickstoff	145,8	161,5	+ 15,7
Eiweißstickstoff	61,8	61,5	— 0,3
Stickstoff der Aminosäuren	46,8	42,7	— 4,1
Stickstoff des Asparagins[2]	**36,7**	**56,4**	+ **19,7**
Ammoniakstickstoff	0,5	0,9	+ 0,4

Hier sehen wir, daß das in die Pflanze eingegangene Ammoniak als solches nicht gespeichert, sondern zur größeren Asparaginbildung verwendet worden ist. Die Asparaginzunahme übersteigt in diesem Falle sogar den ganzen Stickstoffzugang, weil ein Teil des Asparagins durch die Oxydation der Aminosäuren, deren Menge etwas geringer wurde, gebildet werden konnte. Die Stickstoffmenge des Asparagins stieg bei Ammoniakernährung auf 19,7 mg. Wenn man den Stickstoff der Aminosäuren, deren Menge zurückging, bei der Bildung des Asparagins mit 4,1 mg ab-

[1] *Prjanischnikow* und *Schulow*, Über die synthetische Bildung des Asparagins in den Pflanzen, Zeitschrift für experimentelle Agronomie, 1910, 533. (Russ.) Siehe gleichfalls Berichte der Deutschen Botanischen Gesellschaft 1910.

[2] verdoppelter Amidstickstoff.

setzt, dann sieht man, daß 15,6 mg Stickstoff von außen hinzugekommen sind; der Gesamtstickstoff zeigt eine Zunahme von 15,7 mg, d. h. *daß das ganze von außen hinzugekommene Ammoniak bei der Asparaginsynthese verbraucht worden ist.*

Daraus hat man gefolgert, daß die eine Hälfte des Ammoniaks in die Gruppe $CONH_2$ und die andere in die Gruppe $CHNH_2$ übergeht, d.h., daß das Asparagin nicht aus Asparaginsäure und Ammoniak entstanden ist, sondern beispielsweise aus der Apfelsäure, also aus stickstofffreien Substanzen überhaupt, und Ammoniak[1]. Wir haben somit die Bestätigung, daß das Asparagin nicht nur ein charakteristisches, im Wege der sekundären Synthese in den Keimlingen entstehendes Produkt ist, sondern das erste Produkt der Synthese nach Aufnahme des von außen kommenden Ammoniaks.

Genau so verhielten sich die Keimlinge des Kürbis mit seinem ölhaltigen Samen (Versuche von *F. T. Periturin*). Auch hier sehen wir keine nennenswerte Ammoniakansammlung, sondern eine Bildung des Amids der Aminosäure (in gegebenem Falle des Glutamins).

Versuche mit Kürbiskeimlingen

In 100 Keimlingen waren enthalten in mg	Wasser	Lösung von NH_4Cl	Differenz
Gesamtstickstoff	1438,3	1545,4	+ 107,1
Eiweißstickstoff	1153,0	1049,9	— 103,1
Stickstoff der Aminosäuren	82,3	109,8	+ 27,5
Stickstoff des Glutamins	**194,8**	**379,8**	+ **185,0**
Ammoniakstickstoff	8,7	(6,4)	— 2,3

Wenn die Menge des neugebildeten Glutamins mit 185 mg N die Menge des der Pflanze zugeführten Stickstoffs von 107,1 mg übersteigt, dann kommt es daher, daß in diesem Falle die Ernährung mit NH_4Cl die Entwicklung der Keimlinge und den Eiweißzerfall beschleunigte: Aus dem Eiweiß sind 103,1 mg frei geworden, von denen 27,5 mg zur Vermehrung der Aminosäuren und 75,6 mg zur Glutaminbildung verwendet wurden; zieht man 75,6 von 185 (gesamte Glutaminzunahme) ab, dann kommt man auf 109,4 mg. Das ist das Glutamin, das aus dem von außen hinzugekommenen Stickstoff gebildet worden ist. Da aber, wie aus der Bestimmung des ganzen Stickstoffs ersichtlich, 107 mg hinzugekommen sind, so ist in diesem Falle der von außen hereingebrachte Stickstoff insgesamt im Glutamin abgesetzt worden.

Damit aber aus dem von außen kommenden Ammoniak Asparagin gebildet wird,

[1] d.h. nicht aus der „fertigen" Asparaginsäure als einem Produkt des Eiweißabbaues, sondern aus einer spätergebildeten, als sekundäre Synthese der stickstofffreien Substanzen mit Ammoniak.

muß die Pflanze irgendeinen stickstofffreien Rest, irgendeine 4-Kohlenstoffkette enthalten, die aus Kohlenhydraten entstehen kann. Daher die Beziehungen zwischen dem Verhalten der Keimlinge zum hinzukommenden Ammoniak und dem Gehalt an Kohlenhydraten in den keimenden Samen.

Um diese Beziehungen zu beleuchten, wählten wir, wie schon oben gesagt, eine Reihe von Objekten mit abnehmendem Gehalt an Kohlenhydraten und gleichzeitig wachsendem Gehalt an Eiweißstoffen. Bei den hauptsächlichsten Vertretern dieser absteigenden Reihe ist das Verhältnis von Eiweiß zu Kohlenhydraten in dem Samen folgendes:

I	II	III
Getreide	Hülsenfrüchte vom Erbsentypus	Lupinen
1 : 6	1 : 2	1 : 0,6

Außer diesem Verhältnis können die Vertreter der genannten Gruppen sich natürlich auch durch andere Besonderheiten unterscheiden. So sind z.B. Erbsen und Wicken empfindlicher gegen die Reaktion ihrer Nährlösung und vertragen infolgedessen die physiologisch sauren Ammoniumsalze wie NH_4Cl und $(NH_4)_2SO_4$ schlechter als Getreide; sie reagieren auch empfindlicher auf die physiologische Unausgeglichenheit der Lösung als Folge von Kalziummangel. Deshalb haben wir in unseren Versuchen mit diesen Pflanzen immer noch solche Varianten, wo den Ammoniumsalzen kohlensaures Kalzium hinzugefügt wird. Wir stellten fest, daß dieses eine wesentliche Bedingung für die Synthese des Asparagins bei den Pflanzen der Gruppe II ist.

Die Angaben für Vicia sativa (Versuch von *G. I. Ritmann*) zeigen, daß die Asparaginsynthese nur im Beisein von $CaCO_3$ stattfand, wobei in diesem Falle der ganze aufgenommene Stickstoff in Form von Asparagin abgesetzt worden ist.

Versuch mit Vicia sativa

100 Pflanzen enthielten in mg	I Wasser	II NH_4Cl	III $NH_4Cl + CaCO_3$	Differenz zwischen II und III
Gesamtstickstoff	221	244	263	+ 42
Eiweißstickstoff	85	109	90	+ 5
Stickstoff der Aminosäuren	59	51	54	− 5
Stickstoff des Asparagins	**76**	**78**	**118**	+ **42**
Ammoniakstickstoff	0,9	0,9	1,0	+ 0,1

Ganz analoge Ergebnisse hatten auch die Versuche mit Erbsen, die *I. S. Schulow* anlegte und die, wie oben gesagt, negativ verliefen. Bei Fortsetzung dieser Versuche hat *I. E. Dabachow* Varianten mit $CaCO_3$ und $CaSO_4$ aufgenommen. Dieses geschah, um die neutralisierende Wirkung von $CaCO_3$ von der Wirkung des Kalziumions als

Ausgleichsfaktor in der Nährlösung unterscheiden zu können. Hier folgt ein Teil der dabei gewonnenen Zahlen:

100 Pflanzen enthielten in mg	Wasser	$NH_4Cl + CaCO_3$	$NH_4Cl + CaSO_4$
Gesamtstickstoff	1,608	1,810 (oder + 0,202)	1,764 (oder + 0,156)
Eiweißstickstoff	0,949	1,016 (+ 0,067)	0,993 (+ 0,044)
Stickstoff des Asparagins	0,258	0,441 (+ 0,189)	0,375 (+ 0,117)
Ammoniakstickstoff	0,010	0,007	0,011

Hieraus sehen wir, daß die Synthese des Asparagins bei Anwesenheit von Kalziumverbindungen stattfindet (der größte Teil des hinzugekommenen Ammoniaks wird im Asparagin abgesetzt) und daß der Zugabe von Ca (in Gestalt von $CaSO_4$) als dem Antagonisten des Ammoniums die positive Wirkung hauptsächlich zu verdanken ist. Wenn aber die neutralisierende Wirkung, wie im Falle mit $CaCO_3$, noch hinzukommt, dann verläuft die Synthese des Asparagins besonders energisch.

Als ein Objekt, das arm an Kohlenhydraten ist, wählten wir vor allen Dingen die Lupine. Der Samen dieser Pflanze ist sehr eiweißreich, enthält gar keine Stärke, und seine Kohlenhydrate sind nur durch Galaktane, als Ablagerungen in den Zellwänden, vertreten, so daß bei der Keimung sehr schnell ein Mangel an Kohlenhydraten eintritt. Bei der Ernährung mit Ammoniumsalzen im Laufe von 10 Tagen konnte eine Asparaginbildung in den Keimlingen der Lupine nicht beobachtet werden (Versuche von *I. S. Schulow*, 1912). Darüber hinaus drücken bei der Lupine Säuren, wie Schwefelsäure und Salzsäure, die mit dem Ammoniak hinzukommen, die Synthese des Asparagins sogar aus „eigenem" Ammoniak (siehe S. 43 über eine ähnliche Drückung der Harnstoffsynthese in der Leber nach Einführung von $(NH_4)_2SO_4$); das Ammoniak wird als solches gespeichert. Zum Unterschied von Erbsen und Wicken verbessert $CaCO_3$ diese gestörte synthetische Funktion bei den Lupinenkeimlingen nicht, im Gegenteil – Asparagin wird noch weniger gebildet. Man sieht das aus folgenden Zahlen:

Versuche mit Keimlingen von Lupinus luteus

100 Pflanzen enthielten in mg	I Wasser	II $(NH_4)_2SO_4$	III $(NH_4)_2SO_4 + CaCO_3$
Gesamtstickstoff[1]	567	575	535
Eiweißstickstoff	152	160	170
Stickstoff des Asparagins	258	175	158
Ammoniakstickstoff	26	57	68

[1] Da man zu jener Zeit annahm, daß bei der Trocknung der Lupinenkeimlinge ein Stickstoffverlust nicht stattfindet (Angaben des Laboratoriums von *E. Schultze* für Lupinenkeimlinge,

Nun tauchte bei uns die Frage auf, wieweit hier Artunterschiede und der Reichtum an Kohlenhydraten noch eine Rolle spielen. Wenn es sich nur um die Kohlenhydrate[1] handelt, dann genügt es, daß man sie der Gerste nimmt oder die Lupine mit ihnen anreichert, um den Unterschied zwischen diesen beiden Pflanzen auszugleichen.

Man kann die keimende Gerste in eine an Kohlenhydraten arme Pflanze auf doppelte Weise umwandeln: entweder auf chirurgischem Wege durch Entfernung des Endosperms oder auf physiologischem, indem man die Gerste im Dunkeln hält. Beide Verfahren haben wir mit gleichem Erfolg ausprobiert. Die an Kohlenhydraten arm gewordenen Keimlinge der Gerste verhielten sich zu den Ammoniumsalzen genau so wie die Keimlinge der Lupine, d. h. es wurde bei Düngung mit Ammoniumsalzen Ammoniak gespeichert und nicht Asparagin.

---

denen kein Stickstoff zugeführt wurde), führten wir zu Anfang sämtliche Analysen an getrockneten Keimlingen durch. Später stellte sich heraus, daß bei der Ernährung mit NH_4Cl und $(NH_4)_2SO_4$ die Keimlinge doch reich an Ammoniak sind (ein Teil des Ammoniaks erscheint offenbar als Bikarbonat), denn bei der Trocknung sind bedeutende Verluste beobachtet worden. Deswegen sind die Zahlen für den Gehalt an Ammoniak (und Stickstoff überhaupt) in diesen Versuchen gedrückt und nur die Zahlen für Eiweiß und Asparagin waren vom Ammoniakverlust bei der Trocknung unabhängig. Das gleiche wurde bei der mit Ammoniumchlorid ernährten Lupine festgestellt (Versuch von *N. Kaschewarowa*).

[1] Wenn wir vom Mangel der Kohlenhydrate als einem Faktor, der die Ammoniakvergiftung bei der Lupine und der Lupine ähnlichen Pflanzen hervorruft, sprechen, dann müssen wir zwei Fälle unterscheiden: 1. Äußerster Hunger, wenn die Desaminierung und die Desamidierung durch volle Erschöpfung der Kohlenhydrate hervorgerufen sind; dieses hat *W. S. Butkewitsch* konstatiert; 2. den Fall der gemeinsamen Wirkung überschüssiger Säure mit dem *relativen* Mangel an Kohlenhydraten. Hierher gehören die im Text erwähnten Angaben von *Schulow* und *Kaschewarowa*. Daß der Mangel an Kohlenhydraten in diesem Falle nur relativ ist, zeigen die folgenden Angaben aus den in unserem Laboratorium von *A. G. Nikolajewa* durchgeführten Versuchen, die zu einem anderen Ergebnis führten, wenn man statt NH_4Cl und $(NH_4)_2SO_4$ Ammoniumsalze mit schwächerer physiologischer Azidität benutzte oder gar Harnstoff, der die Möglichkeit gibt, die Pflanzen nur mit Ammoniak zu ernähren, ohne andere Säuren außer der Kohlensäure (in der Pflanze geht der Harnstoff in kohlensaures Ammonium über). Hier ein Beispiel:

Stickstoffquellen		Stickstoff des Asparagins auf 100 Keimlinge (in mg)
O		168,9
NH_4NO_3		354,3
$NH_4H_2PO_4$		377,8
$(NH_4)_2HPO_4$		398,3
$CO(NH_2)_2$	a	488,3
	b	502,1

Man sieht, daß dieselbe Pflanze (die gelbe Lupine) bei derselben Versuchsdauer eine bedeutende Menge Asparagin bilden konnte, wenn die physiologisch saure Wirkung herabgesetzt (im Vergleich zu NH_4Cl und $(NH_4)_2SO_4$ oder ganz beseitigt war. Es ist aber sicher, daß, wenn man von einem späteren Alter ausgeht, NH_4NO_3 dieselbe Wirkung hat, wie $(NH_4)_2SO_4$ im jüngeren Alter (über die Versuche von *Nikolajewa* siehe meinen Artikel „Ammoniak als Alpha und Omega", 1916, Sammelheft, gewidmet *K. A. Timirjasew*).

Hier folgt ein Versuch von *A. I. Smirnow* mit Gerstenkeimlingen, die 21 Tage (statt 10 Tage wie im Versuch von *Schulow*) im Dunkeln waren:

	I Wasser	II NH_4Cl	III $NH_4Cl + CaCO_3$
Gesamtstickstoff (in mg)	163	202	242
Eiweißstickstoff	81	95	87
Stickstoff d. Asparagins	45	57	37
Ammoniakstickstoff	4	41	73

Charakteristisch ist hier die Ammoniakhäufung und der Asparaginrückgang im Falle III.

Mit der Lupine machten wir den umgekehrten Versuch – wir versahen sie mit Kohlenhydraten. Am leichtesten gelingt es, wenn man die Lupine bei Licht keimen läßt, – die Assimilation bewirkt dann eine reiche Stärkebildung. Es erwies sich, daß die bei Licht gekeimte Lupine sich genau so verhält wie Gerste (oder jede andere Getreideart), d. h. daß sie bei der Ernährung mit Ammoniak Asparagin bildet. Hier ein Beispiel:

	I Wasser	II NH_4Cl	III $NH_4Cl + 1 CaCO_3$
Gesamtstickstoff (in mg)	885	968	978
Eiweißstickstoff	617	521	617
Stickstoff d. Asparagins	151	291	227
Ammoniakstickstoff	20	35	24

Da aber in diesem Lupinenversuch das Licht beteiligt war, während die anderen Versuche in der Dunkelheit abliefen, legten wir noch zwei Kontrollversuche an, bei denen die Lupine in einem Falle Kohlenhydrate ohne Licht bekam und im zweiten Falle Licht, jedoch ohne die Möglichkeit, Kohlenhydrate zu bilden.

Der Versuch mit der Ernährung etiolierter Lupinenkeimlinge mit Glukose in sterilen Kulturen wurde 1918 von *A. I. Smirnow*[1] in meinem Laboratorium durchgeführt, wobei die Methodik von *G. G. Petrow* (mit gewissen Veränderungen) zur Anwendung kam.

---

[1] Aus den Ergebnissen von Vegetationsversuchen, Bd. XI, 1918. Siehe gleichfalls *A. I. Smirnow*, „Über die Synthese der Säureamide in den Pflanzen bei Ernährung mit Ammoniaksalzen" (Biochem. Ztschr. Bd. 137, 1923).

Es zeigte sich, daß die Zuführung der Glukose die Asparaginmenge heraufsetzt und den Ammoniakgehalt senkt.

Das sieht man aus folgenden Zahlen:

	$(NH_4)_2SO_4 + CaCO_3$	das gleiche + Glukose
Gesamtstickstoff auf 100 Pflanzen (in mg)	1,002	1,249
Eiweißstickstoff	216	380
Stickstoff des Asparagins	**490**	**619**
Ammoniakstickstoff	123	82

Den Lupinenversuch bei Licht aber ohne CO_2-Zutritt führte *O. N. Kaschewarowa* durch. Zu diesem Zweck wurden die Lupinen unter Glasglocken gezogen, in die man ein Gläschen mit der Lösung von NaOH stellte. Die Endzahlen dieser Analysen stimmten mit jenen überein, die bei den Lupinenversuchen im Dunkeln ohne Glukose gewonnen worden sind, obwohl die einen und die anderen Keimlinge morphologisch ganz verschieden waren (bei Licht bekamen die Keimlinge ganz entwickelte, normal grün gefärbte Blätter, was sie aber nicht daran hinderte, an Ammoniakvergiftung zu erkranken).

Versuche mit gelber Lupine (bei Licht, aber ohne CO_2)
Gehalt an Stickstoff in 100 Keimlingen

	Gesamtstickstoff (in mg)	Eiweißstickstoff (in mg)	Asparaginstickstoff (in mg)	Ammoniakstickstoff (in mg)	Gewicht von 100 Keimlingen (in g)
Wasser	883,7	166,6	236,9	124,4	7,29
Lösung NH_4Cl	853,9	159,1	231,1	125,5	7,10
100 Samen	—	—	—	—	8,57[1]

Somit haben wir nach Durcharbeitung einer Reihe von Kombinationen klarstellen können, daß bei der Synthese des Asparagins aus dem von außen kommenden Ammoniak der entscheidende Faktor die Kohlenhydrate sind und nicht das Licht. Hier eine zusammenstellende Tabelle, die das Resumé unserer Versuche zu diesem Problem darstellt:

Bedingungen des Versuchs		Resultate	
Kohlenhydrate	Licht	Synthese des Asparagins	Ammoniakspeicherung
+	—	+	—
—	—	—	+
+	+	+	—
—	+	—	+

[1] Es ist erklärlich, daß bei dieser Versuchsanlage (ohne CO_2) eine Zunahme an organischer Substanz nicht stattfinden konnte, und infolgedessen ist das Gewicht von 100 Keimlingen geringer als das Gewicht von 100 Samen.

Als ich 1927 im Ausland war, fand ich diese Tabelle an der Wand im Laboratorium von Prof. *Merkenschlager* in Berlin (Biologische Reichsanstalt). Auch *Chibnall* bringt sie in seiner Monographie[1], *Murneek* in seiner zusammenfassenden Arbeit über das Asparagin[2] und *Vickery* in seiner Einleitung zu den Forschungen über chemische Umwandlungen von Stickstoffsubstanzen in Tabakblättern[3].

Aus der Zusammenfassung aller obengenannten Ergebnisse unserer Versuche stammt meine kurze Schlußformulierung: *Das Ammoniak ist das Alpha und Omega beim Umsatz der stickstoffhaltigen Substanzen in der Pflanze*, d. h. mit ihm beginnt die Synthese, mit ihm endet der Zerfall, und dann wird es wiederum in den Kreislauf gezogen, wenn stickstofffreies Material zugegen ist. Das Licht braucht die Synthese des Asparagins nicht, aber die Eiweißsynthese spielt sich hauptsächlich bei Licht[4] ab und verläuft auf Kosten sowohl der Aminosäuren als auch der Amide (siehe die Ergebnisse eines unserer Versuche in der graphischen Darstellung auf Abb. 5).

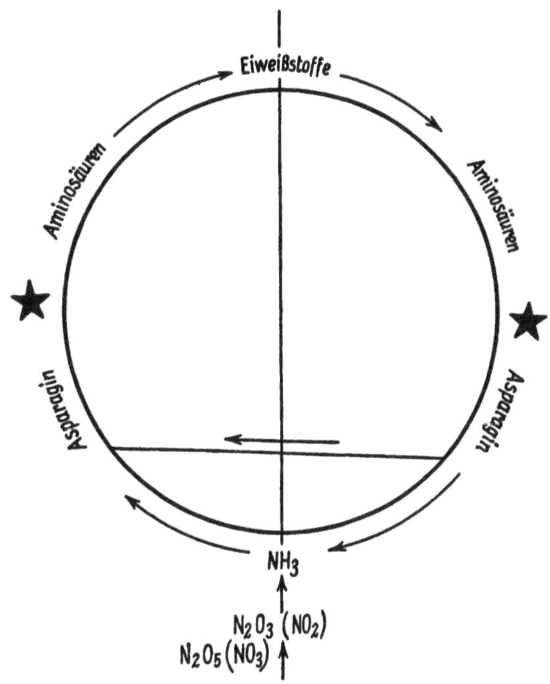

Abb. 6. Schema der Umwandlungen von Stickstoffsubstanzen in der Pflanze

Alle diese Erscheinungen versuchte ich im folgenden Schema (Abb. 6), das gewissermaßen einen Kreislauf darstellt, zusammenzufassen. Die rechte Hälfte entspricht den Prozessen des Abbaues, die in der Dunkelheit vor sich gehen (oder auch bei Licht, wenn der Pflanze CO_2 entzogen wird), die linke entspricht dem Stadium der Synthese (bei Licht oder bei reichlicher Ernährung mit Kohlenhydraten).

Das Eiweiß als Ausgangsmaterial beim Abbau und als Endprodukt der Synthese ver-

[1] Protein Metabolism in the Plant, London, 1939, p. 103.

[2] Physiological role of asparagine etc., Plant Physiology, 1935, 447.

[3] Amide Metalbolism in the Plant, S. 762, Bulletin Nr. 399 der Versuchsstation in Connecticut (Chemical Investigation of the Tobacco Plant, 1937). Dieses Kapitel von *Vickery* charakterisiert *Chibnall* als „the excellent summary of *Prjanischnikows* work" (Seite 98).

[4] Wenn es *G. G. Petrow* gelungen ist, die Eiweißsynthese bei Mais im Dunkeln und während der Ernährung mit Glukose und Ammoniak nachzuweisen, dann läßt die quantitative Seite sehr viel zu wünschen übrig (*G. G. Petrow*, Stickstoffaufnahme durch höhere Pflanzen, 1918). (Russ.)

einigt die beiden Hälften des Kreises. Rechts in der Zone der regressiven Metamorphose sehen wir zunächst den hydrolytischen Abbau bis zu den Aminosäuren, dann führen Oxydationsprozesse zur Bildung des Asparagins (das verborgene Ammoniak ist durch ein Sternchen kenntlich gemacht); wenn der Hunger länger dauert und Kohlenhydrate nicht mehr vorhanden sind, dann beginnt die Kohlenstoffkette des Asparagins zu verbrennen, das Ammoniak wird frei, und die Pflanze muß an Ammoniakvergiftung zugrundegehen, wenn sie nicht rechtzeitig zum Licht gebracht wird. Links haben wir die Zone der Synthese bei Licht und genügender Kohlenhydraternährung: das Ammoniak, „das eigene" als auch das von außen hinzukommende (oder das aus Nitraten gebildete) geht zum Aufbau des Asparagins (oder des Glutamins); ferner werden die Amid- als auch die Aminogruppen des Asparagins zur Synthese der Aminosäuren verwandt; sie verbinden sich zu einer Eiweißkette, und damit schließt der Kreis der Umwandlungen.

Wie schon oben erwähnt, habe ich den alten von *Boussingault* stammenden, aber dann unter dem Einfluß *Pfeffer*'scher Ideen wieder verworfenen Vergleich des Asparagins mit Harnstoff im Jahre 1894 aus der Vergangenheit wieder hervorgeholt. Beide Amide erwiesen sich als eine Entgiftungsform des Ammoniaks, das beim oxydativen Abbau der Aminosäuren frei wird. Im weiteren bin ich noch mehrmals zu diesem Vergleich zurückgekommen, um ihn zu vertiefen und fortzusetzen unter Zuhilfenahme des mit der Zeit angewachsenen Materials. So schrieb ich im Jahre 1912:

„Wir sehen oben, daß nicht alle pflanzlichen Organismen in gleicher Weise auf die Salze des Ammoniaks reagieren. Die niederen (zum mindesten die Pilze) sind befähigt, eine beträchtliche Anhäufung dieser Salze zu vertragen. Auch die niederen tierischen Organismen führen den Eiweißabbau bis zu den Ammoniumsalzen und scheiden sie als solche aus. Wir wollen hier eine Zusammenstellung aus dem Buche von *Püttner* „Vergleichende Physiologie"[1] wiedergeben:

Vom N aller Ausscheidungen entfallen auf NH_3 in %

Actinia	100
Blutegel	62—67
Krebs	28—38
Ascaris	33,3
Tintenfisch	18,6
Gans	25,0
Natter	7,5
Hund	4,3

Je höher ein Tier organisiert ist, eine um so geringere unmittelbare Rolle spielt bei ihm unter den Produkten des Eiweißabbaues im allgemeinen das Ammoniak und eine um so größere Bedeutung gewinnen die Amido- (oder Imido-) Gruppen dieser oder jener komplizierten stickstoffhaltigen Derivate, die bei den einzelnen Gruppen auch nicht identisch sind. So ist anscheinend der Harnstoff mehr den Wirbel-

[1] Genauere und neuere Angaben siehe im Buch von Prof. *Koschtojanez*, „Grundlagen der vergleichenden Physiologie", 1940. (Russ.)

tieren eigen (vielleicht ist der Harnstoff auch nur auf die Wirbeltiere begrenzt); die Harnsäure kommt regelmäßiger vor, beginnend mit den Insekten und ist bei den Mollusken nicht immer anzutreffen; bei den Spinnen und Krebstieren fehlt sie vollkommen und wird durch Guanin ersetzt, das bei den Mollusken häufig zu finden ist.

Interessant ist die Tatsache, daß man bei Insekten (Calliphora, Fleischfliege) im Larvenstadium eine reiche Ammoniakbildung (69—82% vom Gesamtstickstoff der Ausscheidungen) und eine teilweise Aminobildung beobachtete, während die Harnsäure fehlte. Beginnend mit der Verpuppung hört die Ammoniakausscheidung ganz auf und die Bildung der Harnsäure neben anderen einstweilen noch nicht erforschten Produkten setzt deutlich ein[1].

Mit der Zeit gelang es, immer wieder neue Ähnlichkeit im Stoffwechsel der Pflanzen und Tiere festzustellen. So wie bei der Lupine das Ammoniak in Verbindung mit starken Säuren die Asparaginmenge durch Unterdrückung der synthetischen Prozesse herabsetzt, statt sie zu vergrößern (wie das beim Getreide der Fall ist), unterdrückt $(NH_4)_2SO_4$ auch im tierischen Organismus die Bildung des Harnstoffs. Leitet man eine Lösung von Ammoniumbikarbonat durch das Gefäßsystem der Leber, dann nimmt die Harnstoffbildung zu[2].

Diese Tatsache veranlaßte mich, einen Ernährungsversuch bei Pflanzen mit Ammoniumbikarbonat (unter Zusatz von CO_2, um die pH-Zahl auf 6,5 zu senken) durchzuführen. Der Versuch zeigte, daß diese Methode am besten geeignet ist, das Ammoniak dem pflanzlichen Organismus zuzuleiten. Andererseits gelang es mir, auf Grund von Feststellungen in der Pflanzenphysiologie, vorauszusagen, daß bei Tieren die anästhesierenden Mittel die Harnstoffsynthese unterdrücken und die Menge des Ammoniaks im Harn heraufsetzen müssen. Als ich diese Vermutung bei einem meiner Besuche zu *Abderhalden* äußerte, sagte er: „Das ist durchaus möglich, diesen Versuch muß Ihr *London* (ein Leningrader Physiologe) machen." Aber bald nach diesem Gespräch erschien in der Biochem. Ztschr. (Bd. 150) eine Mitteilung *Loefflers*, der meine Vermutung mit Tatsachen bestätigte.

Ferner hat *N. N. Iwanow* gefunden, daß auch im Pflanzenreich bei einigen chlorophyllosen Pflanzen die Entgiftung des Ammoniaks, genau so wie bei Tieren, durch Harnstoffbildung[3] vor sich geht, wobei im Hinblick darauf, daß Ausscheidungsorgane fehlen, die Harnstoffmengen sehr bedeutend sein können (z.B. 10,7% der Trockensubstanz bei Lycoperdon). Außerdem zeigte *N. N. Iwanow*, daß man durch Ammoniakzuleitung von außen die Harnstoffbildung bei Pilzen hervorrufen und

[1] Einheitlichkeit im Bau und den hauptsächlichen Umwandlungen der Eiweißstoffe im tierischen und pflanzlichen Organismus (Ztschr. f. experimentelle Agronomie, 1912).

[2] *Rumpf* und *Kleine*, Ztschr. f. Biologie, Bd. 34.

[3] Das Vorkommen des Harnstoffs bei einigen Pilzen (Basidiomycetes) hat *Bamberger* schon früher, im Jahre 1903, beobachtet und angenommen, daß er von außen aufgenommen worden ist (aus den Exkrementen der Tiere); die Arbeiten *Iwanows* (Biochem. Ztschr., 1923–1927) widerlegten diese Erklärung. Die Frage nach dem Vorkommen des Harnstoffs bei Pilzen berührt auch *Kiesel* (Ergebnisse der Biologie, II, 1926).

durch Zuführung von Glukose herabsetzen kann. Somit nähern sich die Pilze den tierischen Organismen in der Fähigkeit, die Kohlenstoffe bis zu Ende, bis zur Kohlensäurebildung zu verbrennen, ohne Gefahr der Ammoniakvergiftung, während die grünen Pflanzen unter normalen Bedingungen die Oxydation auch nicht zu Ende führen und das Ammoniak an die 4- oder 5-Kohlenstoffkette binden können. Wenn sie bei äußerstem Hunger gezwungen werden, sie doch zu verbrennen, dann leiden die Pflanzen, weil sie keinen Harnstoff bilden können, an Ammoniakvergiftung.

Wenn alle diese Angaben über die Ähnlichkeit des Stoffwechsels bei Tieren und Pflanzen die Endstufen („Omega“-Stadium) betreffen, dann erschienen später auch Hinweise auf die Ähnlichkeit in den Anfangsstufen der Synthese („Alpha“-Stadium). So zeigte *Embden* im Jahre 1912, daß, wenn man Ketonsäuren und Oxysäuren in die Blutbahn der Leber leitet, sie mit Ammoniak entsprechende Aminosäuren bilden[1].

Darüber hinaus zeigte es sich, daß Tiere die Fähigkeit, die Gruppe NO_2 zu NH_2 zu reduzieren, nicht verloren haben: leitet man in den Organismus Nitrobenzol, dann entsteht Aminophenol und im Falle von Nitrobenzoealdehyd – Aminobenzoesäure[2].

$$C_6H_4 \begin{matrix} \nearrow NO_2 \\ \searrow CHO \end{matrix} \longrightarrow C_6H_4 \begin{matrix} \nearrow NH_2 \\ \searrow COOH \end{matrix}$$

Es ist aber natürlich, daß im tierischen Organismus die ursprüngliche Synthese im Anfangsstadium stehen blieb, weil das Tier fertiges Eiweiß in der Nahrung erhält. Das Tier „löst nur das Gewebe“ des artfremden Eiweißes auf, es setzt mit Hilfe der Fermente die ganze Sammlung an Aminosäuren frei, um sich dann aus ihnen „das eigene Gewebe zu flechten“ („Arteigene Stoffe“ von *Abderhalden*)[3].

Ich erwähnte bereits, daß ich mich in den Tagen meiner Jugend in einem Konflikt mit *Pfeffer*, der in Europa allgemein anerkannten Autorität, befunden habe und, man kann schon sagen, als Ketzer für eine Zeitlang „aus der Kirche ausgeschlossen war“. Zu jener Zeit war wohl nur *Oskar Loew*, Professor an der Universität in Tokio,

[1] Biochem. Ztschr., Bd. 32 (1912); als Zwischenprodukt erscheinen dabei Iminosäuren.

[2] Siehe weiter über die Arbeit von *Gurewitsch*.

[3] Ich habe der Frage nach der Gleichartigkeit des Umsatzes von Stickstoffsubstanzen bei Pflanzen und Tieren außer dem erwähnten Artikel in der Zeitschrift für experimentelle Agronomie (Russ.) vom Jahre 1912 noch einige Berichte und Abhandlungen in den folgenden Jahren gewidmet. Besonders eingehend ist der Vortrag („Über Einheitlichkeit der Prinzipien im Stickstoffwechsel bei Pflanzen und Tieren“), den ich 1927 während der sogenannten russischen Forscherwoche in Berlin hielt und der später im Sammelheft der Deutschen Gesellschaft zum Studium Osteuropas „Die Naturwissenschaft in der Sowjet-Union“ (S. 215–265) 1929 abgedruckt worden ist.

Außerdem siehe meine Artikel über dasselbe Thema in der wissenschaftlich-agronomischen Zeitschrift (Russ.) von 1924 in einem von Professor *Stocklasa* gewidmeten Sammelheft (Festschrift usw. Berlin, 1928, über Umsatz der stickstoffhaltigen Stoffe bei Pflanzen und Tieren, im Sammelheft „Probleme des Eiweißes“ (Russ.; Biomedgis, Moskau 1936) und auch einige Seiten in meinem Aufsatz in der Zeitschrift Pflanzenernährung, Düngung und Bodenkunde, 1934, Bd. 33).

mein Gesinnungsgenosse, und zwar auch nur teilweise. Ich habe wohl meine Arbeiten in ziemlich verbreiteten Zeitschriften (Berichte der Deutschen Botan. Gesellschaft, Landwirtschaftliche Versuchsstationen) veröffentlicht, aber in den Schulen dominierte das Lehrbuch von *Pfeffer*. So blieb es bis zum Ausbruch des Krieges von 1914 und in der nachfolgenden Zeit der Trennung mit dem Ausland. Erst 1922 habe ich wieder Deutschland besucht, die Verbindungen wieder aufgenommen, mein Lehrbuch in Berlin herausgegeben und 1923 erschien in den „Landwirtschaftlichen Versuchs-Stationen" mein zusammenfassender Artikel „Ammoniak als Alpha und Omega"[1].

Zu dieser Zeit war *Pfeffer* nicht mehr am Leben, aber sein Nachfolger, Professor *Ruhland*, wandte sich an mich und bat um Überlassung meiner Artikel einschließlich der Originale russischer Arbeiten (beide Dissertationen usw.), um sie genauer kennenzulernen[2].

Ruhland organisierte in seinem Laboratorium eine Serie von Arbeiten, in denen meine Themastellung wiederholt wurde. Um aber nicht genau dasselbe zu tun, wählte er ein anderes Objekt, nicht junge Keimlinge, sondern die Blätter verschiedener Pflanzen. Das Ergebnis war dasselbe wie in meinen Versuchen[3].

So fand im Laboratorium von *Pfeffer* durch seinen Nachfolger *Ruhland* meine Ansicht über die Bildung des Asparagins (und des Glutamins) als Weg zur Unschädlich-

---

[1] Ein derartiger verallgemeinernder Artikel, der die Arbeitsergebnisse vieler Jahre zusammenfaßt, erschien auch in russischer Sprache schon 1916 (siehe Sammelheft für *K. A. Timirjasew* von seinen Schülern), konnte aber infolge des Krieges und der Revolutionszeit nicht vor 1922 nach Deutschland gelangen.

[2] Vielleicht half hier ein Zufall: man sagt, daß die Frau von Prof. *Ruhland* aus Grusien stammte und gut russisch sprach.

[3] Es muß erwähnt werden, daß über die Asparaginbildung in den Blättern beim Hungern schon lange Arbeiten vorgelegen haben, bevor *Ruhland* Untersuchungen in dieser Richtung anstellte. Einer der japanischen Schüler von *Oskar Loew*, *Miyachi*, veröffentlichte 1897 eine Arbeit „Can old leaves of plant produce asparagine by starvation?", in der er Mitteilungen über den Einfluß des Hungers auf den Umsatz stickstoffhaltiger Substanzen in den Blättern machte. Hier ein Beispiel aus seinen Versuchen mit den Blättern von Paeonia albiflora (in Prozenten vom Gesamtstickstoff):

	Vor dem Versuch	*Nach dem Aufenthalt im Dunkeln*
Eiweißstickstoff	96,19	54,79
Asparaginstickstoff	2,71	14,09
das gleiche für Teeblätter		
Eiweißstickstoff	82,01	62,98
Asparaginstickstoff	5,78	21,75

In den Versuchen mit jungen Blättern wurde auch, entsprechend der energischen Atmung, mehr Asparagin gebildet als in den alten Blättern. Seinerzeit bestätigte *Miyachi* in seinen Arbeiten die Ansichten *Borodins*, der die Asparaginbildung nicht nur bei der Keimung der Samen (wie *Pfeffer*), sondern auch in vielen anderen Organen beobachtete, sobald nur der Vorrat an Kohlenhydraten bei der Pflanze erschöpft war. Natürlich soll dieser Hinweis auf *Borodin* und *Miyachi* nicht dazu dienen, die Arbeiten der Schule *Ruhlands*, die in großem Maßstab und mit einer vollkommenen Methodik angelegt waren (quantitative Glutaminbestimmung in Anwesenheit des Asparagins, kurzfristige Ernährungsversuche der Blätter mit Ammoniak nach der Methode der Infiltration usw.), in ihrem Wert zu schmälern.

machung des in der Pflanze entstehenden Ammoniaks (und das bedeutet auch, daß Asparagin bei den etiolierten Keimlingen dieselbe Rolle spielt wie der Harnstoff bei Tieren) seine Bestätigung.

Außer der Schule von *Ruhland* haben wir eine Bestätigung und eine Weiterentwicklung derselben Ansichten über Asparagin und Glutamin in den Arbeiten von *Chibnall* und seiner Schule (London, Lehrstuhl für Biochemie), bei *Murneek* (USA) und bei *Vickery* (USA, Connecticut). Man kann schon sagen, daß die Ansicht über die Bedeutung des Asparagins und Glutamins, die ich in den Jahren 1894–1897 aussprach, und die bei *Pfeffer* und seinen Nachfolgern auf Ablehnung stieß, nach $^1/_4$ Jahrhundert allgemeine Anerkennung gefunden hat. Aber außer der Bestätigung meiner damaligen Ansichten haben die Arbeiten von *Ruhland* auch etwas Neues gebracht.

Die Entgiftung des Ammoniaks wird bei den höheren Pflanzen in der Regel durch Verbindungen doppelter Funktion erreicht – durch die Amide der Aminosäuren mit der allgemeinen Formel $RCH(NH_2)CONH_2$ (dabei kann auch der für die höheren Tiere typische Harnstoff als Monoamid der Aminoameisen- oder der Karbaminsäure angesehen werden und nicht nur als Diamid der Kohlensäure). Immerhin gibt es auch Ausnahmen, und zwar: man trifft die Ammoniakentgiftung durch Bildung einer sehr sauren Umgebung; dabei ist die Rede von der spezifischen Anpassungsfähigkeit an derart geringe pH-Stufen (bis 1,2), die für die Mehrzahl der höheren Pflanzen tödlich sind. Die saure Umgebung hemmt die Dissoziation der Ammoniumsalze, es findet in ihr die Bildung saurer Salze von Dikarbonsäuren, wie Oxal- und Apfelsäure statt; dazu ist aber notwendig, daß die Pflanze die besondere Fähigkeit besitzt, nicht nur die saure Umgebung zu vertragen, sondern um so mehr Säure zu bilden, je mehr sie Ammoniak erhält, so daß die Säure dem Ammoniak stets überlegen bleibt. Diese besondere Pflanzengruppe (Säurepflanzen und gleichzeitig Ammoniakpflanzen) ist 1936 von *Ruhland* und *Wetzel* entdeckt worden. Ihr typischer Vertreter ist die Begonia mit einer Reaktion des Zellsaftes von 1,2–1,5 pH. Bei Ammoniakernährung speicherte z. B. die Begonia 30,8 mg Ammoniakstickstoff auf 100 g roher Masse und bei der Ernährung mit Harnstoff (0,5 %ige Lösung), der die Fähigkeit besitzt, ungewöhnlich stark in die Zelle einzudringen (er zerfällt in ihr und bildet kohlensaures Ammoniak), in 3 Tagen 132 mg Ammoniakstickstoff auf 110 ccm Zellsaft. Dabei sind keinerlei Schädigungen der Pflanze vorgekommen (und 132 mg Stickstoff entsprechen fast dem Zehnfachen der normalen Lösung von Ammoniaksalz), während gleichzeitig Bohnen mit pH von 5,6 im Zellsaft schon bei 0,1 % Harnstofflösung zugrunde gingen.

Nachfolgende Forschungen zeigten, daß die Gruppe der „Ammoniak"pflanzen von *Ruhland* keine Sondererscheinung darstellt, sondern daß diese Gruppe mit dem üblichen Typus der „Amido"pflanzen durch eine Reihe von Zwischenformen verbunden ist. Das ändert aber nichts an der Grundtatsache, um so mehr, als man bei den Übergangsstufen, die sowohl den Amid- als auch den Ammoniakstickstoff enthalten, eine ganz gesetzmäßige Beziehung zwischen diesen beiden Formen beobachten kann, eine Beziehung, die sich ändert je nach dem pH-Grad des Zellsaftes.

Eine eingehende Arbeit darüber hat in demselben Laboratorium von *Ruhland Kultzscher* durchgeführt[1].

Als *Kultzscher* den Gehalt an Ammoniak- und Amidstickstoff bei verschiedenen Pflanzen (teilweise auch in verschiedenen Organen ein und derselben Pflanze) bestimmte, fand er, daß das Verhältnis von Amid- zu Ammoniakstickstoff sehr niedrig ist bei Pflanzen mit der pH-Zahl von 1,2–3,5. Hier herrscht das Ammoniak. Außer den Begoniaceen gehören dazu noch einige Arten von Rumex und Geranium, aber bei derselben Gattung Geranium gibt es Arten mit pH von 4 und 5, die einen Übergang darstellen; und schließlich sehen wir bei der Mehrzahl der höheren Pflanzen mit pH von 5–6 und höher ein derartiges Überwiegen des Amidstickstoffs über den Ammoniakstickstoff, daß der letztere etwa nur $^1/_{50}$ Teil des ersteren beträgt. Hier einige Beispiele, die dieses Verhältnis charakterisieren:

	pH	NH_3[2]	$CONH_2$[2]	$\frac{CONH_2}{NH_3}$
Begonia hydrocot	1,29	168,0	9,7	0,05
Oxalis Deppei	1.42	84,0	35,4	0,40
Rumex scutatus	2,61	554,0	136,0	0,24
Rumex obtusifol	3,58	295,0	65,0	0,22
Geranium macrohr.	3,97	120,0	35,0	0,28
Pelargonium zonale	4,14	105,0	67,0	0,64
Geranium sanguineum	4,68	151,0	589,0	3,91
Geranium aconitif.	4,99	53,5	288,0	5,32
Lupinus albus (Hypoc.)	4,33	11,2	2298,0	210,00
Lupinus albus (Stengel)	5,60	7,3	410,0	56,00
Phaseolus·multiflorus	5.60	38,1	1740,0	48,00

Als Beispiel für die Änderung des genannten Verhältnisses in verschiedenen Organen ein und derselben Pflanze geben wir die Zahlen für Oxalis Deppei:

	pH	NH_3	$CONH_2$	$\frac{CONH_2}{NH_3}$
Blätter	1,29	13,7	50,0	3,6
Knollen	4,5	5,0	93,9	19,0

Ganz folgerichtig kann man den Unterschied bei zwei Gruppen von Pflanzen (oder bei Teilen von ihnen) beobachten, wenn man Ammoniak von außen zuleitet.

In einem der Versuche taucht man die Blattstiele verschiedener Pflanzen für 4 Tage in eine 0,3 %ige Lösung von $(NH_4)_2SO_4$ (mit Zusatz von $CaSO_4$ 0,15 %). Die Begonia

[1] Die biologische Ammoniakentgiftung in höheren Pflanzen, Planta, Bd. 17, H. 4 (700).

[2] mg N auf 1 kg rohe Masse.

vertrug diese Lösung ohne Schaden, bei Phaseolus dagegen waren deutliche Vergiftungsanzeichen mit Ammoniak wahrzunehmen, trotzdem der größte Teil des Ammoniaks von der Begonia nicht verbraucht worden war, während bei Phaseolus viel Ammoniak zur Amidbildung Verwendung fand. Wenn man das Ammoniak, das in die Form NH_2 übergegangen ist, in Prozenten des gesamten aufgenommenen Ammoniaks ausdrückt, dann erhält man die nachstehende Reihenfolge[1].

Pflanzen	pH	N-Gehalt (in mg)				
		Kontrolle		Ernährung $(NH_4)_2SO_4$		% von NH_3 übergegangen in $-CONH_2$
		NH_3	$-CONH_2$	NH_3	$-CONH_2$	
Begonia semp.	1,46–1,51	0,22	0,00	8,8	1,2	12
Geranium macr.	3,62–3,69	0,17	0,37	14,0	3,2	17
Pastinaca sat.	5,0 –5,68	0,15	0,43	12,8	17,6	58
Phaseolus mult.	5,59–5,62	0,21	1,03	16,2	20,4	55

Hier sieht man, daß je saurer der Saft einer Pflanze, um so geringer auch ihre Neigung, Amide zu bilden. Die Begonia steht in dieser Beziehung an erster Stelle, denn ihre Menge an Ammoniakstickstoff ist 7mal größer als die Menge des Amidstickstoffs, Geranium steht in der Mitte, während bei Pastinaca und Phaseolus mit der Zellsaftreaktion von pH = 5,0 und mehr die Amidbildung die Ammoniakspeicherung bereits übersteigt (dieses Übergewicht wäre noch größer, wenn die Pflanzen nach der Anlage des Versuchs nicht derart mit Ammoniak überfüttert worden wären, daß sie erkrankten: braune Blattränder bei Pastinaca und Welkwerden bei Phaseolus).

Interessant ist ein Versuch der Ernährung von Blättern verschiedener Pflanzen mit Asparagin[2]. Dieser Versuch zeigt deutlich, daß die „Ammoniak"pflanzen nicht geneigt sind, Amide auf Kosten des Ammoniaks zu bilden und daß sie sogar bei der Ernährung mit fertigen Amiden diese abbauen und Ammoniak freigeben. Dieser Prozeß verläuft um so energischer, je niedriger die pH-Zahl des Zellsaftes dieser Pflanzen ist.

Der Versuch mit der Einleitung von Asparagin wurde unter sterilen Bedingungen durchgeführt. Die Blätter der Pflanzen mit verschiedenen pH-Werten des Zellsaftes wurden 2 Tage mit einer 0,3 %igen Asparaginlösung ernährt und dann 4 Tage im Wasser gehalten. Die folgende Tabelle zeigt die Ergebnisse dieses Versuchs.

Wir sehen, daß die „Amid"pflanzen mit einem pH-Wert des Zellsaftes von 5 das aufgenommene Asparagin als solches in der Hauptsache behalten und daß die „Ammoniak"pflanzen mit saurem Zellsaft das Asparagin energisch abbauen im Prozeß der Desamidierung und Desaminierung (außer der Reaktion an sich spielen hier offenbar auch die individuellen Eigenschaften der Pflanzen eine Rolle, die wahr-

[1] *Kultzscher*, 1. Seite 738. [2] *Kultzscher*, 1. Seite 744.

Pflanzen	pH	Gehalt N in mg: Kontrolle NH_3	Kontrolle $CONH_2$	Ernährung mit Asparagin NH_3	Ernährung mit Asparagin $CONH_2$	von Asparagin wurde abgebaut %
Begonia semp.	1,46–1,51	0,22	0,00	2,5	4,0	36
Rumex crispus	3,26–4,03	1,85	0,00	13,0	10,0	52
Geranium macr.	3,62–3,69	0,17	0,37	2,6	13,9	15
Pastinaca sat.	5,0 –5,68	0,14	0,43	0,7	21,0	2,6
Phaseolus mult.	5,59–5,62	0,21	1,03	0,3	19,4	0,5

scheinlich bei Rumex auf die Tätigkeit der Fermente zurückzuführen sind). Geranium als mittlerer Typus in der Fähigkeit, Ammoniak zu speichern, steht gleichfalls in der Mitte in bezug auf den Abbau des von außen zugeleiteten Asparagins.

Diese Gegenüberstellung von Pflanzen mit verschiedener Reaktion des Zellsaftes in den Versuchen von *Kultzscher* (1932) erinnert uns sehr an die Ergebnisse eines vorläufigen Versuchs, den wir vor fast 20 Jahren durchführten, und der den Einfluß verschieden saurer Lösungen auf den Gehalt an Amid- und Ammoniakstickstoff bei ein und derselben Pflanze feststellen sollte. Bei diesem Versuch, den 1914 *O. N. Kaschewarowa*[1] mit Keimlingen der gelben Lupine machte, ist den Pflanzen von außen überhaupt kein Stickstoff zugeführt worden.

Die Keimung (auf einem Sieb) dauerte 10 Tage; dem destillierten Wasser wurden verschiedene Mengen Schwefelsäure zugesetzt, so daß die Konzentration von $5 \cdot 10^{-4}$ bis 10^{-3} n anstieg. Die Ergebnisse waren folgende (in mg auf 100 Pflanzen):

	Stickstoff im Asparagin	Stickstoff im Ammoniak	Verhältnis
Wasser	414,5	45,8	9,0
Lösung H_2SO_4 0,0005 n	440,4	55,4	8,2
Lösung H_2SO_4 0,0007 n	443,6	87,6	5,6
Lösung H_2SO_4 0,001 n	389,5	96,5	4,0

Aus den Zahlen sieht man, daß bei Zunahme der Säurekonzentration bei der Lupine derselbe Rückgang im Verhältnis des Amidstickstoffs festzustellen ist, den *Kultzscher* beobachtete, als er Pflanzen mit verschiedener natürlicher Reaktion des Zellsaftes verglich.

Dieser Versuch ist damals nicht fortgesetzt worden, jetzt aber müssen wir feststellen, daß er die Fortsetzung lohnt, weil die genannten Angaben (zugleich mit

[1] Diese Arbeit ist damals nicht gedruckt worden, aber ich habe ihre Ergebnisse in meinem Artikel „Ammoniak als Alpha und Omega beim Umsatz der Stickstoffsubstanzen in der Pflanze", 1916 (Russ.) (Sammelheft für *Timirjasew*) verwertet.

vielen unserer Beobachtungen) die Wahrscheinlichkeit erkennen lassen, daß man die „Amid"pflanzen in „Ammoniak"pflanzen[1] experimentell umwandeln kann.

Wenn wir nun von der Ausnahme zur Regel zurückgehen, d. h. von den „Ammoniak"pflanzen mit ungewöhnlich saurem Zellsaft zum typischen Weg der Ammoniakentgiftung durch die Amidbildung, dann müssen wir bei den folgenden Arbeiten von *Yemm* und *Mothes* verweilen, die bei noch eingehenderen Forschungen auf dem Gebiet der Umwandlung von stickstoffhaltigen Substanzen in den Blättern zu interessanten Ergebnissen gekommen sind.

Zuvor müssen wir aber von jener wesentlichen Vervollkommnung der Methodik berichten, die es erlaubte, beide Amide (Asparagin und Glutamin) makrochemisch auseinanderzuhalten und mit chemischen Mitteln bei gleichzeitigem Vorkommen quantitativ festzustellen, während man früher nur nach dem Charakter der Kristallisation urteilte, mit welchem Amid man zu tun hat, und die quantitative Bestimmung über die Natur des Amids selbst nichts aussagte.

Es ist bekannt, daß man mit der qualitativ sehr wertvollen Methode der Kristallisation, die aber in quantitativer Hinsicht keine brauchbaren Angaben machte, die Pflanzen in zwei Gruppen geteilt hat: die einen speichern beim Eiweißabbau Asparagin (Spargel, Lupine, Erbse und andere Hülsenfrüchte), die anderen Glutamin (Kürbis, Rübe u. a.). In letzter Zeit hat man eine Methodik der quantitativen Bestimmung entwickelt, die auf einer viel leichteren Hydrolyse des Glutamins im Vergleich zum Asparagin beruht, und mit der man auch das Glutamin in Gegenwart des Asparagins feststellen kann, indem man die Hydrolyse bei verschiedenen pH-Stufen der Lösung durchführt[2].

Die Anwendung dieser Methodik zeigte, daß die Einteilung in „Asparagin"- und „Glutamin"pflanzen nicht streng durchführbar ist und daß in allen untersuchten

---

[1] Im Grunde genommen kann man jene Erscheinungen, die *Schulow* in seinen Lupinenversuchen beobachtet hat, ebenfalls als eine Umwandlung der „Asparagin"pflanzen in „Ammoniak"pflanzen unter Einwirkung der Säure (im gegebenen Falle ist sie physiologisch hervorgerufen durch Ernährung mit NH_4Cl oder $(NH_4)_2SO_4$) ansehen. In diesem Falle ist aber noch ein Umstand maßgebend, und zwar der Verlust von Kohlenhydraten bei den Lupinenkeimlingen während des 10tägigen Versuchs, so daß wir nach 10 Tagen schon andere Pflanzen vor uns haben als zu Anfang. Die Ablösung der Prozesse kann man sich wie folgt vorstellen: anfangs, solange die Lupine noch einen gewissen Vorrat an Kohlenhydraten besitzt, assimiliert sie Ammoniak und speichert Asparagin, die Lösung wird sauer; in irgendeinem Säurestadium tritt offenbar das Gleichgewicht ein zwischen den synthetischen Prozessen und der Tendenz zur Desaminierung unter dem Einfluß der Säure; aber bei weiterem Verlust der Kohlenhydrate im Atmungsprozeß wird das Gleichgewicht nicht mehr aufrecht erhalten, die Desaminierung und die Desamidierung nehmen überhand, die Lupine beginnt „ihr Gewebe aufzulösen", – sie wird mit Ammoniak überladen und geht an Vergiftung ein (Beispielen dieses Zusammenhangs zwischen dem Gehalt an Kohlenhydraten und dem Säurezustand werden wir noch später begegnen).

[2] Gerade das Glutamin hydrolisiert beim Kochen nach einer Stunde in der Lösung von pH = 6,4 — 6,8; Asparagin dagegen zerfällt beim Kochen mit 5% H_2SO_4 (d. h. bei pH unter 3), das man früher zur summarischen Bestimmung beider Amide benutzte. (Genaueres siehe z. B. bei *Mothes* – Planta, Bd. 30, 730, 1940.)

Objekten beide Amide vorkommen, nur überwiegt beim einen Asparagin und beim anderen Glutamin. Das Verhältnis von Asparagin zu Glutamin ist aber nicht beständig und hängt davon ab, welche Pflanzenorgane in welchem Alter untersucht werden. So hat *Schwab*[1] festgestellt, daß bei der klassischen „Asparagin“pflanze, von der das Asparagin seine Benennung ableitet, beim Spargel (Asparagus), die Wurzeln mehr Asparagin (17,07 %) als Glutamin (9,82 %) enthalten und die grünen Teile der Pflanze umgekehrt: 1,70 % Glutamin und 1,06 % Asparagin (genauer Stickstoff in Gestalt des betreffenden Amids in % des Gesamtstickstoffs).

In den Keimlingen einiger Pflanzen treten beide Amide gleichmäßig auf, bei anderen kann ein Amid überwiegen. Hier einige Beispiele aus der erwähnten Arbeit von *Schwab*:

In % des Gesamtstickstoffs entfallen auf:	N des Asparagins	N des Glutamins
In den Keimlingen der Sonnenblume	3,63	3,47
In den Keimlingen des Kürbis	2,21	2,10
In den Keimlingen des Leins	1,68	1,62
In den Keimlingen der Bohnen	22,4	3,2
In den Keimlingen der Lupinen (gelbe)	20,0	1,0
In den Keimlingen des Rizinus	1,69	4,14

Wir sahen bereits, daß die von *Ruhland* und *Wetzel* vorgezeichnete Grenze zwischen „Säure- und Amidpflanzen“ nicht so streng zu nehmen ist. Bei Pflanzen mit saurem Zellsaft können immerhin Amide vorkommen (aber je saurer der Saft, um so weniger Amide und umgekehrt).

Mehr noch, es zeigte sich, daß bei ein und demselben Organ das Verhältnis dieser beiden Amide zueinander je nach den Bedingungen der Ernährung wechseln kann, und zwar so, daß bei relativ günstigen Bedingungen Glutamin entsteht und bei größerem Verbrauch energetischen Materials vorwiegend Asparagin, wobei gerade das Glutamin die Quelle der Asparaginbildung sein kann. Der Übergang von der 5-Kohlenstoffkette zur 4-Kohlenstoffkette spielt sich durch Oxydation, Desaminierung und Dekarboxylierung ab:

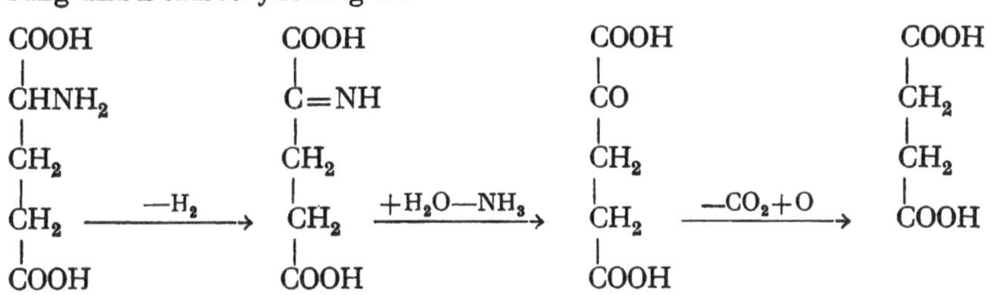

Glutaminsäure — Iminoglutarsäure — Ketoglutarsäure — Bernsteinsäure

[1] Planta, Bd. 25, 579, 1936.

Die Bernsteinsäure spaltet bei weiterer Oxydation H_2 ab und geht in die Fumarsäure über, die nach Aufnahme von Ammoniak Asparagin bildet (Einzelheiten siehe S. 55).

Diesen Wechsel von Glutamin zu Asparagin beobachtete man beispielsweise in dem Versuch von *Yemm*[1] mit hungernden Gerstenblättern, die man von der Pflanze trennte und denen man das Licht entzog (ohne daß sie welk wurden); dabei spielten sich der Eiweißabbau und die weiteren Umwandlungen der stickstoffhaltigen Substanzen schneller ab als in den keimenden Samen, weil diese einen Vorrat an Kohlenhydraten (oder Fetten) in den Keimblättern oder im Endosperm besitzen, während die Blätter diese Vorräte nicht haben.

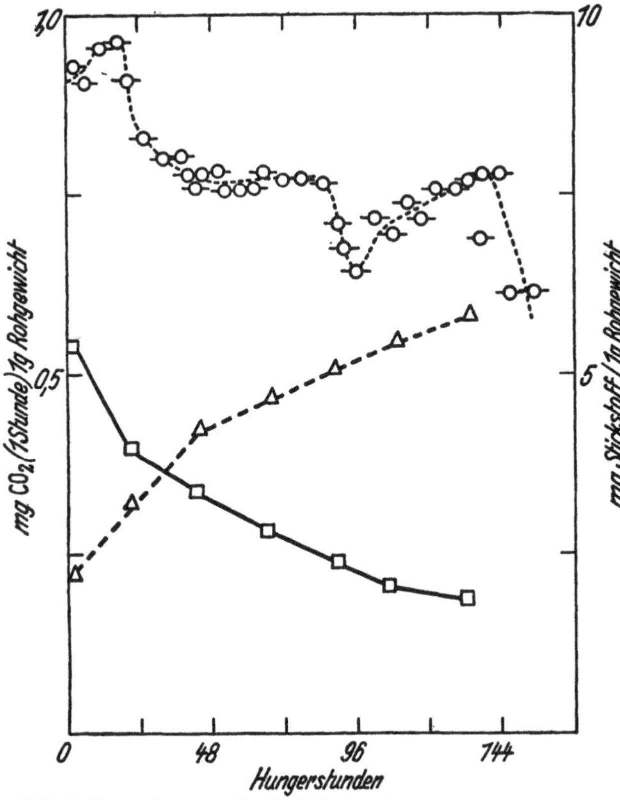

Abb. 7. Veränderungen im Gehalt an unlöslichem und gesamtem löslichen Stickstoff in den hungernden Gerstenblättern und die mittlere Geschwindigkeit der CO_2-Bildung. -o- = CO_2; □ = ges. unlösl. N; △ = ges. lösl. N (Versuch Yemm)

Die Abbildung 7 stellt den Eiweißabbau und die Speicherung löslicher Produkte insgesamt dar (Aminosäuren, Amide, Ammoniak). Auf Abbildung 8 kann man sehen, daß zuerst, insbesondere in den ersten 48 Stunden, die Aminosäuren zunehmen, anschließend schnell zurückgehen, während das Glutamin ansteigt. Aber nach 72–75 Stunden erreicht die Glutaminkurve ihren Höhepunkt und beginnt schnell zu sinken, zur Ablösung des Glutamins steigt das Asparagin und erreicht sein Maximum etwa 96 Stunden nach Beginn des Versuchs (das Blatt wird dabei gelb); dann sinkt plötzlich auch die Asparaginkurve und der oxydative Zerfall erreicht sein Endprodukt, das Ammoniak, wobei die Blätter braun werden und absterben.

Zu einem ähnlichen Ergebnis, aber mit noch ausgeprägterer Ammoniakspeiche-

[1] *Chibnall*, 1. Seite 212–221.

rung, ist *Mothes*[1] gekommen bei seinem länger dauernden Versuch mit hungernden Blättern von Ginkgo biloba (in mg auf 100 g frischer Blätter):

Tage	pH	½ N Amide		Summe	N im Ammoniak
		Glutamin	Asparagin		
0	4,2	11,5	1,2	12,7	2,3
5	4,1	21,2	36,5	57,7	19,4
11	4,9	6,1	36,6	42,7	86,4
13	5,7	2,7	23,9	26,6	125,3
16	6,1	0,0	17,3	17,3	135,3

Wir sehen, daß zuvor das Glutamin stärker vertreten ist als das Asparagin. Seine Menge steigt in den ersten Tagen und beginnt dann mit der Erschöpfung der Vorräte an Kohlenhydraten zu sinken, bis es am Ende des Versuches die Nullgrenze erreicht.

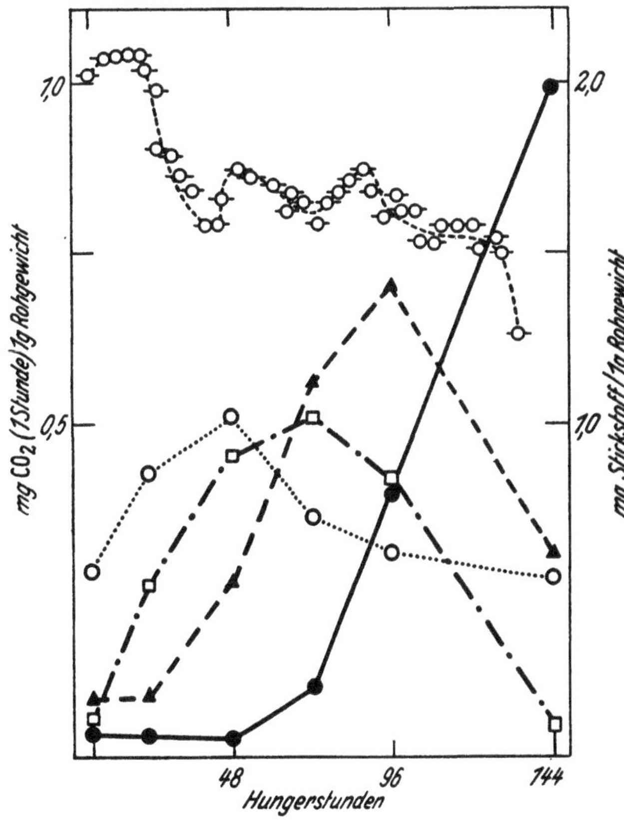

Abb. 8. Veränderungen im N-Gehalt der Aminosäuren, der Amide und des Ammoniaks bei hungernden Gerstenblättern und die mittlere Geschwindigkeit der CO_2-Bildung. -○- = CO_2; ○ = Aminosäuren-N; □ = unbeständiger Amid-N (Glutamin); ▲ beständiger Amid-N (Asparagin); ● Amm. N (Versuch Yemm)

Die Asparaginmenge nimmt bis zum 11. Tage zu, dann aber beginnt die Pflanze, der es an Kohlenhydraten mangelt, das Asparagin als energetisches Material zu verwenden; es setzt die Ammoniakspeicherung ein und verursacht eine starke Veränderung im pH-Zustand des Zellsaftes. Es bildet sich mehr Ammoniak, als Amidstickstoff frei wird, wobei es die Differenz nicht einmal ausgleicht, wenn man zum Amidstickstoff auch die Aminogruppe der Asparaginsäure hinzurechnet. Bringt man die Pflanzen zum Licht, dann hört das einseitige Überwiegen des Asparagins auf,

[1] *Mothes*, Zur Biosynthese der Säureamide. Planta, Bd. 30, 726, 1940.

und neben dem Asparagin erscheint Glutamin, dann aber sinkt die gesamte Menge der Amide und die Stickstoffmenge im Eiweiß beginnt zu steigen. Dieses sieht man

Tage	N im Eiweiß	½ N der Amide		N im Ammoniak
		Glutamin	Asparagin	
3	75,6	3,9	8,8	1,4
6	59,1	0,9	22,0	6,9
9	42,7	0,0	33,6	9,2
Danach bekamen die Pflanzen Licht				
2	46,4	3,9	27,5	2,3
6	51,9	2,5	14,9	1,9
9	78,0	1,0	8,1	2,1

im nachfolgenden Versuch von *Mothes* mit Keimlingen der Lupine (in % vom gesamten N).

Somit ist die Glutaminbildung ein Merkmal besserer Kohlenhydratbilanz; tritt Verschlechterung ein, dann bleibt nur das Asparagin zurück und wenn die Lage sich nicht bessert, setzt die Ammoniakspeicherung ein.

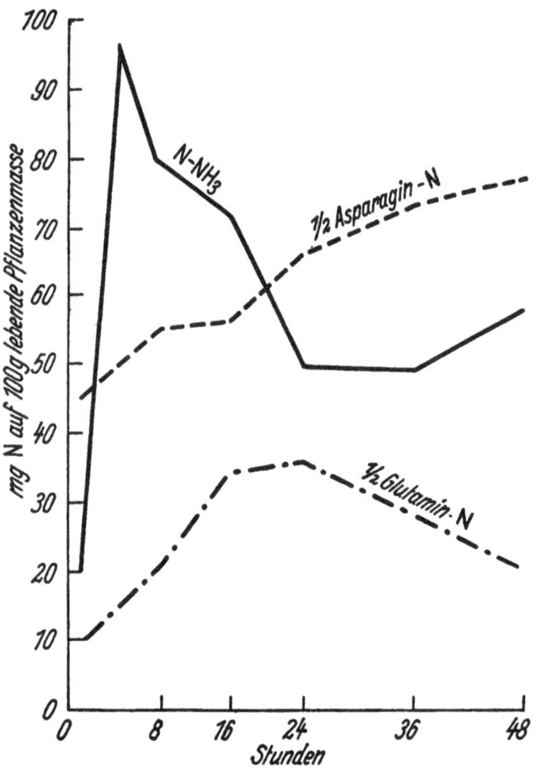

Abb. 9. Synthese des Glutamins und des Asparagins in den Roggenblättern nach Infiltrierung von glutaminsaurem Ammonium (Versuch von *Mothes*)

Unter anderen Bedingungen hat *Mothes* ähnliche Erscheinungen beobachtet. Er ließ von der Pflanze getrennte Roggenblätter 5 Tage hungern und infiltrierte glutaminsaures Ammonium. Zunächst (in den ersten 16 Stunden) spielte sich eine energische Glutaminsynthese ab. Die Ammoniakmenge nahm schnell ab, dann stockte die Glutaminbildung und die Asparaginsynthese wurde energischer; nach 24 Stunden schwindet das Glutamin und die Ammoniakmenge wird stabil; dann aber beginnt der Zerfall nicht nur des Glutamins, sondern auch des Asparagins, während die Ammoniakkurve sich nach oben wendet (Abb. 9).

Einen bedeutenden Fortschritt machte in den letzten Jahren die Klärung der Ammoniakbindung mit stickstofffreien Verbindungen (4- und 5-Kohlenstoffketten).

Früher nahm man an, daß der Weg über die Oxysäuren der wahrscheinlichste ist, und die Äpfelsäure stand im Mittelpunkt der Aufmerksamkeit; manchmal dachte man aber auch neben der Äpfelsäure an die ungesättigte Fumarsäure, die nach Aufnahme von Ammoniak Asparaginsäure bilden kann. In einem meiner Aufsätze von 1910 schrieb ich: „Wenn es sich herausstellt, daß das ganze assimilierte Ammoniak in Asparagin übergegangen ist, so muß man daraus folgern, daß eine Hälfte des Ammoniaks in die Gruppe $CONH_2$ abwandert und die zweite in die Gruppe $CHNH_2$ und daß das Asparagin nicht aus der Asparaginsäure[1], sondern beispielsweise aus der Äpfel- oder Fumarsäure und überhaupt aus stickstofffreien Substanzen mit Ammoniak gebildet wird[2]."

In meiner Arbeit von 1912 nahm ich folgendes Schema an[3]:

COOH		COOH		COOH		COOH
|		|		|		|
CHOH	⟶	$CHNH_2$	⟶	$CHNH_2$	⟶	$CHNH_2$
|		|		|		|
CH_2		CH_2		CH_2		CH_2
|		|		|		|
COOH		COOH		$COONH_4$		$CONH_2$
Äpfelsäure		Asparaginsäure		Asparaginsaures Ammonium		Asparagin

$$HO-CO-OH \longrightarrow NH_2-COOH \longrightarrow NH_2-COONH_4 \longrightarrow NH_2-CO-NH_2$$

Kohlensäure (Oxyameisensäure)	Carbaminsäure (Aminoameisensäure)	Carbaminsaures Ammonium	Carbamid (Harnstoff)

Jetzt stellte sich aber heraus, daß die Hauptrolle den ungesättigten Säuren und Ketonsäuren als Produkten der Kohlenhydratoxydation zukommt.

Unter den ungesättigten Säuren kommt eine besondere Bedeutung der Fumarsäure zu, die nach direktem Anschluß des Ammoniaks die Asparaginsäure abgibt:

$$HOOC-CH=CH-COOH+NH_3 \longrightarrow COOH-CHNH_2-CH_2-COOH.$$

Es zeigt sich, daß die Umwandlung der Fumarsäure in die Asparaginsäure (und umgekehrt) durch ein besonderes Ferment, die Aspartase, hervorgerufen wird. Zum erstenmal wurde die Aspartase 1936 von *Quastel* und *Woolf* (USA) aus Bakterien[4] ausgeschieden, während *Virtanen* und *Tarnanen* (Finnland)[5] zeigten, daß die Aspartase eine weitere Verbreitung besitzt. Sie arbeiteten zu Anfang gleichfalls mit Mikro-

[1] Gemeint ist hier Asparaginsäure, die beim hydrolytischen Eiweißabbau in geringen Mengen entsteht.

[2] Berichte der Deutschen Botanischen Gesellschaft, Bd. XVIII, H. 6, S. 264, 1910.

[3] Einheitlichkeit beim Aufbau der Eiweißstoffe (Ztschr. f. experimentelle Agronomie, 1912).

[4] Zitat nach Fortschritte in der Botanik, 163 (siehe gleichfalls *Chibnall*, S. 190).

[5] Biochemische Zeitschrift, Bd. 250, 112, 1932.

organismen (Bacillus fluorescens liquefaciens), stellten mit ausgetrockneter Bakterienmasse im Beisein von Toluol einen Wasseraufguß her, zentrifugierten anschließend und filtrierten durch das Birkfeld-Filter (bei pH = 7).

Dieser vollkommen bakterienfreie Extrakt spaltet die Asparaginsäure und stellt auch ihre Synthese her aus der Fumarsäure mit Ammoniak. Später hat man Aspartase auch aus Erbsenkeimlingen und jungen Getreideblättern gewonnen.

Auf andere Aminosäuren wirkt die Aspartase nicht, d. h. daß jede Säure, die an Stelle der Fumarsäure tritt, in Gegenwart der Aspartase[1] mit NH_3 nicht reagiert. Andererseits reagieren Ketonsäuren mit Ammoniak und bilden Iminosäuren, die bei der Reduktion entsprechende Aminosäuren abgeben. Bei der Bildung der Asparaginsäure erscheint dabei die Oxalessigsäure[2] als Ausgangsprodukt.

$$\begin{array}{lcl cl}
\mathrm{COOH} & & \mathrm{COOH} & & \mathrm{COOH} \\
| & & | & & | \\
\mathrm{CO} & & \mathrm{C=NH} & & \mathrm{CHNH_2} \\
| & & | & & | \\
\mathrm{CH_2} & \xrightarrow[-H_2O]{+NH_3} & \mathrm{CH_2} & \xrightarrow{+H_2} & \mathrm{CH_2} \\
| & & | & & | \\
\mathrm{COOH} & & \mathrm{COOH} & & \mathrm{COOH}
\end{array}$$

Diese Reaktion ist umkehrbar. Sie wird durch dasselbe Ferment ausgelöst, das in einem Falle durch Abspaltung von Wasserstoff aus der Aminosäure (daher die Bezeichnung Dehydrogenase oder Dehydrase) Iminosäure bildet, die mit Wasser reagiert, Ammoniak abspaltet und zur Ketonsäure führt, und das im anderen Falle (unter anderen Bedingungen) umgekehrt die Reduktion begünstigt und die Bildung z. B. von Glutaminsäure aus der Ketoglutarsäure. In diesem Falle spielt das Ferment schon die Rolle der Hydrogenase.

Im Laboratorium von *Euler* in Stockholm schied *Andersen*[3] aus Keimlingen des Weizens und des Kürbis Präparate aus, die gleichfalls den Übergang der Asparagin- und Glutaminsäure in die entsprechenden Ketonsäuren und umgekehrt, der Ketonsäuren in die Aminosäuren, bewirkten.

Es ist auch gezeigt worden, daß in einigen tierischen Geweben (Nieren, Gehirn usw.) Enzyme vom Typus der Dehydrogenase[4] vorkommen, die den Übergang der Glutaminsäure (— H_2) in die Ketoglutarsäure oder umgekehrt die Synthese der

---

[1] Derselbe Extrakt gab bei *Virtanen* Asparaginsäure aus Äpfelsäure und Asparagin, aber nach Angaben von *Virtanen* enthält der Extrakt auch die Fumarase, mit deren Hilfe aus der Äpfelsäure nach Entfernung des Wassers die Fumarsäure entsteht:

$$\mathrm{COOH \cdot CHOH \cdot CH_2 \cdot COOH - H_2O \longrightarrow COOH \cdot CH : CH \cdot COOH}$$

Jetzt bildeten Fumarsäure und Ammoniak die Asparaginsäure mit Hilfe des Ferments Aspartase.

[2] Wir erwähnten oben bereits die Arbeit von *Embden*, der nachwies, daß die Ketonsäuren mit Ammoniak reagieren und bei der Reduktion Aminosäuren abgeben können. Später (1925) haben *Knopp* und *Österlin* (Ztschr. Physiol. Chemie, 148, 294) festgestellt, daß gerade die Oxalessig- und Ketoglutarsäuren eine wichtige Rolle bei der Bildung der Asparagin- und Glutaminsäure spielen.

[3] Ztschr. f. physiol. Chemie, 217, 186, 1933.

[4] *Euler*, Ztschr. f. physiol. Chemie, 254, 61, 1936.

Glutaminsäure auf Kosten der Ketoglutarsäure hervorrufen. *Damodaran* und *Nair*[1] (Indien) wiesen 1938 dieses Ferment auch bei einer Reihe von Pflanzen aus der Familie der Hülsenfrüchte nach. Sie lösten mit schwefelsaurem Ammonium aus den Keimlingen einen Extrakt aus und erhielten das Präparat eines Fermentes, das die größte Aktivität bei pH 7,8–8,0 besaß.

Die Oxalessigsäure ist überhaupt ein sehr wichtiges Glied in einer ganzen Reihe von Umwandlungen (wir werden später sehen, daß man ihr beim Stoffwechsel von Hülsenfrüchten und Knöllchenbakterien eine besondere Rolle zuschreibt). Da die Oxalessigsäure bei der Oxydation der Äpfelsäure entsteht und die Äpfelsäure nach Abgabe des Wassers die Fumarsäure bildet, so wie das auch die Bernsteinsäure nach Abgabe von 2 Wasserstoffatomen tut, so sehen wir eine ganze Kette von 4-Kohlenstoffsäuren, die durch wechselseitige Umwandlungen verbunden und auf diese Weise direkt oder indirekt bei der Bildung der Asparaginsäure beteiligt sind.

Dieses ist die Reihe der Säuren:

Bernstein- Fumar- Äpfel- Oxalessigsäure

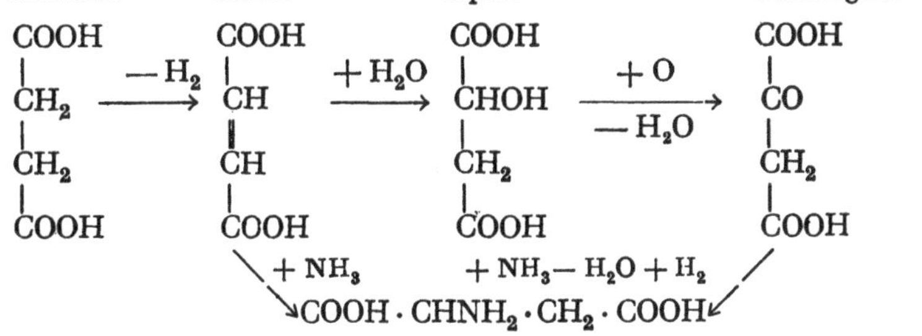

Asparaginsäure

Für die Glutaminsäure ist der Ausgangsstoff die Ketoglutarsäure:

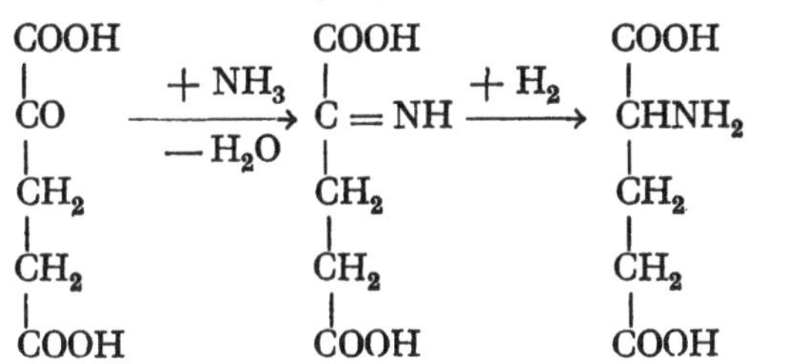

Ketoglutarsäure Iminoglutarsäure Glutaminsäure

Chibnall hat bei seinen Versuchen den Raygrasblättern (Lolium perenne) Ammoniaksalz der Ketoglutarsäure infiltriert und bekam, nachdem er zu verschiedenen Zeiten (4–20 Stunden) den Schwund der Ketoglutarsäure und die Zunahme des Glutamins quantitativ bestimmte, gut zusammenpassende Zahlen:

---

[1] Zitat bei *Chibnall*, S. 109.

	nach 4 Stunden	nach 20 Stunden
quantitativer Rückgang der Ketoglutarsäure[1]	17,1	26,2
N-Zunahme im Glutamin		
nach der Berechnung	3,3	5,3
nach dem Befund	3,2	5,3

Somit erscheinen die genannten Dikarbonsäuren mit der 4- oder 5-Kohlenstoffkette (Fumar-, Oxalessig- und Ketoglutarsäure) als spezifische Entgifter des Ammoniaks. Beim Entstehen der Aminosäuren im Beisein von Fermenten entweder vom Typus der Aspartase, welche die unmittelbare Aufnahme des Ammoniaks (bei der Bildung des Asparagins auf Kosten der Fumarsäure) bewirkt, oder vom Typus der Hydrogenase, die den Übergang von den Keton- zu den Aminosäuren aktiviert, wird das Ammoniak unschädlich gemacht. Aber die Rolle der genannten Dikarbonsäuren bei der Unschädlichmachung des Ammoniaks ist nicht auf den Übergang in die entsprechenden Aminosäuren beschränkt – diese letzten sind imstande, noch einen Teil des Ammoniaks unschädlich zu machen durch Bildung von Amiden der Aminosäuren.

Diese Amide entstehen aus den Ammoniumsalzen der Asparagin- und der Glutaminsäuren auf dem Wege der Hydratation nach dem allgemeinen Schema:

$$R \cdot CHNH_2 \cdot COONH_4 - H_2O \longrightarrow R \cdot CHNH_2 \cdot CONH_2,$$

wobei diese Dehydratation durch spezifische, aus einer Reihe von Objekten ausgesonderte Fermente hervorgerufen wird.

So verläuft die Synthese des Asparagins mit Hilfe der Asparaginase, die *Chibnall* aus keimender Gerste und *Mothes* aus den Blättern verschiedener Pflanzen ausschieden; auch die Glutaminase, unter deren Einfluß aus dem glutaminsauren Ammonium Glutamin entsteht, wurde aus den Wurzeln der Rüben und aus den Blättern der Raygräser (*Vickery* und Mitarbeiter) und aus den Zellen der Schimmelpilze gewonnen. *Krebs*[2] erhielt Glutaminase aus einer Reihe von Geweben des tierischen Organismus (abhängig von den Umweltbedingungen kann dasselbe Ferment auch die umgekehrte Reaktion der Desamidierung mit der Bildung des entsprechenden Ammoniumsalzes hervorrufen). Interessant ist einer der Versuche *Grinchilles* und *Chibnalls* mit Raygras (L. perenne), bei dem die Geschwindigkeit sichtbar wird, mit der diese Pflanze Glutamin bildet: Nachdem man dem Boden größere Mengen schwefelsaures Ammonium zuführte, trat am nächsten Tage an den Blattspitzen ein weißer Anflug auf, der sich bei näherer Untersuchung als Kristalle des Glutamins herausstellte. Diese Beobachtung veranlaßte genauere Versuche mit demselben Objekt nach der Methode der Infiltration mit glutamin-

[1] Auf 10 g frischer Blätter.

[2] *Krebs*, Ztschr. f. physiol. Chemie, 213, 157, 1933.

saurem Ammonium. Nach 22 Stunden entsprach die Abnahme des Ammoniaks (7,1 mg auf 10 g frischer Blätter) vollkommen der Zunahme des Amidstickstoffs (7,0 mg)[1].

Auf diesem Gebiet haben *Vickery* und seine Mitarbeiter in der Versuchsstation Connecticut umfangreiche Forschungen vorgenommen, die sich insbesondere auf den Stoffwechsel bei Tabak- und Rhabarberblättern erstreckten[2].

Versuche mit den Tabakblättern, die man von der Pflanze trennte und mit der Basis ins Wasser legte, zeigten, daß in der Dunkelheit umfangreich Asparagin gebildet wird; der Gehalt an Glutamin ist nicht groß und nimmt ab. In den ersten 100 Stunden sind nennenswerte Mengen von Ammoniak nicht gebildet worden, dann aber stieg der Ammoniakgehalt schnell an. Offenbar führt im ersten Abschnitt die Atmung zur Bildung ausreichender Mengen Oxalessigsäure, um das ganze Ammoniak, das bei der Oxydation der Aminosäuren abgespaltet wird, zur Asparaginbildung zu verwenden. Dann aber, sobald der Mangel an Kohlenhydraten bemerkbar wird, nimmt die Bildung der Oxalessigsäure ab und die Speicherung des Ammoniaks (in Gestalt von Bikarbonat) setzt ein. Als man denselben Versuch bei Licht ablaufen ließ, beobachtete man in den Blättern neben der Asparaginbildung auch eine zunehmende Bildung von Glutamin. Man kann denken, daß die Assimilation, indem sie zur Speicherung der Kohlenhydrate führte, auch das Material zur Ansammlung jenes stickstofffreien Vorgängers abgab, aus dem unter Beteiligung des Ammoniaks Glutamin entsteht. Als diesen Vorgänger müssen wir scheinbar die Ketoglutarsäure ansehen.

Nach Ansicht von *Mothes* hat die Bildung von Amiden der Aminosäuren nicht nur die Bedeutung, daß dabei eine zusätzliche Ammoniakmenge entgiftet, sondern daß bei dieser Gelegenheit auch eine Stabilisierung der Aminogruppe dieser im Leben der Pflanzen so wichtigen Aminosäuren erreicht wird, und zwar werden sie auf diesem Wege gegen die Wirkung der Dehydrogenase geschützt, die zur Desaminierung führt.

Letzten Endes haben alle genannten Arbeiten über die Synthese der Aminosäuren und der Amide eine Reihe neuer Bestätigungen erbracht für meine alte These bezüglich des Ammoniaks als Alpha und Omega im Prozeß des Umsatzes stickstoffhaltiger Substanzen in der Pflanze. Sie zeigten nochmals nicht nur die Unrichtigkeit der alten Vorstellung, wonach das zur Ernährung der Pflanze bestimmte Ammoniak zuvor oxydiert werden muß, sondern auch die Unrichtigkeit einer späteren Behauptung, daß das Ammoniak nur langsamer von der Pflanze aufgenommen wird. Tatsächlich ist es so, daß die Pflanze Ammoniak schneller als Salpetersäure aufnimmt (wir werden das später noch sehen, im zweiten Teil der vor-

[1] *Chibnall*, 1, S. 204/205.

[2] *Vickery*, *H. B.*, *Pucher*, *G. W.*, *Wakeman*, *A. J.* and *Leavenworth*, *C. S.*, Chemical Investigations of the Tobacco Plant. Carnegie Inst. Wash.-Pub. 445, 1933, Chemical Investigation of the Rhubarb Plant. Connecticut Agr. Exp. Sta. Bull. 424, 1939.

liegenden Übersicht). Arbeiten dieser Art haben der neuen Richtung in der Stickstoffindustrie, d. h. dem Übergang von der Synthese der Salpetersäure zur Ammoniaksynthese, eine physiologische Sanktion, eine Art „Fahrschein ins Leben", gegeben.

Man wird vielleicht einwenden, daß das Ammoniak im Boden ohnehin zur Bildung der Nitrate Verwendung findet und fragen, wo hier der Unterschied liegt? Der Unterschied ist folgender: Der Nitrifikationsprozeß verläuft langsam, insbesondere im Frühjahr, wenn der Boden noch nicht durchwärmt ist, und bei der Kopfdüngung kommt es darauf an, daß die Nährstoffe unmittelbar aufnehmbar sind. Wie langsam im Frühjahr die Bildung der Nitrate vor sich geht, zeigte folgender Versuch *Turtschins:*

Nitratstickstoff im Boden $1^1/_2$ Monate nach Aufgang des Hafers (Dolgoprudnoje-Versuchsfeld):

ungedüngt	$(NH_4)_2SO_4$	$Ca(NO_3)_2$	NH_4NO_3
7,0	10,6	28,2	20,0

Das gleiche im Rübenversuch auf Schwarzerde (Schatilowskaja-Versuchsstation) nach 28 Tagen:

(PK)	$(NH_4)_2SO_4$	$NaNO_3$	$NaNO_3$ (bei Einzeldüngung)
4,3	4,5	35,2	50,0[1]

Somit interessiert das Ammoniakproblem nicht nur vom Standpunkt der allgemein-physiologischen Gegenüberstellung höherer und niederer Pflanzen und noch mehr des Parallelismus zum Stoffwechsel im tierischen Organismus, sondern auch vom Gesichtspunkt der unmittelbaren Anwendbarkeit in der Landwirtschaft.

Wir werden uns weiter mit den Besonderheiten der Anwendung von Ammoniumsalzen, soweit sie jeder Landwirt berücksichtigen muß, beschäftigen. Zuvor wollen wir uns noch einer wichtigen Entdeckung der sowjetischen Biochemiker *Braunstein* und *Kritzmann* zuwenden. Diese Entdeckung betrifft dieselben Dikarbonaminosäuren, die Asparagin- und die Glutaminsäure, die bei der Entgiftung des in der Pflanze selbst entstehenden und auch von außen empfangenen Ammoniaks eine so wichtige Rolle spielen. Es zeigte sich, daß *durch diese Aminosäuren auch der allgemeine Weg zur Synthese der übrigen Aminosäuren mit verschieden langer Kohlenstoffkette führt.*

Als *Braunstein* und *Kritzmann*[2] den biochemischen Prozessen im tierischen Or-

[1] *F. B. Turtschin,* „Über die Wirkung der Düngemittel" (Russ.) M., 1936.

[2] Biochemie, 2, 242 u. 859, 1937 (Russ.). Siehe gleichfalls *Kritzmann, Konikowa* und *Teis,* Erforschung des Mechanismus der Umaminierung mit Hilfe von Deuterium. Biochemie, 7, Nr. 3, 66, 1942 (Russ.).

ganismus nachgingen, entdeckten sie die Erscheinung der sogenannten „Umaminierung", d. h. den Übergang der Aminogruppe aus der Asparagin- oder Glutaminsäure in eine beliebige Ketonsäure.

Es muß gesagt werden, daß Ketonsäuren, die nur eine Karboxylgruppe besitzen, nicht geneigt sind, unmittelbar mit Ammoniak zu reagieren und Iminosäuren (weiterhin Aminosäuren) abzugeben; aber diese Reaktion verläuft leicht mit Dikarbonketonsäuren (Oxalessig- und Ketoglutarsäure), welche zur Asparagin- und Glutaminsäure führen, von denen die Aminogruppe schon zu anderen Ketonsäuren übergehen kann. Infolgedessen muß man sich die Synthese der Aminosäuren als durch die folgenden zwei Phasen führend vorstellen:

$$1.\quad COOH \cdot CO \cdot CH_2 \cdot COOH + NH_3 - H_2O \longrightarrow$$
$$\longrightarrow COOH \cdot CNH \cdot CH_2 \cdot COOH \longrightarrow$$
$$\longrightarrow COOH \cdot CHNH_2 \cdot CH_2 \cdot COOH$$
$$2.\quad COOH \cdot CHNH_2 \cdot CH_2 \cdot COOH + R \cdot CO \cdot COOH \longrightarrow$$
$$\longrightarrow COOH \cdot CO \cdot CH_2 \cdot COOH + R \cdot CHNH_2 \cdot COOH$$

Um den Gang der zweiten Reaktion verständlicher zu machen, stellen wir sie so dar, daß die Bildung der Zwischenverbindung mit Wasserabgabe auf Kosten der Gruppen CO und NH_2 sichtbar wird. Ferner sieht man den hydrolytischen Zerfall dieser Verbindung bei Wiedereintritt des Wassers, aber bei anderer Lagerung ihrer Komponenten, und zwar so, daß die Zerfallsprodukte mit den ursprünglichen Komponenten, von denen die Reaktion begonnen hat, nicht identisch sind.

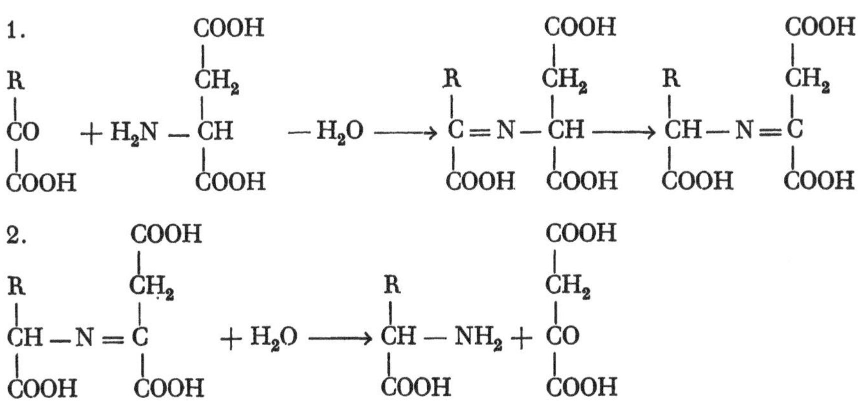

Das, was *Braunstein* und *Kritzmann* am tierischen Organismus sahen, ist durch eine Reihe von Beobachtungen am pflanzlichen Objekt bestätigt worden. So fanden *Virtanen* und *Laine*, daß eine zerriebene Erbsenmasse die Umaminierung zwischen der Asparaginsäure und den Ketonsäuren hervorruft; *Euler* und seine Mitarbeiter zeigten, daß Extrakte von verschiedenen Pflanzen Enzyme enthalten, in deren Gegenwart die Glutaminsäure zum Lieferanten der Gruppe NH_2 wird und die Synthese anderer Aminosäuren begünstigt.

Als Ergänzung führen wir ein Schema von *Chibnall* an:

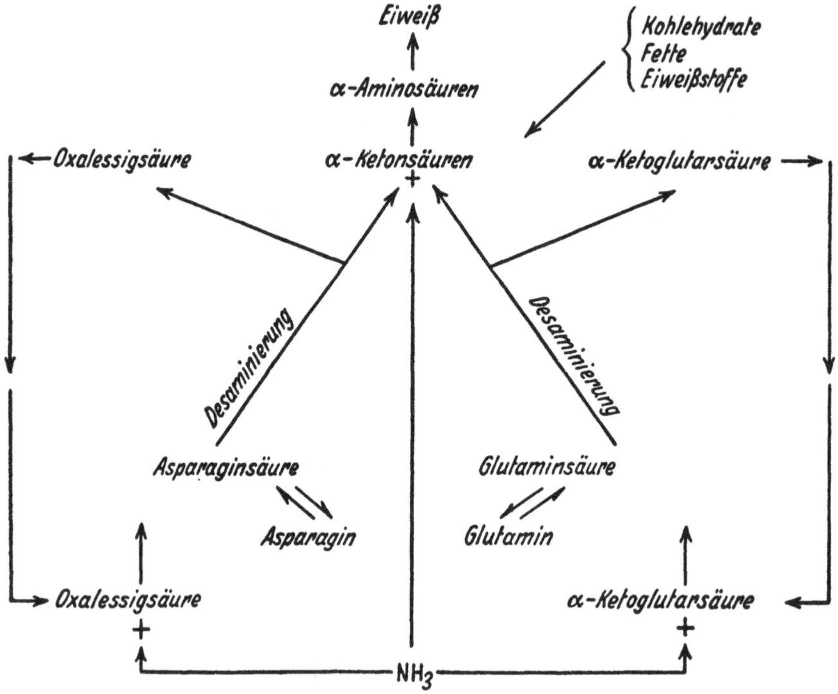

Dank der Leichtigkeit, mit der die Asparagin- und die Glutaminsäure aus den entsprechenden Ketonsäuren entstehen, und dank ihrer Fähigkeit zur Umaminierung kann man sagen, daß die Dikarbonmonoaminosäuren gleichsam ein großes Tor darstellen auf dem Wege, der zur Synthese anderer Aminosäuren und folglich auch der Eiweiße führt.

Somit spielen die Dikarbonsäuren und ihre Amide eine dreifache Rolle beim Umsatz der stickstoffhaltigen Substanzen: 1. sind sie eine Entgiftungsform desjenigen Ammoniaks, das bei der regressiven Metamorphose der stickstoffhaltigen Substanzen entsteht, wie es beim Keimungsprozeß besonders auffällig beobachtet werden kann; 2. sind sie bei der Synthese von Stickstoffsubstanzen aus dem von außen hinzutretenden Ammoniak das erste Produkt der Synthese und dienen gleichzeitig zur Entgiftung dieses Ammoniaks als auch zur Bildung von NH_2-Reservegruppen, die der Synthese der Aminosäuren und der Eiweiße dienen, sobald die Pflanze über ausreichende Kohlenhydratmengen verfügt; 3. außer Zurückstellung der Gruppe NH_2 sind die Dikarbonaminosäuren am Mechanismus ihrer Übergabe unmittelbar beteiligt, indem sie in die Reaktion der Umaminierung mit verschiedenen Ketonsäuren eintreten und auf diese Weise die Synthese der unmittelbaren Komponenten des Eiweißmoleküls ermöglichen[1].

Die Synthese organischer Stickstoffverbindungen auf Kosten der Nitrate und Nitrite

Früher neigten viele Verfasser zu der Annahme, daß die Verwertung der Nitrate bei der Synthese nur unter dem Einfluß des Lichtes in den assimilierenden Blättern stattfindet. *Schimper* vermutete zum Beispiel, daß Kalziumnitrat aus dem Boden als solches im ganzen bis zum Blattgewebe vordringt, wo die Salpetersäure reduziert und das Kalzium durch die Oxalsäure ausgefällt wird. *Schimper* verband die Reduktion der Nitrate mit der Assimilation so weit, daß er diesen Prozeß in den chlorophyllosen Blatteilen buntblättriger Pflanzen sogar bei Licht für unmöglich hielt. Spätere Forschungen haben jedoch dieser Auffassung nicht recht gegeben – die Reduktion der Nitrate verlangt die Gegenwart der Kohlenhydrate und nicht des Lichtes. Genau so entfallen andere Hypothesen, denen zufolge das bei der Reduktion von CO_2 in den Chloroplasten entstehende Aldehyd der Ameisensäure auch bei der Reduktion der Nitrate eine Rolle spielt. Dazu gehört die Hypothese von *Treüb* (1904), nach der bei der Wechselwirkung von HCOH mit Nitraten angeblich die Blausäure entsteht[2].

Treub fand tatsächlich in einer Reihe Pflanzen die Blausäure, allerdings in einer wenig aktiven, als Glukosid gebundenen Form, so daß die Rolle dieses sehr giftigen Stoffes im Prozeß der Nitratreduktion unbestätigt geblieben ist.

Genau so unbestätigt blieb die Hypothese von *Bowdish*, der annahm, daß die Nitrate in Nitrite übergehen, dann mit Formaldehyd reagieren und Hydroxamsäuren bilden. Bei Versuchen in vitro findet diese Reaktion tatsächlich statt; da es sich aber herausstellte, daß die Nitratreduktion auch im Dunkeln verläuft, so wird der Ablauf dieses Prozesses mit der Teilnahme des Formaldehyds wenig wahrscheinlich.

E. Godlewski[3] (Krakau, Lehrstuhl für Agrochemie) hat als erster 1897 beobachtet, daß bei der Reduktion der Nitrate im Dunkeln organische Stickstoffverbindungen gebildet werden. Er zeigte, daß etiolierte Weizenkeimlinge bei der Ernährung mit

[1] Weiter wird die Hypothese *Virtanens* erläutert, nach der im Mechanismus der Stickstofffixierung durch die Knöllchenbakterien die Hauptrolle der Reaktion zwischen der Oxalessigsäure und dem Hydroxylamin zukommt. Sollte sich diese Hypothese bewahrheiten, dann ist damit ein weiterer Beweis für den Anteil der Dikarbonsäure am Umsatz der Stickstoffsubstanzen in der Pflanze erbracht.

[2] Außerhalb der Pflanze gelingt es tatsächlich, die Bildung der Blausäure zu beobachten, wenn man im kohlensäuregesättigten Wasser das Aldehyd der Ameisensäure und Salpeter löst und die Lösung der Wirkung des Lichtes aussetzt. Daraus folgt aber noch nicht, daß auch in der Pflanze derselbe Prozeß stattfindet.

[3] Annales agronomiques, 1897, Bulletins de l'Académie des Sciences à Cracovie, 1900.

Nitraten einen Stickstoffzuwachs aufweisen, der ihren Gehalt an Nitratstickstoff übersteigt. Aus den Nitraten entstanden irgendwelche stickstoffhaltigen organischen Verbindungen nicht eiweißartiger Natur.

Ich habe seinerzeit in meiner zweiten Dissertation[1] eine Übersicht der Arbeiten gegeben, die der Arbeit von *Godlewski* vorangegangen waren (*Kinoshita, Suzuki, Laurent* u. a.). Hier brauchen sie nicht nochmals behandelt zu werden, da sie entweder zu negativen Ergebnissen führten oder zu wenig beweiskräftig waren. Außer seiner Arbeit von 1897 (Annales agronomiques) lieferte *Godlewski* 1900 eine noch eingehendere Arbeit (Ausgabe der Krakauer Akademie der Wissenschaften), in der seine ersten Beobachtungen eine vollständige Bestätigung gefunden haben. Als nächste Etappe gelten Versuche, die in den Jahren 1912/15 von *Periturin, Kalinkin* und *Ritmann* mit Keimlingen verschiedener Pflanzen in unserem Laboratorium durchgeführt worden sind. Diese Versuche ergaben, daß die Pflanzen aus Nitraten, genau so wie aus Ammoniak, im Dunkeln Asparagin bilden, wenn auch das quantitative Verhältnis zwischen dem Amid-, Amino- und Eiweißstickstoff bei der Nitraternährung nicht dasselbe ist wie bei Ernährung mit Ammoniak.

Hier Beispiele aus den Versuchen mit Keimlingen von Mais und Wicken:

Mais-Versuch

auf 100 Pflanzen (in mg)	destilliertes Wasser	$Ca(NO_3)_2$	$NH_4Cl + CaCO_3$
Gesamtstickstoff	759,3	869,7	939,9
Eiweißstickstoff	540,9	592,9	538,0
Stickstoff des Asparagins	104,5	160,7	269,5
Stickstoff d. Aminosäuren	110,2	90,9	127,6
Nitratstickstoff	—	19,1	—
Ammoniakstickstoff	3,7	6,0	4,8

Die Zahlen zeigen, daß bei Ernährung mit Nitraten die Asparaginmenge deutlich ansteigt. Sie war allerdings nicht so groß wie bei der Ammoniakernährung, bei welcher der größte Teil des Ammoniaks (165 mg N von 180 mg) zur Asparaginbildung verwendet worden ist. Im Falle der Nitrate ist nur etwa die Hälfte des Stickstoffs in die Asparaginform übergegangen (56 mg von 100). Dennoch ist es klar, daß dieser Asparaginzuwachs auf den Nitratstickstoff zurückzuführen ist, weil man ihn durch stärkeren Eiweißabbau nicht erklären kann. Im gegebenen Falle war die Eiweißmenge gerade größer als in den Kontrollpflanzen, die keinen Stickstoff erhielten.

Im Versuch mit Keimlingen von Wicken beobachtete man gleichfalls die Asparaginbildung aus Nitraten, obwohl sie auch hier weniger energisch verlief als bei

[1] *Prjanischnikow, D. N.*, Eiweißstoffe und ihre Umwandlungen in der Pflanze 1899, Kap. IV (Russ.) (s. gleichfalls Mitteilungen des Moskauer Landw. Instituts, 1899).

Ammoniakernährung. Diese Versuche machen die Annahme wahrscheinlich, daß, bevor der Stickstoff der Nitrate in Asparagin übergeht, welches die Amino- und die Amidgruppe enthält, die Nitrate zu Ammoniak reduziert wurden. Aber zu jener Zeit haben wir noch keine besonderen Versuche durchgeführt, um das Ammoniak als

Wicken-Versuch

auf 100 Pflanzen (in mg)	destilliertes Wasser	$Ca(NO_3)_2$	$NH_4Cl + CaCO_3$
Gesamtstickstoff	221,0	247,6	263,0
Eiweißstickstoff	85,0	76,9	90,0
Stickstoff der Aminosäuren	48,0	59,5	41,3
Stickstoff des Asparagins	75,9	93,3	118,2
Ammoniakstickstoff	0,9	—	1,0

Zwischenprodukt auf dem Wege vom Stickstoff der Nitrate zum Stickstoff des Asparagins nachzuweisen; diese Versuche sind von uns erst in späterer Zeit angelegt worden. Zu diesem Zweck ist es notwendig, die synthetischen Prozesse so oder anders zu unterdrücken, was entweder durch Herabsetzung der Kohlenhydratmengen oder durch Reaktionsänderung in Richtung der Ansäuerung oder durch Anwendung anästhetisierender Substanzen erreicht werden kann. Dasselbe kann aber auch erreicht werden ohne künstliche Unterdrückung der synthetischen Prozesse, nämlich durch so starke Nitraternährung der Pflanzen, daß sie nicht imstande sind, das ganze bei der Reduktion entstehende Ammoniak zu verwerten; in diesem Falle beginnt das Ammoniak aus den Wurzeln in die umgebende Lösung auszutreten. Bei assimilierenden Pflanzen spielt sich dies in der zweiten Hälfte der Vegetationsperiode, wenn die Hauptmasse des Eiweißes schon gebildet ist, am leichtesten ab.

Über unsere planmäßigen Versuche zur Unterdrückung der synthetischen Prozesse, um das Ammoniak als Zwischenprodukt auf dem Wege vom Nitratstickstoff zum Stickstoff der Amide und Aminosäuren nachzuweisen, werden wir, entsprechend der chronologischen Reihenfolge, noch berichten. Hier wollen wir nur einen Versuch mit Erbsenkeimlingen aus dem Jahre 1919 erwähnen, der andere Zwecke verfolgte, bei dem aber ganz unerwartet für uns Ammoniak aus den Pflanzenwurzeln in die umgebende Lösung austrat bei gleichzeitiger Nitrataufnahme. Damals bezweckte dieser Versuch eine Antwort auf die Frage, ob die Ansäuerung der Lösung eine Änderung im Verhalten der Pflanze zum salpetersauren Ammonium hervorruft, d. h., ob an Stelle der überwiegenden Ammoniakaufnahme die überwiegende Aufnahme der Salpetersäure tritt. Es zeigte sich, daß, wenn eine gewisse Ansäuerung wohl in diesem Sinne wirkt, eine stärkere Säuerung, welche die Synthese der Amide aus dem Ammoniak unterbindet, die Ammoniakbildung aus NO_3 nicht stört. Tatsächlich haben die Pflanzen das Ammoniak in die Lösung auch ausgeschieden.

Ergebnisse dieses Versuchs:

Konzentration HCl

Aus der Lösung von NH_4NO_3 wurden von den Pflanzen aufgenommen (in mg)	I 0,00015	II 0,00075	III 0,0010	IV 0,0025
Ammoniakstickstoff	+ 17,0	+ 4,9	− 16,5	− 29,6
Nitratstickstoff	+ 27,3	+ 26,7	+ 19,4	+ 3,4
Summe	+ 44,3	+ 31,6	+ 2,9	− 26,2

Bei einer Konzentration von HCl = 0,001 n beobachtet man eine gleichzeitige Aufnahme von HNO_3 und Ausscheidung von NH_3; bei noch stärkerer Konzentration ist die Aufnahme von HNO_3 nicht mehr groß und das Ammoniak wird vorwiegend auf Kosten der Desamidierung ausgeschieden. Wir sahen oben, daß *Kultzscher* in seinen Versuchen einen umgekehrten Zusammenhang zwischen dem Säuregrad des Zellsaftes und der Fähigkeit, Amide zu bilden, beobachtete. Wir haben, wenn auch nicht in dieser systematischen Form, so doch in den Grundzügen diese Abhängigkeit bereits in den Jahren 1912/14 festgestellt. Wir denken dabei nicht nur an die Ernährungsversuche der Lupinenkeimlinge mit Salzen wie NH_4Cl, $(NH_4)_2SO_4$, die bei den kohlenhydratarmen Pflanzen die Desamidierung statt der Synthese neuer Asparaginmengen hervorriefen, sondern auch an die unmittelbare Anwendung freier Säuren in schwachen Lösungen[1].

Die Versuche zur Erforschung des Einflusses, den der Säurezustand der Umgebung auf die Ammoniakausscheidung durch die Pflanzenwurzeln ausübt, haben wir in einer mehr systematischen Form im Jahre 1926 fortgesetzt (Biochemische Zeitschrift Bd. 193, 1928).

Wäre der Versuch von 1919 mit der bestimmten Absicht erfolgt, die Reduktion der Nitrate bis zum Ammoniak zu erforschen, dann hätte man natürlich das Ion NO_3 mit beliebigen Kationen außer mit Ammoniak wählen müssen. Solche Versuche sind späterhin auch gemacht worden, aber ich muß, wiederum der chronologischen Reihenfolge entsprechend, zuerst die 1920 erschienenen Arbeiten von *S. P. Kostytschew*[2] und *Otto Warburg*[3] nennen. Wenn sich diese Versuche auch nicht auf höhere Pflanzen, mit denen wir zu tun hatten, bezogen, haben sie dennoch unsere Vermutungen bestätigt, daß die Pflanzen das bei der Reduktion der Nitrate entstehende Ammoniak ausscheiden, sofern in der Versuchsanlage die Synthese der Eiweiße und Aminosäuren unterdrückt ist.

Kostytschew arbeitete mit Schimmelpilzen, die er mit $NaNO_3$ als Stickstoffquelle ernährte. Bei reichlicher Ernährung mit Kohlenhydraten beobachtete er Eiweiß-

[1] Ein entsprechendes Beispiel aus dem Versuch von *O. N. Kaschewarowa* (1914) haben wir oben bereits erwähnt (S. 51).

[2] Zeitschrift für physiologische Chemie, 111, 1920.

[3] Biochemische Zeitschrift, 110, 66, 1920.

bildung ohne Speicherung von Zwischenprodukten, aber bei Verringerung der Zuckerernährung traten in der Lösung Nitrite und Ammoniak[1] auf.

Warburg arbeitete mit grünen, wenn auch einzelligen Pflanzen, mit der Wasserpflanze Chlorella, die eine starke Säuerung der Lösung (bis pH = 2,0) verträgt. Er löste eine Mischung von $NaNO_3$ und HNO_3, um die Dissoziation von $NaNO_3$ zu hemmen und den Eintritt der Stickstoffnahrung in die Zelle zu fördern. Dabei spielte sich genau so wie in den Versuchen von *Kostytschew* nach energischer Assimilation bei guter Belichtung und in Gegenwart größerer Kohlenhydratmengen eine lebhafte Eiweißsynthese ab ohne Ammoniakbildung. Schwächt man aber die Assimilation durch Lichtentzug, dann erscheinen in der Lösung Ammoniak und manchmal auch Nitrite als Folge der Nitratreduktion. Dabei beobachtete *Warburg* eine Änderung im Verhältnis von CO_2 zu O_2. Bei der Ernährung mit Nitraten im Dunkeln stieg das Verhältnis bis 1,4—1,6 infolge Ausscheidung zusätzlicher Kohlensäure (Extrakohlensäure) parallel zur Speicherung des Ammoniaks (bei Licht erscheint dagegen „zusätzlicher Sauerstoff").

Die Tatsache der Ammoniakbildung bei der Reduktion der Nitrate oder Nitrite in höheren Pflanzen hat, wenn man den oben erwähnten Versuch von 1919, wo die Reduktion der Nitrate bis zum Ammoniak schon auftrat, wo aber NH_4NO_3 und nicht $NaNO_3$ oder $NaNO_2$ zur Anwendung kam, nicht mitzählt, *Dikussar* im Jahre 1924 zum erstenmal in unserem Laboratorium beobachtet. *Dikussar* experimentierte mit Nitriten. Da nun die leichte Reduktion von NO_3 zu NO_2 seit langem bekannt ist[2], bleibt es für unsere Zwecke gleichgültig, ob man von NO_3 oder NO_2 ausgeht. Diese Versuche sind absichtlich mit etiolierten Pflanzen, bei verschiedenem Kohlenhydratgehalt in den Samen (über die Versuche mit assimilierenden Pflanzen wird weiter die Rede sein) gemacht worden.

Es zeigte sich, daß, je geringer der Vorrat an Kohlenhydraten in den Keimlingen ist, um so eher Ammoniak als Zwischenprodukt auftritt, wenn saure Stickstoffverbindungen in organische Stickstoffsubstanzen übergehen. Von großem Einfluß ist ferner die Lösungskonzentration und die Reaktion der Umgebung. Wir führen ein Beispiel an aus einem Versuch von *I. G. Dikussar*[3] mit Senf in unserem Laboratorium im Jahre 1924:

---

[1] Bei Durchsicht der Arbeiten mit Schimmelpilzen von *Butkewitsch* und *Kostytschew* fanden wir immer eine Bestätigung unseres Gedankens, daß der Umsatz stickstoffhaltiger Substanzen in Pilzen und in etiolierten Pflanzen eine gewisse Ähnlichkeit haben muß. Diese Vorstellungen fanden eine weitere Bestätigung und Entwicklung in den Arbeiten von *J. Desbordes* (Frankreich). S. seine Monographie: *Jean Desbordes*, Etudes de la noutrition de la cellule vivante. Paris 1936.

[2] Den ersten Hinweis auf die Reduktion der Nitrate in Nitrite gab *Laurent* im Jahre 1890 (*Laurent*, Annales de l'Institut Pasteur, 1890); dann bestätigte *Godlewski* diese Beobachtungen bei höheren Pflanzen unter Bedingungen steriler Kultur (Annales agronomiques, 1900). Weiter folgten Arbeiten von *Nabokich* (Berichte der Deutschen Botan. Gesellschaft, 1903) und *Mazé* (Annales de l'Institut Pasteur, 1911).

[3] Wissenschaftlich-agronomische Zeitschrift, II, 1925. (Russ.)

Verabfolgter Nitritstickstoff (mg in 1 l)		0	1	4	16	64
gefunden NH_3 (mg N in 1 l)	Senf	0	0	0,8	1,4	3,8
	Wicken	0	0	0	0	1,2

Wie wir sehen, ist beim Senf das Ammoniak früher aufgetreten als bei der Wicke, die reicher an Kohlenhydraten ist. Daß in diesem Falle das Ammoniak aus der Reduktion der Nitrite und nicht aus dem Desamidierungs- und Desaminierungsprozeß stammt, konnte in den folgenden Versuchen von *Smirnow* und *Jerygin*, in denen eine genaue Berechnung des Gehalts an Amiden und auch an Ammoniak in den Pflanzen selbst stattfand, leicht festgestellt werden[1].

Im selben Jahr 1924 erschien (bei uns mit großer Verspätung) eine Arbeit von *Sophia Eckerson*[2], die interessante mikrochemische Feststellungen machte über den Eintritt und die Umwandlung von Nitraten in Pflanzen (Tomaten), die man vom fruchtbaren Boden in Quarzsand versetzte und 2 Wochen ohne Stickstoff ließ. In dieser Weise vorbereitete Pflanzen besaßen viel Stärke, enthielten aber keine Nitrate, Nitrite, Ammoniak und sogar Aminosäuren.

24 Stunden nach Zusatz von $Ca(NO_3)_2$ zum Sand fanden sich Nitrate in allen Teilen, die Spitzen einiger Pflanzen zeigten eine schwache Reaktion auf Nitrite, und Ammoniak war nicht vorhanden. Nach 36 Stunden fanden sich in allen Teilen der Pflanzen Nitrite ein (bei bestimmter Lokalisation) und Spuren von Ammoniak. Nach 48 Stunden waren es weniger Nitrite und mehr Ammoniak. Brachte man abgeschnittene Pflanzenteile in absoluten Alkohol, dann fanden sich Asparaginkristalle ein, gleichzeitig beobachtete man einen gewissen Rückgang an Stärke in den Pflanzen. Zwischen dem 3. und 5. Tag sah man dann, bei geringem Gehalt an Nitriten und Ammoniak, wie die Aminosäuren stark zunahmen und gleichzeitig die Bernstein- und die Äpfelsäure auftraten. Außer Asparagin und Asparaginsäure fanden sich Alanin, Leuzin, Histidin und Zistin ein. Zur gleichen Zeit ging die Stärke noch weiter zurück, die jungen Blätter bekamen eine tiefgrüne Farbe und die Sproßspitzen wiesen Merkmale neuen Wachstums auf.

Im Jahre 1925 erschien die Arbeit von *Klein* und *Kisser*[3], die zeigten, daß sogar bei assimilierenden Pflanzen nach reichlicher Versorgung mit Nitraten die Bildung (und Ausscheidung durch die Wurzeln in die umgebende Lösung) von Übergangsprodukten zwischen Nitraten und Amiden, d. h. Nitriten und Ammoniak, zu beobachten ist.

Während *Kostytschew* an Pilzen und *Dikussar* an Keimlingen höherer Pflanzen durch Herabsetzung der Synthese (Verringerung der Kohlenhydratmenge) die Bildung von Zwischenprodukten nachwiesen, kamen *Klein* und *Kisser* zu diesem Ergeb-

[1] Wissenschaftlich-agronomische Zeitschrift, III, 1926. (Russ.)

[2] *Eckerson, Sophia,* Proteinsynthesis by plants. I. Nitrate Reduction Botanical Gazette vol. 77 (377) 1924.

[3] *Klein* und *Kisser,* Sitzungsberichte der Akademie, Wien 1925.

nis auf umgekehrtem Wege – durch so reichliche Ernährung der Pflanze mit Nitraten, die den Bedarf sogar der assimilierenden Pflanze an Stickstoff zur Eiweißsynthese überstieg. In beiden Fällen sehen wir Ammoniak, das unter gewöhnlichen Bedingungen nicht gespeichert wird (ein Weg, den *Warburg* in seinen Versuchen mit Chlorella beschritt).

Wenn man an die höheren Pflanzen denkt, dann muß man neben den Arbeiten von *Dikussar*, *Sophia Eckerson*, *Klein* und *Kisser* noch die Arbeiten einer Reihe amerikanischer Forscher (aus der Zeit von 1927–1932) nennen, die der Lokalisierung der Nitratreduktion nachgingen und zeigten, daß bereits in den Wurzeln der Pflanze nicht nur die Nitrate bis zum Ammoniak reduziert, sondern auch Amide synthetisch gebildet werden. In unseren Versuchen von 1912–1914 wurde schon gezeigt, daß die Asparaginbildung aus Ammoniak und auch aus Nitraten im Dunkeln erfolgt. Mit der Frage aber, in welchen Organen der Pflanzen diese Prozesse sich abspielen, haben wir uns damals nicht befaßt.

Die Mitarbeiter der Versuchsstation von New-Jersey, *Nightingale* und *Schermerhorn*, kamen in ihrer Arbeit von 1928 „Nitrate Assimilation by Asparagus in the Absence of Light[1]" zu der Schlußfolgerung, daß die Faserwurzeln (fibrous roots) des Spargels vor allen Dingen diejenigen Organe sind, in denen die Reduktion der Nitrate sich abspielt, wobei zunächst Nitrite und Ammoniak entstehen und anschließend Asparagin und Aminosäuren. Die Reduktion findet auf Kosten der stickstofffreien Substanzen statt und der Verlust an Kohlenhydraten bei den Pflanzen, die Nitrate erhielten, betrug während der Versuchsdauer (17 Tage) 65% mehr als bei den Kontrollpflanzen (ohne Nitrate).

Ähnliche Beobachtungen machten *Nightingale* und *Robbins* bei Polyanthus narcissus[2] und *Tiedjens* und *Blake*[3] (gleichfalls Mitarbeiter der Versuchsstation von New Jersey), die eine eingehende Arbeit über die Ernährung des Apfels mit Ammoniak und Nitraten lieferten. Sie zeigten, daß bei Bäumen die kleinen Wurzelverzweigungen diejenigen Organe sind, in denen vor allen Dingen die Assimilation der Nitrate und des Ammoniaks (und nicht nur ihre Aufnahme) vor sich geht. Aber selbstverständlich ist die Aneignung der Nitrate durch die Wurzeln vom Verhältnis der in ihnen enthaltenen Kohlenhydrate zur Menge der zufließenden Nitrate abhängig. Bei zu starkem Zufluß der letzteren können die Kohlenhydrate in den Wurzeln nicht mehr zur Reduktion der überschüssigen Nitrate ausreichen. So hat *Burström*[4] unter diesen Bedingungen beobachtet, daß nur 30–50% der aufgenommenen Nitrate von den Wurzeln verarbeitet werden (es trat dabei ein Mangel an Glukose in den Wurzeln auf), während der restliche Teil der Nitrate in die oberirdischen, an Kohlenhydraten reichen Organe überging, wo er allmählich verbraucht wurde.

---

[1] New-Jersey, Agr. Expt. Sta. Bull. 476, 1928.
[2] New Jersey, Agr. Expt. Sta. Bull. 472, 1928.
[3] New Jersey, Agr. Expt. Sta. Bull. 547, 1932.
[4] Zitat nach Fortschritte in der Botanik, 1937, VII, 224.

Nimmt man als feststehend an, daß die Nitrite ein Zwischenprodukt bei der Reduktion der Nitrate zu Ammoniak darstellen, dann ist damit die Frage bei weitem nicht erschöpft, weil zwischen dem ersten Stadium der Reduktion (NO_2) und dem letzten (NH_3) noch eine Reihe weiterer Zwischenstufen vorkommen müssen. Es gibt Anzeichen dafür, daß der Bildung des Ammoniaks die Bildung des Hydroxylamins (NH_2OH) vorausgeht, das allerdings in größeren Mengen nicht gespeichert werden kann, weil es einen giftigen Stoff darstellt. Aber das Beispiel des Formaldehyds zeigt, daß die Giftigkeit bedingt ist und daß es immer darauf ankommt, von welchen Konzentrationen die Rede ist. Auf die mögliche Rolle des Hydroxylamins bei der Bildung der Amino- und der Amidverbindungen hat 1896 *A. N. Bach*[1] hingewiesen, der annahm, daß Hydroxylamin mit Formaldehyd reagiert und ein Oxim abgibt, das nach Umgruppierung in Formamid übergeht:

$$HCOH + NH_2OH - H_2O \longrightarrow CH_2 : NOH \longrightarrow HCONH_2$$

Damals nahm man an, daß die Synthese der Stickstoffverbindungen aus Nitraten in den Blättern stattfindet, und daß Formaldehyd als Verbindung, die am leichtesten reagiert, nicht nur bei der Bildung von Kohlenhydraten, sondern auch von stickstoffhaltigen Verbindungen eine Rolle spielt. Jetzt aber kann diese Vorstellung ausgedehnt und auf andere Verbindungen, die die Karbonylgruppe (siehe weiter über die Reaktion des Hydroxylamins mit Oxalessigsäure) enthalten, übertragen werden, weil man weiß, daß die Bildung der Aminoamide auf Kosten der Nitrate auch ohne Beteiligung des Lichtes (in den Wurzeln der Pflanze) stattfindet. Ferner kennt man jetzt Tatsachen, die auf die Bildung des Hydroxylamins in den Pflanzen aus der salpetrigen Säure hindeuten. So zeigte *Lemoigne*[2], daß der Fliedersaft eine schnelle Reduktion der Nitrite hervorruft (bei Einführung von 1,4 mg blieben nach 30 Minuten 0,575 mg NO_2 zurück, und 0,825 mg verschwanden; nach 20 Stunden verschwanden 1,350 mg). Dabei wurde das Erscheinen von Hydroxylamin konstatiert, aber in unbeständigen Mengen. Die Geschwindigkeit, mit der die Nitrite verschwanden, ließ eine chemische Reaktion vermuten, und da die Blätter des Flieders ein so energisches Reduktionsmittel wie die Askorbinsäure

$$\underbrace{CH_2OH \cdot CHOH \cdot CH \cdot COH : COH \cdot CO}_{\text{O (Ring: CH – CO)}}$$

enthalten, versuchte man mit ihr die Reduktion von NO_2. Es zeigte sich, daß, wenn die Lösung schwächer war, sofort Hydroxylamin entstand; eine Lösung der Askorbinsäure von 1/160 n reagiert mit $NaNO_2$ (0,001 norm.) und leitet 51 % des Nitrits in Hydroxylamin über, so daß 20 % zurückbleiben. Darauf beruht die Schlußfolgerung, daß das Hydroxylamin eine Übergangsetappe bei der Umwandlung der Nitrite in Ammoniak ist.

[1] Comptes Rendus, 122, 149, 1896. Siehe auch „Ausgewählte Werke von Akad. *A. N. Bach*", 1927, S. 523. (Russ.)

[2] Comptes Rendus, 1937, S. 1841.

Auch *Michlin*[1] beobachtete, daß bei Wasserpflanzen (Chlorella) Hydroxylamin unmittelbar aus Nitriten gebildet wird. Bei höheren Pflanzen gelang es nur bei Zugabe von Formaldehyd, Hydroxylamin nachzuweisen. Anscheinend bindet Formaldehyd Hydroxylamin als Oxim. Gleichzeitig beobachtete man Ammoniakbildung in derselben Menge wie Hydroxylamin. Wenn dieses Verhältnis kein zufälliges war, dann könnte man auf den Gedanken kommen, daß Ammoniak und Hydroxylamin allgemein durch Hydrolyse von Hydrazin entstehen:

$$H_2N - NH_2 + H_2O = NH_3 + NH_2OH$$

Die Tatsache, daß die Nitrogruppe der aromatischen Verbindungen, dieselben Etappen durchschreitend, zur Aminogruppe reduziert wird, spricht dafür, daß Hydroxylamin eine Zwischenstufe bei der Reduktion der Nitrite zu Ammoniak ist. Dinitrobenzol in den Weizenkeimlingen erleidet folgende Veränderungen[2]:

$$C_6H_4(NO_2)_2 \longrightarrow C_6H_4\begin{cases} NHOH \\ NO_2 \end{cases} \longrightarrow C_6H_4\begin{cases} NH_2 \\ NO_2 \end{cases}$$

Dinitrobenzol (Ortho-Verbindung) — Nitrophenyl-hydroxylamin — *o*-Nitroanilin

Bei der Reduktion der Nitrite mit Mikroorganismen konnte *Blom*[3] durch Anwendung des Abfangverfahrens mit Hilfe von Azeton die Bildung von Hydroxylamin konstatieren, weil NH_2OH sogar in sehr verdünnten Lösungen erstaunlich leicht mit Aldehyd und Ketonen reagiert, wobei Oximverbindungen entstehen. Mit Aceton entsteht Acetoxim $CH_3 - C : NOH - CH_3$, das mit dem Wasserdampf abzieht und später bei der Hydrolyse Hydroxylamin abgibt.

Später hat *Wood*[4] die Reduktion der Nitrate zu Ammoniak durch Mikroorganismen (Chlostridium) erforscht und kam zu dem Ergebnis, daß außer den Nitriten auch Hydroxylamin als Zwischenprodukt entsteht. Auch *Aso* und seine Mitarbeiter haben beobachtet, daß die Reduktion der Nitrite zu Ammoniak mit Azotobacter über Hydroxylamin verläuft[5].

Hydroxylamin steht aber dem Ammoniak schon sehr nahe, und es ist wahrscheinlich, daß aus Produkten, die den Nitriten näher sind, Hyponitrite gebildet werden, Salze der HNO-Säure oder genauer $H_2N_2O_2$, weil man ihr folgende Formel gibt:

$$HO - N = N - OH$$

[1] Berichte der Akademie der Wissenschaften der UdSSR 1938, Bd. XX, Nr. 2–3. (Russ.)

[2] Einzelheiten siehe in der Arbeit von *Gurewitsch* „Über die Reduktion von Orthodinitrobenzol in der grünen Pflanze" [Biochemie, 1941, VI. Ausg. 4, 466 (Russ.)]; an gleicher Stelle über die früheren Arbeiten (*Neuberg* und *Welde*, 1914, *Lipschitz*, 1920, *Gurewitsch*, 1935, 1937 u. a.). Die Reduktion von *o*-Dinitrobenzol ist leicht zu verfolgen, weil es farblos ist, während die Reduktionsprodukte tief gefärbte Verbindungen darstellen.

[3] Biochemische Zeitschrift, Bd. 194, 393, 1928.

[4] Biochem. Journ., 1938, V. 32, 2000.

[5] *Aso, Migita, Ido*, The Mechanisms of Nitrogen Utilization by Azotobacter (Soil Science, vol. 48 (1), 1939).

Das Anhydrid dieser Säure sieht wie folgt aus: $H_2N_2O_2 - H_2O = N_2O$. Die Ausscheidung von N_2O bei der Nitratreduktion durch Mikroorganismen kennt man seit langem[1]; andererseits hat man aber auch wiederholt das Verschwinden der Nitrite bemerkt ohne Bildung der entsprechenden Menge irgendeines Gases[2].

Wir bringen aus der Arbeit von *M. P. Korsakowa*[3] aus dem Jahre 1927 über den Denitrifikationsprozeß folgenden typischen Fall:

Zahl der Tage	Nitrate	Nitrite	N_2	Summa	Differenz
0	16,8	0,35	0	17,15	0
6	8,2	2,8	0,6	11,6	5,55
8	0	0	2,4	2,4	14,75
10	0	0	5,0	5,0	12,15
12	0	0	15,5	15,5	1,65

Wie man sieht, muß zwischen den Nitriten und dem freien Stickstoff irgendeine Zwischenverbindung sein, deren Menge zunächst mit der Abnahme der Nitrate und Nitrite ansteigt und anschließend sinkt, entsprechend der Zunahme des freien Stickstoffs (siehe Abb. 10).

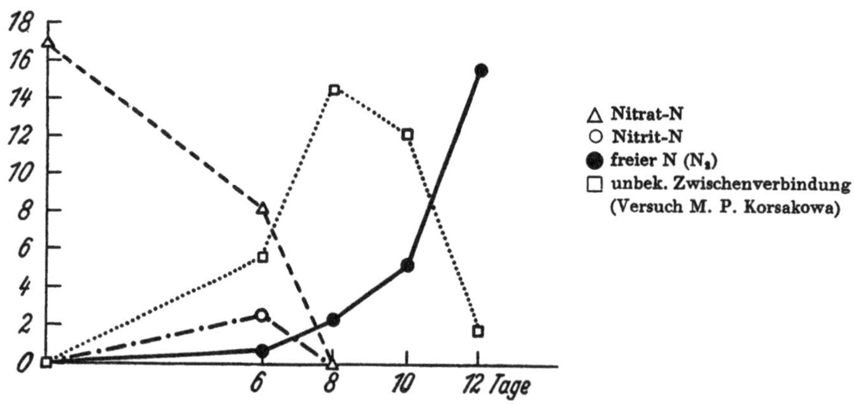

Abb. 10. Verlauf des Denitrifikationsprozesses

In einer weiteren Arbeit, die sich mit der Reduktion der Nitrate bis zum Ammoniak durch einige Anaeroben befaßt, kommt *Korsakowa* zu der Schlußfolgerung[4], daß

---

[1] Seit 1868 *(Schloesing, Reiset)*; später beobachteten das gleiche *Gayon* und *Dupetit* (1886), *Giltay* und *Aberson* (1892), *Bejerink* und *Minkman* (1910), *Lebedew, A. F.* (1911), *Suzuki* (1912).

[2] *Ampola* und *Ulpiani*, 1899, *Gran*, 1901, *Maasen*, 1902, *Kluyver* und *Donker*, 1926, *Korsakowa* (1926 und 1931). S. Literaturübersicht in dem Artikel von *W. S. Butkewitsch* und *G. S. Russakowa*, Mikrobiologie, 1941, S. 138. (Russ.)

[3] Chemismus des Denitrifikationsprozesses, Mitteilungen der Akademie der Wissenschaften der UdSSR, 1927, S. 1221. (Russ.)

[4] Mikrobiologie, 1941, X, Ausg. 3, 299. (Russ.)

auch in diesem Falle die Hyponitrite eine der Reduktionsstufen darstellen müssen; für den einen wie für den anderen Prozeß wird folgendes Schema gegeben:

I. (Denitrifikation) $2\,HNO_3 \longrightarrow 2\,HNO_2 \longrightarrow 2\,HNO \longrightarrow N_2$

II. (Reduktion bis NH_3) $HNO_3 \longrightarrow HNO_2 \longrightarrow HNO \longrightarrow NH_2OH \longrightarrow NH_3$

Außerdem muß die Bildung von $H_2N_2O_2$ bei der Reduktion der Nitrate und Nitrite deswegen angenommen werden, weil bei dem umgekehrten Prozeß, bei der Oxydation des Ammoniaks unter dem Einfluß der Nitrifikatoren, das Auftreten von HNO mit Sicherheit festgestellt worden ist. Als *Corbet*[1] die Tätigkeitsprodukte von Nitrosomonas berechnete, fand er eine Art vorübergehenden Stickstoffdefizits, d.h. daß der gesamte Stickstoff der gebildeten Nitrite und des zurückgebliebenen Ammoniaks nicht der Menge des zugeführten Ammoniaks entsprach. Am Ende des Versuchs ist aber der ganze Stickstoff in Nitritform gefunden worden. Hydroxylamin fand sich nur in geringen Mengen (z.B. 0,1 mg) und reichte nicht aus, um das Defizit von einigen Milligramm zu erklären. Damals nahm man an, daß CaN_2O_2 entsteht, was sich auch bestätigte (CaN_2O_2 ist, gelöst im kalten Wasser, in Gegenwart der Nitrite beständig, bei der Erwärmung findet aber eine Zersetzung statt unter Verlust eines Teils des Stickstoffs).

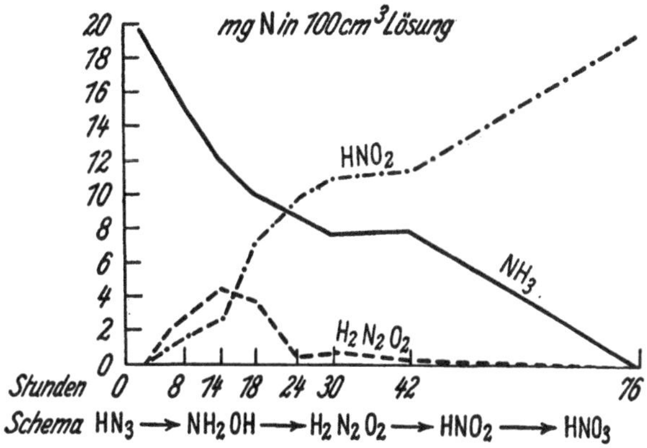

Abb. 11. Bildung der Hyponitrite im Prozeß der Nitrifikation (Versuch von *Corbet* mit Nitrosomonas)

Abb. 11 zeigt einen Versuch von *Corbet*, aus dem hervorgeht, daß der Hyponitritstickstoff (im gegebenen Falle CaN_2O_2) eine hervorragende Rolle als Zwischenprodukt in den ersten 2 Wochen spielt; dann sinkt seine Menge, um schließlich ganz zu verschwinden. Statt seiner nimmt die Menge des Nitritstickstoffs zu und am Ende des Versuchs gibt es nur noch Stickstoff in Nitritform (im Boden geht die Oxydation weiter, aber bei diesem Versuch waren nur Nitritbakterien anwesend).

Da *Corbet* in der Regel eine Reaktion auf Hydroxylamin bekam und der Einzelversuch zeigte, daß dieselben Bakterien (Nitrosomonas) den Hydroxylaminstickstoff quantitativ in den Nitritstickstoff überleiten, gibt *Corbet* dieses allgemeine Schema für den Nitrifikationsprozeß an:

$$NH_3 \longrightarrow NH_2OH \longrightarrow H_2N_2O_2 \longrightarrow HNO_2 \longrightarrow HNO_3$$

[1] Biochemical Journ., 1935, vol. XXIX, p. 1086.

Für uns bietet dieses Schema ein Interesse insofern, als wir annehmen müssen, daß die einzelnen Stufen bei der Oxydation und umgekehrt bei der Reduktion der Nitrate zu Ammoniak identisch sind, gleichgültig, ob es sich um Bakterien oder um höhere Pflanzen handelt. Das Schema von *Corbet* ist schon recht vollständig, aber es zeigt noch einen unmittelbaren Sprung von der reduzierten (und basischen) Form, wie Hydroxylamin, zur Oxydul- und Oxydform, wie z. B. HNO; zwischen ihnen sollte eine neutrale (oder amphotere) Form stehen, die man im Hydrat des Stickstoffs oder Dioxyhydrazin sehen könnte, das ein Isomer des Ammoniumnitrits ist, aber von letzterem sich dadurch unterscheidet, daß die Sauerstoff- und die Wasserstoffatome zwischen beiden Stickstoffatomen gleichmäßig verteilt sind:

$$H_4N-O-N=O$$

Ammoniumnitrit

$$HO-\underset{\displaystyle H}{\underset{|}{N}}-\underset{\displaystyle H}{\underset{|}{N}}-OH$$

Hydrat des Stickstoffs

Wir sprachen oben von den Nitriten nur als Zwischenprodukt bei der Reduktion der Nitrate zum Ammoniak; sie werden dabei immer nur in ganz geringer Menge gebildet. Die Pflanze speichert keine Nitrite, und darin liegt der Unterschied zu den Nitraten, die im Falle reichlichen Zutritts durch die Wurzeln mitunter in größerer Menge in den Pflanzen enthalten sein können. Ein etwas anderes Bild finden wir unter künstlichen Bedingungen, wenn bei Wasser- oder bei Sandkulturen die Lösung eine größere Menge Nitritstickstoff enthält, dann kann man einen schädlichen Einfluß beobachten und manchmal sogar die Vergiftung der Pflanzen durch Nitrite[1].

Wir werden uns aber mit Einzelheiten jetzt nicht befassen, um so mehr, als die Endergebnisse zu diesem Problem in den Arbeiten unseres Laboratoriums[2] schon behandelt worden sind.

Die Aufnahme des freien Stickstoffs durch die Pflanzen

Der freie Stickstoff, der fast zu vier Fünfteln den die Erdkugel umgebenden Luftozean darstellt, ist die primäre Quelle zur Auffüllung jener Reserven gebundenen Stickstoffs, über die die Pflanzenwelt (und durch diese auch die Tierwelt) verfügt. Dabei führen zwei Wege durch viele Etappen vom Luftstickstoff zum Stickstoff des Nerven- und Muskelgewebes: der eine beginnt in den Zellen einiger Mikroorganismen, der andere bei der Synthese in den großen chemischen Kombinaten.

---

[1] Im Boden kann die frühzeitige Düngung mit Nitriten auch keine schädliche Wirkung auf die Pflanze haben, weil im Boden (im Gegensatz zur Pflanze) die Nitrite dank der Tätigkeit der nitrifizierenden Bakterien leicht in Nitrate übergehen.

[2] Außer unserer Übersicht [Ammoniak, Nitrate und Nitrite, 1926 (Russ.)] siehe die Arbeit von *Dikussar* in der Wissenschaftlich-agronomischen Zeitschrift, 1925 (Russ.); gleichfalls *Dikussar* und *Mevius*, Nitrate als Stickstoffquellen für höhere Pflanzen (Jahrbücher für wissenschaftliche Botanik, 1930) und eine noch spätere Übersicht in der Arbeit von *Nightingale*, mit eingehendem Literaturverzeichnis, Botanical Review, 1937, 3, 85–174.

Hier befassen wir uns näher nur mit den biologischen Wegen, die zur Fixierung des Luftstickstoffs führen.

Die Klärung dieser Wege hat der Menschheit viel Fleiß gekostet. Die Lösung der Frage nach der Rolle des freien Stickstoffs im Leben der Pflanzen erforderte ein halbes Jahrhundert (1837–1886) angestrengten Suchens, wobei viele im Wege stehende Hindernisse überwunden werden mußten. „Ma il libro del natura ha l'entrate é l'uscite", – sagen die Italiener, d.h., das Buch der Natur hat Eingänge und Ausgänge und man muß nur verstehen, sie zu finden.

Den Anfang der exakten Experimente auf diesem Gebiete machte *Boussingault*, der in den 30er Jahren des vergangenen Jahrhunderts zum erstenmal die besondere Rolle der Hülsenfrüchte als wichtige Aktivposten bei der Stickstoffbilanz in der Landwirtschaft konstatierte. Wohl hat man auch früher schon geahnt, daß der Luftstickstoff bei der Ernährung der Hülsenfrüchte beteiligt ist. Man findet das z.B. bei *Davy* (1812), wenn auch in zu allgemeiner und vermutender Form ohne genaue Versuche. *Davy* spricht von der Ähnlichkeit der pflanzlichen und der tierischen Eiweißstoffe, macht auf den großen Eiweißreichtum der Hülsenfrüchte aufmerksam und äußert, indem er auf den längeren Weizenanbau im Wechsel mit Hülsenfrüchten ohne Rückgang der Erträge Bezug nimmt, den Gedanken, daß die Hülsenfrüchte vielleicht den Stickstoff aus der Luft beziehen. An anderer Stelle drückt er diesen Gedanken in allgemeinerer Form aus und hat dabei die Herkunft des Pflanzenstickstoffs überhaupt im Auge. Es ist aber interessant, daß er vorschlägt, Versuche mit niederen Vertretern der Pflanzenwelt vorzunehmen: „When glutaminous and albuminous substances exist in plants, the azote they contain may be suspected to be derived from the atmosphere; but no experiments have been made which prove this; this might easily be instituted upon mushrooms and funguses"[1].

So bemerkenswert diese Aussage von *Davy* auch sein mag, muß man die Geschichte der experimentellen Lösung des Problems vom Luftstickstoff dennoch mit *Boussingault* beginnen.

Wir erwähnten bereits, daß *Boussingault* in seiner Jugend, als er die Wirtschaft der Eingeborenen in Südamerika beobachtete, auf die Tatsache stieß, daß das Guano auf der Sandküste von Peru eine ungewöhnliche Wirkung ausübte – an Stelle fruchtloser Ländereien erwuchsen üppige Plantagen. Nachdem *Boussingault* das Guano analysiert hatte, überzeugte er sich, daß es vorwiegend ein stickstoffhaltiges Düngemittel war (außerdem enthielt es auch Phosphor). Der Erfolg dieser „Sandkultur" in Peru stand in scharfem Widerspruch zur damals herrschenden Lehre *Thaers*, die die Düngung nur auf der Ernährung der Pflanze mit Kohlenstoff, der angeblich von der Einbringung organischer Substanz in den Boden abhängig ist, begründen wollte. Es ist anzunehmen, daß diese südamerikanischen Eindrücke auch den weiteren Gedankengang *Boussingaults* bestimmt haben. Er kritisierte die Lehre *Thaers* und setzte an Stelle der Humus- (Kohlenstoff-)Theorie der Erschöpfung und

[1] Agricultural chemistry, 1812.

Anreicherung des Bodens die Bedeutung des Stickstoffs bei der Düngung. Als er nach seiner Rückkehr nach Europa als Professor der Chemie in Lyon mit den Problemen der Pflanzenernährung und der Anwendung von Düngemitteln[1] in Berührung kam, erregte folgender Umstand seine Aufmerksamkeit: In der Landwirtschaft Frankreichs fand zu jener Zeit weder Guano noch Salpeter Verwendung und trotzdem blieben die Erträge nicht nur auf ihrer ursprünglichen hohen Stufe, sondern hatten sogar die Tendenz zu steigen. Da bedeutende Stickstoffmengen im Getreide, in der Milch und in anderen Produkten der Wirtschaft entzogen wurden und eine Rückgabe mit dem Dünger deshalb nicht vollkommen sein konnte (ohne an die Verluste bei der Düngerlagerung zu denken), ergab sich die Frage, aus welchen Quellen das Stickstoffdefizit gedeckt wird. Um nun sämtliche Posten der Stickstoffbilanz zu erkennen, um den Entzug durch die Ernten und die Rückführung mit den Düngemitteln auch anderer Nährstoffe festzustellen, unternimmt *Boussingault* eine riesengroße, mehrere Jahre dauernde komplizierte analytische Arbeit. Er berechnet die Menge und die Zusammensetzung aller Düngemittel, die in der Rotation jeder Fruchtfolge verwandt werden, er berechnet alle Teile der Ernte, den Gehalt der Körner, des Strohes, der Wurzeln, Knollen, Blätter und des Kleeheus.

Interessant sind die Fruchtfolgen selbst, die *Boussingault* auf seinem Gut Bechelbronn (Elsaß) einführte und an denen er den Kreislauf des Stickstoffs und anderer Elemente studierte. Es gab hier den reinen dreifeldrigen Getreidebau, die berühmte Norfolker Vierfelder- und die Elsässer Fünffelderwirtschaft, die der Norfolker Fruchtfolge nahesteht, und auch komplizierte genotypisch gleichfalls mit der Norfolker verbundene Fruchtfolgen. Man kannte zu jener Zeit schon genau die Tatsache, daß der Übergang von der Dreifelderwirtschaft zur Norfolker Fruchtfolge die mittleren Erträge in England, Belgien und Holland allmählich verdoppelte, und wußte, daß sich die Norfolker Fruchtfolge von der Dreifelderwirtschaft durch das Vorkommen von Klee und Hackfrüchten unterschied.

Aber nur der Klee erwies sich als eine Pflanze, die den Boden verbessert, während das Getreide und die Hackfrüchte schon lange als bodenzehrende Pflanzen (Terminologie von *Thaer*) bekannt waren. Wenn die Ernten der Sommerungen nach Hackfrüchten gut waren, so nur deswegen, weil die Hackfrüchte selbst reichlich Stallmist erhielten und den Boden unkrautfrei hinterließen. Der Klee aber steigerte die Erträge der nach ihm folgenden Winterungen, ohne selbst gedüngt zu werden. Diese Tatsachen sind den Praktikern genau bekannt gewesen, aber *Boussingault* zeigte,

[1] Welche Umstände im persönlichen Leben von *Boussingault* zur Einrichtung seines Laboratoriums auf seiner elsässischen Farm Bechelbronn (ursprünglich Pechelbrunnen), außer dem Laboratorium am Lehrstuhl für Chemie, geführt haben, darüber berichtet bekanntlich *K. A. Timirjasew* in seiner Erinnerung „*J. B. Boussingault*" (Russ.). Mit warmer Sympathie schildert *Kliment Arkadjewitsch* die Gestalt seines Lehrers, an den er immer mit Dankbarkeit gedacht hat. Er nannte auch diejenigen seiner Schüler (*Kossowitsch* und den Verfasser dieser Arbeit), die sich mit Problemen befaßten, wo die Pflanzenphysiologie an die Agrochemie grenzt, „geistige Enkel von *Boussingault*".

daß der Klee und die Luzerne die Stickstoffbilanz dadurch beeinflussen, daß sie über irgendeine Stickstoffquelle verfügen, die anderen Pflanzen nicht zugänglich ist, und deswegen an Stickstoff reiche Heuerträge liefern. Sie erschöpfen dabei den Boden nicht, sondern steigern sogar seine Fruchtbarkeit.

Gerade diese Berücksichtigung der Stickstoffbilanz und die Feststellung der Rolle der Leguminosen (50 Jahre vor der Entdeckung *Hellriegels*) sind das Hauptverdienst von *Boussingault*.

Die Grundzüge der Stickstoffbilanz erkannte *Boussingault* bei verschiedenen Fruchtfolgen schon im Jahre 1837. Es genügte aber nicht, den unerwarteten Aktivposten in dieser Bilanz zu entdecken, man mußte sich auch über das Wesen dieser neuen Erscheinung klar werden. Infolgedessen begann *Boussingault* im Jahre 1837 mit seinen physiologischen Versuchen, um die Rolle der Pflanze im Prozeß der Stickstoffspeicherung zu erkennen und von der Rolle des Bodens zu unterscheiden[1].

Die Geschichte der in dieser Richtung angestellten physiologischen Versuche von *Boussingault* könnte man als allgemein bekannt annehmen, weil sie in allen Lehrbüchern behandelt wird. Aber in den Lehrbüchern wird sie nach *Boussingault* dargestellt, während wir jetzt wissen, daß die Ansicht *Boussingaults* über seine ersten Versuche einer Überprüfung bedarf. Nach der zweiten Serie seiner Versuche aus den Jahren 1851–1853 (das sind die Versuche, die gewöhnlich in den Lehrbüchern als die wichtigsten beschrieben werden) begann *Boussingault* selbst, die Versuche von 1837/38 als weniger vollkommene mit Skepsis zu betrachten. Und dabei hat er gerade und nur bei diesen Versuchen (aus der Serie der physiologischen Versuche) die Fixierung des Stickstoffs in größeren Mengen (bis zu 50 mg je Gefäß) und in voller Übereinstimmung mit den Ergebnissen der Feldversuche beobachtet. Später nahm *Boussingault* an, daß in diesen Versuchen als Stickstoffquelle kohlensaures Ammonium der Atmosphäre dienen konnte[2]; tatsächlich war es aber kein Eindringen stickstoffhaltiger *Substanzen* von außen, sondern das Eindringen mikroskopischer *Wesen*, von denen damals noch nichts bekannt war, in das Innere der Pflanze. Als *Boussingault* junge Kleepflanzen vom Feld holte und die Wurzeln sorgfältig abwusch, konnte er natürlich nicht ahnen, daß er die Bakterien, die von den Wurzelhaaren in das Gewebe der Wurzeln bereits eingedrungen waren, damit nicht be-

[1] Später unternahm er auch Versuche mit dem Boden (ohne Pflanzen), um zu erfahren, ob die Fixierung des Stickstoffs nicht im Boden selbst beim Prozeß der Nitrifikation stattfindet.

[2] Was offensichtlich unrichtig ist, weil man nur quantitative Unterschiede im Verhalten des Getreides und der Leguminosen zum kohlensauren Ammoniak gelten lassen kann, in keiner Weise aber qualitative; ferner befindet sich diese Vermutung im Widerspruch zur Ausgangsthese von *Boussingault*, wonach die größte Wirkung von allen Düngemitteln den stickstoffhaltigen zukommt (was nicht sein könnte, wenn das kohlensaure Ammonium in Mengen wie 50 mg auf der Oberfläche eines kleinen Gefäßes zur Verfügung steht); es widerspricht auch den Versuchen in Rothamstedt (1843) und den Versuchen von *Boussingault* selbst in den 50er Jahren des vergangenen Jahrhunderts über die Wirkung des Salpeters auf die Entwicklung der Sonnenblume, denn die Pflanzen wären ohne Salpeter in ihrer Entwicklung nicht begrenzt gewesen, wenn das kohlensaure Ammonium der Atmosphäre bei der Versorgung mit Stickstoff irgendeine Rolle gespielt hätte.

seitigt hatte. Nach der Versetzung der Pflanzen in durchglühten Sand konnten diese Bakterien wieder zur Knöllchenbildung schreiten. Tatsächlich hatte *Boussingault* 50 Jahre vor *Hellriegel* die Tatsache der Aneignung des Luftstickstoffs durch den Klee und die Erbsen schon in der Hand. Man kann aber sagen, daß er diese Entdeckung mit eigenen Händen wieder begraben hat, weil in der Betrachtungsweise dieses strengen Analytikers aus der Zeit vor *Pasteur* die nach diesem aufgekommenen Ideen über das Eindringen nicht des Stickstoffs selbst, sondern seines analytisch nicht faßbaren Fixators, keinen Platz finden konnten. Im Bestreben, sich vom Trugbild – dem Einfluß des kohlensauren Ammoniums der Atmosphäre, den *Liebig* so übertrieben betont hat – frei zu machen, brachte *Boussingault* in seinen nächsten Versuchen (1851–1853) die Pflanzen unter eine Glasglocke; er bediente sich schließlich nur des Samens und nicht der Pflanzen vom Kleefeld und sah, daß die Erscheinung verschwunden war. Das hat aber nichts mit der Glasglocke zu tun, denn das Verschwinden der Erscheinung hing mit der unbewußten sorgfältigeren Sterilisierung des Versuchs zusammen. So hat *Boussingault* „das Kind zugleich mit dem Bade ausgeschüttet", weil er seine Existenz nicht vermutete. Im Feld aber machte dieses „Kind" sich lauter und lauter bemerkbar, und zu der lange bekannten Tatsache, daß der Klee und die Luzerne die Getreideerträge steigern, kamen noch weitere Erkenntnisse hinsichtlich anderer Vertreter aus der Familie der Leguminosen. In verschiedenen Fruchtfolgeversuchen in Rothamstedt in den Jahren 1850–1860 zeigte sich, daß die Bohnen eine viel bessere Vorfrucht für Weizen sind als die reine Brache, und in 10 Jahren enthielten 5 Weizen- und 5 Bohnenernten 827 kg Stickstoff, während 10 Weizenernten (ohne Wechsel mit Bohnen) nur 262 kg Stickstoff je ha aufwiesen. *Schultz* konnte in seiner „Wüstenei Lupitz" keine höheren Kartoffelerträge als 8t erzielen, und als er in den 70er Jahren die Fruchtfolge Lupinen-Kartoffeln einführte, stiegen die Erträge und erreichten in den 80er Jahren 20 t; die von *Maerker* 1881 durchgeführte Analyse des Lupinenbodens zeigte eine bedeutende Anreicherung mit Stickstoff infolge wiederholten Lupinenanbaus.

Man begann zu jener Zeit unter dem Einfluß *Pasteurs* an die den Boden bevölkernden Mikroorganismen zu denken, und nach den Arbeiten von *Schloesing* und *Müntz* über die Nitrifikation (1873–1877) sprach *Berthelot* schon von der möglichen Fixierung des Stickstoffs in einem Boden, den Mikroorganismen bewohnen. Jetzt kam *Hellriegel*, nachdem er fast ein Vierteljahrhundert beobachtete (1852–1885), daß bei der Kultur im nichtdurchglühten Sand die Erbsen dem Imperativ des Stickstoffminimums, dem sich der Hafer willig fügte, eigenwillig trotzten, auf den Gedanken, die Erbsen mit einem Bodenauszug zu impfen, – und nun wurde die Rolle der Bakterien, die die Knöllchen der Leguminosen bewohnen, bei der Fixierung des Stickstoffs endlich herausgebracht. Bald, nachdem *Hellriegel* die Fixierung des Luftstickstoffs durch die Leguminosen nach Impfung derselben mit Knöllchenbakterien festgestellt hatte, fand man auch freilebende Bakterien, die mit Hilfe energetischen Materials den Stickstoff der Luft binden können. Der Ruhm, solche Bakterien entdeckt zu haben, gehört demselben hervorragenden Mikrobiologen *S. N. Winogradski*, der als erster auch die nitrifizierenden Bakterien (1890) ausschied und 1893 zeigte, daß die anaerobe Mikrobe Clostridium pasteurianum den Luftstickstoff bindet, wenn sie mit Glukose ernährt wird. Es war sogar möglich, bestimmte Beziehungen zwischen dem Quantum der verbrauchten Glukose und der Menge des fixierten Stickstoffs nachzuweisen.

In dieser Arbeit finden wir auch die ersten Überlegungen über den Mechanismus der Stickstoffbindung, und zwar: ausgehend von der Tatsache, daß Clostridium die buttersaure Gärung, bei der Wasserstoff ausgeschieden wird, hervorruft, sprach *Winogradski* die Vermutung aus, daß hier ein Reduktionsprozeß vorliegt und daß das Ammoniak ein Zwischenprodukt bei der Stickstoffbindung ist. Es ist interessant, daß diese Aussage in jene Zeit fällt, als *Winogradski* das Vorbild der Ammoniaksynthese aus Stickstoff und Wasserstoff nach der Methode *Habers* noch nicht vor Augen gehabt hatte; man kannte damals auch andere Wege der Bindung des Luftstickstoffs noch nicht, die später in der Technik Eingang gefunden haben. Wir müssen im übrigen betonen, daß die Reduktionsprozesse in der organischen Welt neben dem hauptsächlichsten Prozeß der Reduktion, der sich in den Chlorophyllkörnern abspielt, weit verbreitet sind. Man wußte schon lange, daß in den Zellen der Hefe der Reduktionsprozeß stark ausgeprägt ist, und man erfuhr später, daß das Hauptprodukt der Gärung, der Äthylalkohol, als Folge der Aldehydreaktion auftritt:

$$CH_3CHO + H_2 = CH_3CH_2OH$$

Man hat auch festgestellt, in welcher Form der Wasserstoff, der zu dieser Reduktion notwendig ist, reserviert wird. Ohne auf die Einzelheiten einer ganzen Reihe von Umwandlungen, die sich beim Übergang von Glukose zum Alkohol abspielen, hier näher einzugehen, wollen wir nur die Anfangsphase festhalten, die Bildung des Glyzerinaldehyds

$$CH_2OH \cdot CHOH \cdot CHO$$

das als Ausgang für die Bildung einer mehr oxydierten und mehr reduzierten Verbindung von Glyzerin und Glyzerinsäure dienen kann (Reaktion Cannizaro):

$$2\,CH_2OH \cdot CHOH \cdot CHO \longrightarrow CH_2OH \cdot CHOH \cdot CH_2OH + CH_2OH \cdot CHOH \cdot COOH$$

Als Glyzerin wird auch die Wasserstoffreserve abgelagert, die imstande ist, das aus der Glyzerinsäure letzten Endes entstehende Acetaldehyd[1] zu Alkohol zu reduzieren:

$$CH_2OH \cdot CHOH \cdot CH_2OH + CH_3 \cdot CHO = CH_2OH \cdot CHOH \cdot CHO + CH_3 \cdot CH_2 \cdot OH$$

Wenn die Wasserstoffreserve in diesem Falle einem Zweck dient, dann kann man sich vorstellen, daß sie unter anderen Bedingungen, in Gegenwart entsprechender

[1] Vereinfacht kann man diesen Prozeß wie folgt darstellen:

$$CH_2OH \cdot CHOH \cdot COOH \longrightarrow CH_3 \cdot C(OH)_2 \cdot COOH \longrightarrow CH_3 \cdot CO \cdot COOH + H_2O$$

$$CH_3 \cdot CO \cdot COOH \longrightarrow CH_3COH + CO_2$$

Katalysatoren, auch anderen Zwecken dient, d.h. zur Reduktion des freien Stickstoffs im Ammoniak. Infolgedessen ist die Stickstoffixierung aus der Luft nicht auf jene Fälle beschränkt, wo man die Bildung freien Wasserstoffs beobachtet[1].

Nach einiger Zeit (1901) entdeckte *Bejerink* den aeroben Stickstoffixator Azotobacter (einige Formen).

Mit dem Mechanismus der Stickstoffixierung bei diesen Organismen beschäftigte sich *Kostytschew* (1926–1931) mit seinen Mitarbeitern (*Scheloumowa* u.a.[2]) und kam zu dem Ergebnis, daß Ammoniak auch hier das Anfangsprodukt ist. *Kostytschew* berücksichtigte, daß die Ammoniakbildung bei Azotobacter auch infolge Abbaues der Aminosäuren (Desaminierung) erfolgen kann, aber dieser Prozeß tritt erst dann ein, wenn das energetische Material verbraucht ist. *Kostytschew* beobachtete aber die Ammoniakbildung gleichzeitig mit der Stickstoffbindung, was nur in nicht erschöpften Kulturen möglich ist. Hier ein Beispiel:

Versuchsdauer in Tagen:	2	4	6
Gesamtstickstoffmenge (in mg)	27,7	40,4	42,5
Ammoniakmenge (in mg)	0,28	1,19	2,29

In den Jahren 1936–1939 veröffentlichte *Winogradski* eine Reihe von Aufsätzen, in denen er gleichfalls beweist, daß das Ammoniak in den Azotobacterkulturen als erste Stufe der Stickstoffbindung bei der Reduktion N_2 in NH_3 erscheint. Wir bemerken, daß nach Ansicht amerikanischer Autoren, *Wilson* und *Burk*, das Ammoniak in diesem Falle dank der beginnenden Autolyse auftritt, womit *Winogradski* nicht einverstanden ist. Jedoch hat *W. S. Butkewitsch* beobachtet, daß „in beweglichen Kulturen bei sehr beschleunigter Stickstoffbindung auch mehr Ammoniak gespeichert wird“ (bis 30 mg auf 1 g Glukose)[3].

Als ein Argument, das für den Reduktionscharakter dieses Prozesses spricht, führt man die Tatsache an, daß bei Heraufsetzung des Sauerstoffgehalts in der umgebenden Luft (60%) die Stickstoffbindung durch Azotobacter unterdrückt wird.

Nicht selten ist auch eine andere Ansicht über die erste Stufe der Stickstoffbindung in den Zellen der Mikroorganismen ausgesprochen worden und zwar, daß dieser Prozeß weder eine Reduktion, noch eine Oxydation des Stickstoffs darstellt, sondern eine Hydratation z.B. nach dem Typus: $N_2 + 2H_2O = NH_4NO_2$.

Es ist bekannt, daß NH_4NO_2 ein unbeständiges Salz ist, das beim Kochen unter Austritt freien Stickstoffs zerfällt. In der Praxis der Laboratorien ist dieses eine leichte Methode, reinen Stickstoff zu gewinnen. Ausgehend von dem Gedanken, daß

[1] Daß die Reduktionsprozesse auch unter aeroben Bedingungen Platz finden können, sieht man schon allein daraus, daß in reifenden Samen der Ölfrüchte Fett gebildet wird aus Kohlenhydraten, die den Samen zufließen.

[2] Siehe z. B. *Kostytschew* und *Scheloumowa*, Mitteilungen der Akademie der Wissenschaften der UdSSR, 1931, 661–671. (Russ.)

[3] *Butkewitsch* und *Kolesnikowa*, Über die Ammoniakbildung bei Stickstoffbindung durch Azotobacter. Berichte der Akademie der Wissenschaften der UdSSR, 1941. (Russ.)

diese Reaktion umkehrbar ist, daß Katalysatoren und energetisches Material in den Pflanzen vorhanden sind, lag es am nächsten anzunehmen, daß dieser Prozeß weder mit Säuren noch mit Basen oder irgendwelchen anderen starken Einwirkungsmitteln, die in der lebenden Zelle nicht vorkommen können, abläuft[1].

Erst nachträglich wurde es bekannt, daß die genannte Reaktion aus thermodynamischen Gründen nicht recht vorstellbar ist (es sind Druckverhältnisse von 50 Atmosphären erforderlich, damit die Bildung von NH_4NO_2 aus Molekularstickstoff und Wasser einsetzen kann). Jetzt erhielt die Hypothese der Hydratation eine andere Form. 1931 sprach *Jakob Blom*[2] den Gedanken aus, daß bei der Stickstoffhydratation nicht NH_4NO_2, sondern sein Isomer, das Stickstoffhydrat, gebildet wird, in dem Wasserstoff und Sauerstoff ganz gleichmäßig auf beide Stickstoffatome verteilt sind.

$$\mathrm{HO-N(H)-N(H)-OH}$$

Stickstoffhydrat

Der Anlaß zu dieser Vermutung war gleichfalls die Vorstellung von der Umkehrbarkeit der Reaktion, der *Angeli* folgendes Schema gab:

$$\underset{\text{Hydroxylamin}}{\mathrm{H-N(OH)-H}} + \underset{\text{Dioxyammoniak}}{\mathrm{H-N(OH)-OH}} - \mathrm{H_2O} \longrightarrow \underset{\text{Dioxyhydrasin (Stickstoffhydrat)}}{\mathrm{HO-N(H)-N(H)-OH}} \longrightarrow$$

$$\longrightarrow \mathrm{N_2 + 2\,H_2O}$$

Stickstoffhydrat ist eine unbeständige Verbindung, die leicht in Stickstoff und Wasser zerfällt. Die umgekehrte Reaktion verläuft nach *Blom* unter Beteiligung eines Katalysators, der Eisen enthält; anschließend wird das Stickstoffhydrat zu Hydroxylamin reduziert, welches das erste beständige Produkt der Reduktion von N_2 ist:

$$\mathrm{HO-N(H)-N(H)-OH} + \mathrm{H_2} = 2\,\mathrm{NH_2OH}$$

Da Hydroxylamin mit der Karbonylgruppe Oxime abgibt (sogar in sehr verdünnten Lösungen), erblickt *Blom* in dieser Reaktion den Weg zur Bildung von Amino-

[1] Diesen Gedanken hat der Verfasser dieser Arbeit in seinen an der Moskauer Universität in den Jahren 1892–1929 gehaltenen Vorlesungen über agronomische Chemie wiederholt ausgesprochen. Zur Zeit ist es schwer, genau zu sagen, wann dieser Gedanke aufkam, aber 1912 wird er jedenfalls schon erwähnt. Erst nachträglich erfuhr der Verfasser, daß er Gesinnungsgenossen hatte – *Oskar Loew* in Deutschland und *Aso* in Tokio (*Aso* vertrat diesen Gedanken bis 1939). Siehe Literaturübersicht in der weiter zitierten Arbeit von *Blom* und *Mischustin* (*Mischustin,* Chemismus der Aneignung des atmosphärischen Stickstoffs durch die Mikroorganismen).

[2] Chemische Vorgänge bei der Assimilation des molekularen Stickstoffs durch Mikroorganismen. Zentralblatt f. Bakteriologie u. Parasitenkunde, Bd. 84 (61), 1931.

säuren (bei weiterer Reduktion). Wenn bei *Blom* theoretische Konstruktionen das experimentelle Material überwiegen, so gelangt *Endres*[1] zur Anerkennung des Hydroxylamins als Zwischenprodukt auf Grund seiner Versuche. Bei der Azotobacter-Kultur in einer Lösung von milchsaurem Natrium fand *Endres*, daß 10 % des gebundenen Stickstoffs in Gestalt irgendeiner organischen Verbindung, die bei der Oxydierung durch Jodwirkung salpetrige Säure bildet, in der umgebenden Lösung vorkommen. Man prüfte die Jodwirkung auf Hydroxylamin, Hydrazin und Alanin, aber nur Produkte mit Hydroxylamin (z. B. Isonitrosopropylsäure) ergaben mit Jod bei Erhitzung salpetrige Säure. Bei der Hydrolyse gibt der unbekannte Körper Hydroxylamin; folglich enthält er die Gruppe C=N—OH und stellt irgendein Oxim dar; er ist kein Zerfallsprodukt, weil seine Menge zunimmt mit Anwachsen des Zellgewichts und parallel zur Gesamtmenge des gebundenen Stickstoffs, deshalb muß man annehmen, daß er als Zwischenprodukt oder als Nebenprodukt im Prozeß der Stickstoffbindung erscheint.

Zur quantitativen Bestimmung bediente sich *Endres* einer sehr empfindlichen Farbreaktion (Reaktion Gries), die auf der Bildung von Diazoverbindungen beruht und den Nachweis des Oxims bei sehr starker Verdünnung der Lösung (1 : 10^6) ermöglicht. Mit der Jodwirkung unmittelbar kann man Hydroxylamin nicht nachweisen – die Lösung muß auf 100° C erhitzt werden, und dann sieht man, daß die Farbintensität zunimmt entsprechend der Menge des aufgenommenen Stickstoffs und des Sauerstoffverbrauchs durch die Kultur, entsprechend dem Gewicht der Zellen, die man durch Zentrifugieren abtrennen kann, und entsprechend der pH-Zunahme der Lösung (die vom Säuregrad des milchsauren Natriums abhängt). Diese Beziehungen ersieht man aus folgender Tabelle:

Zeit (in Stunden)	O_2 Verbrauch in 1 Stunde auf 10 ccm (in cmm)	Trockengewicht der Bakterien (in mg)	pH	Färbung n. d. Oxydation mit Jod[2]	Oxim[3] a. 10 ccm (Moleküle $1 \cdot 10^{-6}$)	Gesamt N in 10 ccm (in mg)
0	130	0,3	7,3	—	0,5	0,024
24	370	1,2	7,7	rosa	2,5	—
48	490	2,3	7,9	rot	6,4	—
72	650	3,8	8,1	tiefrot	12,0	0,21

Interessant ist der Kontrollversuch, den *Endres* parallel anlegte und in dem der Stickstoff durch Argon ersetzt war; keinerlei Oximspuren sind in diesem Falle in der Flüssigkeit enthalten gewesen.

Einige Autoren (*Lipman*, *Gerlach*, *Vögel*) äußerten die Ansicht, daß der Luftstickstoff in der Zelle der Mikroorganismen sich unmittelbar mit organischen Ver-

[1] *Liebigs* Annalen, 518, 109, 1931.
[2] Reaktiv Gries – Ilosvay.
[3] Nitritmenge multipliziert mit 6.

bindungen zusammenschließt und Aminosäuren oder Amide bildet. Wir werden uns nicht näher mit diesen Hypothesen befassen, weil ihre Autoren auf den Mechanismus dieses Anschlusses gar nicht eingehen; in dieser Hinsicht ist die *Blom*'sche Konstruktion trotz ihres hypothetischen Charakters viel konkreter.

Es ist interessant, daß der finnische Forscher *Virtanen* bei seinen Bemühungen, den Fixatationsmechanismus des Stickstoffs in den Knöllchen der Hülsenfrüchte aufzuklären, gleichfalls zu einer Konstruktion gekommen ist, in der dem Hydroxylamin[1] eine hervorragende Rolle zukommt.

Virtanen stellte sich die Aufgabe, zu klären: 1. Welche stickstofffreien Verbindungen die Bakterien von der Wirtspflanze beziehen und 2. welche stickstoffhaltigen Verbindungen aus den Knöllchen in die Pflanzenwurzeln übergehen. Als Ausgang diente folgende Beobachtung: Der Rotklee entwickelt sich ohne Nitrate, wenn er mit Knöllchenbakterien geimpft ist, besser als bei Nitraternährung ohne Impfung, und deshalb muß man annehmen, daß er irgendwelche organischen Verbindungen besser ausnutzt als Ammoniak und Nitrate.

Zum Beweis dieser Vermutung liefert *Virtanen* folgende Zahlen aus seinen Versuchen:

	$NaNO_3$	$(NH_4)_2SO_4$	ohne Stickstoff, aber geimpft
Trockengewicht von 100 Pflanzen	23,8—24,0	18,0—22,3	30,3—31,42

Der Verfasser vermutet, daß irgendwelche organischen Verbindungen (wahrscheinlich Aminosäuren), die in den Knöllchen entstehen, für den Klee eine bessere Stickstoffquelle darstellen als Ammoniak und Nitrate. Infolgedessen versuchte er, Leguminosen mit Aminosäuren unter sterilen Bedingungen zu ernähren. Am Ende kommt der Verfasser zu der Ansicht, daß die Asparaginsäure eine ausgezeichnete Stickstoffquelle für den Klee ist im Gegensatz zum Getreide, das sich bei der Ernährung mit Asparaginsäure nicht normal entwickeln kann und bei der Ernährung mit Ammoniak und Nitraten viel besser gedeiht. Der Verfasser bringt folgende Zahlenbeispiele:

	Rotklee		Weizen	
	Gewicht 1 Pflanze (in g)	N-Menge (in mg)	Gewicht 1 Pflanze (in g)	N-Menge (in mg)
ohne Stickstoff	0,028	0,14	0,117	0,8
KNO_3	2,329	50,0	2,143	35,3
Asparaginsäure	4,428	90,9	0,113	3,7

[1] Wir bedienen uns einer Übersicht, die *Virtanen* selbst über seine Arbeiten zu diesem Thema 1939 gegeben hat (Transactions of the third Commission of the Internat. Society of Soil Science, New Brunswick, New Jersey, USA).

Mit Glutaminsäure waren die Ergebnisse ähnlich; andere Aminosäuren nahmen die Leguminosen sehr schlecht oder gar nicht auf. Daraus folgte die Vermutung, daß die Leguminosen aus den Knöllchen Asparaginsäure erhalten; eine Bestätigung dieser Annahme erblickt *Virtanen* darin, daß es ihm gelang, die Ausscheidung von Aminosäuren durch die Knöllchen (nicht durch die Wurzeln) in die Umgebung zu konstatieren.

Seinen Beweis für diese Annahme gründet *Virtanen* auf folgenden Versuch: ein Reaktionsglas mit Sand wird, nach Impfung mit Knöllchenbakterien, in ein Sandgefäß gebracht, in dem eine Pflanze (Erbse) wächst; diejenigen Wurzeln, die ins Reaktionsglas gelangen, haben Knöllchen, die restliche Wurzelmasse hat diese Knöllchen nicht. Die Fixierung des Stickstoffs und die Ausscheidung organischer stickstoffhaltiger Verbindungen finden nur im Reaktionsglas statt. In einem Versuch fixierte die am 20. September ausgesäte Erbse bis zum 15. November 219 mg Luftstickstoff; 99,7 mg davon (oder 46%) fand man im Sand, der die geimpften Wurzeln umgab, im restlichen Sand sind Aminosäuren nicht vorhanden gewesen.

Diese reichliche Ausscheidung stickstoffhaltiger Syntheseprodukte der Knöllchen, wie es *Virtanen* beobachtet hat, erscheint sonderbar[1].

Wir kennen aber eine analoge Behauptung *Bloms* hinsichtlich Azotobacter agile, das die Hälfte des fixierten Stickstoffs an seine Umgebung abgibt im Gegensatz zu Azotobacter chroococcum, bei dem der fixierte Stickstoff in den Zellen verbleibt[2].

Mit Rücksicht auf die große Menge der Stickstoffverbindungen, die die Knöllchen ausscheiden, bezweifelt *Virtanen*, daß es Produkte der Eiweißautolyse aus den Knöllchen sein könnten und hält sie eher für Syntheseprodukte, die bei der Eiweißbildung noch nicht verbraucht worden sind.

Für ein Hauptprodukt dieses zwischenstuflichen Charakters auf dem Wege zur Eiweißsynthese hält *Virtanen* die Asparaginsäure. Zum Beweis führt er folgende Tatsachen an: Verdampft man bei verringertem Druck den Wasserextrakt dieses Sandes, der mit den Knöllchen in Berührung gekommen ist, dann enthält der trockene Rest 90–98% Aminostickstoff (in Prozenten des Gesamtstickstoffs). Zum selben Ergebnis führt die Formoltitration. Bei der Fällung nach der Foreman-Methode traten aus dem Alkoholextrakt etwa 50% Stickstoff, und in diesem Niederschlag konnte der Verfasser die Asparaginsäure entdecken – sie war als Kupfersalz ausgeschieden und mit Hilfe der Asparatase quantitativ bestimmt worden. Glutaminsäure wurde nicht festgestellt, man fand eine geringe Menge Alanin[3].

[1] In einigen Fällen, bei besonders jungen Knöllchen, stieg die Ausscheidung nach *Virtanen* bis zu 80% des fixierten Stickstoffs.

[2] *Jacob Blom*, Chemische Vorgänge usw., Zentralblatt für Bakteriologie und Parasitenkunde, Bd. 84, 1931.

[3] Alanin kann ein sekundäres Produkt sein, das nach Abspaltung von CO_2 aus der Asparaginsäure entsteht.

Virtanen glaubt, daß gerade die Asparaginsäure diejenige stickstoffhaltige Substanz ist, die die Leguminosen aus den Knöllchen beziehen und bei der Eiweißsynthese verwenden. Wenn aber die Asparaginsäure das Hauptprodukt bei der Fixierung des Stickstoffs ist, wie soll man sich dann den Mechanismus ihrer Bildung vorstellen?

Virtanen untersuchte folgende Möglichkeiten:

1. Die Asparaginsäure entsteht durch Anschluß von Ammoniak an die Fumarsäure.
2. Sie kommt dadurch zustande, daß Ammoniak auf die Oxalessigsäure einwirkt und anschließend eine Reduktion zur Aminosäure stattfindet.

Er hält aber diese beiden Wege nicht für wahrscheinlich, weil in den Knöllchen die Asparatase fehlt.

Deswegen richtet *Virtanen* seine Aufmerksamkeit auf die dritte Möglichkeit, bei der nicht Ammoniak, sondern Hydroxylamin eine Reaktion mit Oxalessigsäure eingeht. Folgender Umstand bringt den Verfasser auf diesen Gedanken: Bei der Verdampfung des oben erwähnten Extraktes aus Sand bildet sich eine gewisse Menge salpetriger Säure und die salpetrige Säure kann Oxime abspalten, die bei der Wechselwirkung von Hydroxylamin mit Ketonsäuren entstehen und bei der Reduktion in Aminosäuren übergehen.

Um eine Bestätigung für seine Vermutungen zu finden, begann *Virtanen* die Zwischenprodukte (die Oxime) im Extrakt zu suchen. Zu diesem Zweck extrahierte er mit Äther den trockenen Rest nach der Verdampfung im Vakuum; die Asparaginsäure und Alanin blieben ungelöst, und die Verbindungen vom Typus der Oxime mußten in den Äther übergehen. Tatsächlich wurde im Ätherextrakt das Oxim einer Dikarbonsäure entdeckt (Fällung nach der Methode *Foreman*); durch Überleitung in Kupfersalz gelang es festzustellen, daß es die Oximbernsteinsäure $COOH \cdot C : NOH \cdot CH_2 \cdot COOH$ war.

Von den Ausscheidungen der Knöllchen entfallen auf diese Verbindung 1–2% vom gesamten Stickstoff, auf die Asparaginsäure (zuzüglich einer geringen Menge Alanin) etwa 90%. *Virtanen* nimmt an, daß die Oximbernsteinsäure das Zwischenprodukt bei der Bildung der Asparaginsäure aus Hydroxylamin und Oxalessigsäure ist.

Die Oxalessigsäure fand er in den Wurzeln der Leguminosen; Hydroxylamin reagiert mit ihr lebhaft ohne Beteiligung von Katalysatoren sogar in verdünnten Lösungen[1].

Wenn man annimmt, daß Hydroxylamin das erste Produkt bei der Bindung des Luftstickstoffs ist (und dafür sprechen einige Arbeiten, auf die wir noch zurückkommen werden), dann kann der ganze Mechanismus bei der Bildung der Asparaginsäure nach *Virtanen* wie folgt dargestellt werden:

[1] Mit anderen Ketonsäuren, wie Ketoglutar- und Pyroweinsäure, reagiert Hydroxylamin viel langsamer als mit Oxalessigsäure.

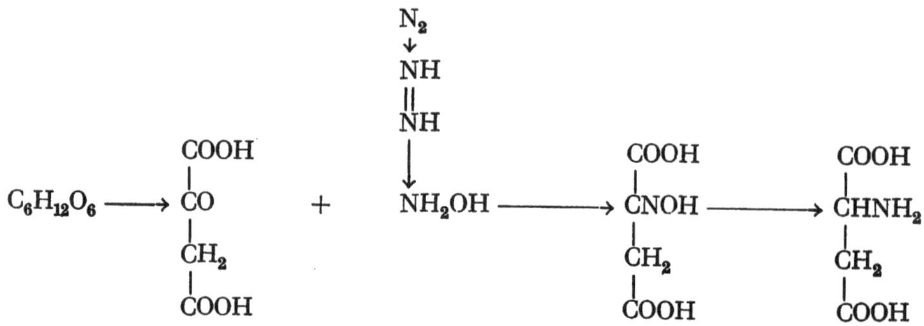

Kohlenhydrate — Oxalessigsäure — Hydroxylamin — Oximbernsteinsäure — Asparaginsäure

Virtanen vermutet, daß die Leguminosen die Bakterien mit Oxalessigsäure versorgen und aus den Knöllchen Asparaginsäure beziehen, die, nach *Braunstein* und *Kritzmann*, den Schlüssel zur Bildung anderer Aminosäuren, dank dem Austausch der Aminogruppe bei der Reaktion mit jeder beliebigen Ketonsäure, darstellt.

Zugunsten der Ansicht, daß die Asparaginsäure in den Knöllchen infolge Aneignung des atmosphärischen Stickstoffs durch die Bakterien gebildet wird, spricht nach der Meinung *Virtanens* ihr vollständiges Fehlen in den Wurzelausscheidungen von Leguminosen, die mit Nitraten ernährt werden. In den Knöllchen verläuft die Bildung der Asparaginsäure sehr energisch, und die Energie der Stickstoffixierung durch die Knöllchenbakterien ist um ein Vielfaches größer als bei den freilebenden Bakterien.

Interessant sind die Versuche der Stickstoffbindung durch Knöllchen nach deren Trennung von den Wurzeln: Während dieser Prozeß im Wasser nicht stattfindet, läuft er nach *Virtanen* in einer verdünnten und neutralisierten Lösung der Oxalessigsäure recht energisch ab. Hier die Zahlen aus diesem Versuch:

9,5 g Erbsenknöllchen brachte man in 50 ccm Lösung bei pH = 7,0; in einem Falle fügte man 200 mg Oxalessigsäure hinzu (I), im zweiten Falle nicht (II); die Lösung enthielt folgende Mengen Aminostickstoff:

	Beginn des Versuchs (in mg)	nach 5 Stunden (in mg)	Reaktion auf Oxime nach 5 Stunden
I	0,3	9,0	deutliche Reaktion
II	0,0	1,3	keine Reaktion

Das sind die wichtigsten Ergebnisse aus der Arbeit *Virtanens*, die zweifelsohne sehr interessant, aber nicht frei von Paradoxen und einigen Widersprüchen sind. *Virtanen* verneint z.B. die Teilnahme des Ammoniaks beim Entstehen der Asparaginsäure und konnte es in den Ausscheidungen der Knöllchen auch nicht finden.

Aber Hydroxylamin hat *Virtanen* ebenfalls nicht entdeckt, was er damit erklärt, daß es sich sehr schnell mit der Oxalessigsäure verbindet. Ist es aber dann ausgeschlossen, daß auch beim Ammoniak irgendeine schnell verlaufende Reaktion mit Anschluß stattfindet, so daß es als solches nicht erfaßt werden kann? Es unterliegt keinem Zweifel, daß das Ammoniak bei der Bildung des Asparagins während der regressiven Metamorphose stickstoffhaltiger Substanzen im Samen beteiligt ist, und doch mußte *Butkewitsch* seinerzeit ein besonderes Verfahren anwenden, um es nachweisen zu können (Anwendung anästhetisierender Stoffe).

Es kommt letzten Endes gar nicht so sehr darauf an, ob Ammoniak oder Hydroxylamin (Oxy-Ammoniak) mit den Ketonsäuren Verbindungen eingehen; in einem und im anderen Falle entstehen bei der Reduktion Aminosäuren. Eine wesentliche Rolle in der Konstruktion *Virtanens* spielt aber die Behauptung, daß die Pflanze den Bakterien Oxalessigsäure liefert und die Überschüsse der Asparaginsäure von ihnen zurückerhält.

Besonders paradox ist in den Versuchen *Virtanens* die beträchtliche Ausscheidung stickstoffhaltiger Syntheseprodukte seitens der Knöllchen in ihre Umgebung. Einen ähnlichen Fall erwähnt, wie schon gesagt, *Blom* bei Azotobacter agile, das die Hälfte des fixierten Stickstoffs abgibt (im Gegensatz zu Azotobacter chroococcum, bei dem der fixierte Stickstoff in der Zelle bleibt). Es bleibt aber unklar, inwieweit diese Erscheinungen von Artunterschieden und inwieweit sie von der Störung des normalen Stoffumsatzes abhängen.

Die Versuche *Virtanens* wurden in Amerika in einer Versuchsstation im Staate Wisconsin mit besonderer Sorgfalt durch *Wilson*[1] wiederholt. Als *Wilson* auf einen Widerspruch in seinen Versuchen zu denen *Virtanens* stieß, ließ er sich von letzterem nicht nur die Bakterienkultur und den Erbsensamen, sondern sogar den Sand, mit dem *Virtanen* gearbeitet hat, kommen und erforschte den Einfluß einer Reihe von Bedingungen auf das Verhalten der Leguminosen: verschiedene Tageslängen, Lichtintensität, Temperatur, Stadium der Pflanzenentwicklung und Verhältnis der Kohlenhydrate zu den stickstoffhaltigen Substanzen in der Pflanze.

Das Endergebnis aus dieser Serie *Wilson*'scher Arbeiten ist folgendes: Die Ausscheidung stickstoffhaltiger Verbindungen durch die Erbsenwurzeln, die mit Knöllchen besetzt sind, ist unter den klimatischen Bedingungen von Wisconsin eher eine Ausnahme als die Regel; sie tritt dann ein, wenn die Entwicklung der Hülsenfrucht irgendwodurch gehemmt wird (z. B. durch niedrige Temperatur). Wenn die Stickstoffixierung bei der Hülsenfrucht den Bedarf der wachsenden Pflanzenorgane übersteigt, dann werden stickstoffhaltige organische Verbindungen in den Knöllchen gesammelt und in Form der Asparaginsäure ausgeschieden (bei normalem Wachs-

---

[1] *Wilson* und *Wiss*, Factors influencing excretion of nitrogen by legumes (Soil Science, vol. 52, No. 1, July, 1941). Siehe gleichfalls *W. S. Butkewitsch* und *M. M. Gukowa*, Einfluß der Temperatur auf die Fixierung des Molekularstickstoffs durch Hülsenfrüchte. Berichte der Akademie der Wissenschaften der UdSSR, Nr. 4, 1942. (Russ.)

tum findet diese Ausscheidung nicht statt). In einer anderen Arbeit berichtet *Wilson*[1] über den Einfluß der umgebenden Bedingungen auf den Ablauf der Stickstoffbindung durch die Knöllchenbakterien.

Bei gleichbleibendem Sauerstoffgehalt (0,2 Atmosphären) wurde der partielle Druck des Stickstoffs herabgesetzt entweder durch Übergang zum teilweisen Vakuum oder durch teilweisen Ersatz des Stickstoffs durch Argon oder Helium (der Ersatz durch Wasserstoff ist in diesem Falle nicht geeignet). Beim Variieren des partiellen Stickstoffdrucks von 0,04–1,6 Atm. beobachtete *Wilson* das Maximum der Fixierung bei 0,1 und 0,2 Atm.; eine weitere Anreicherung der Atmosphäre mit Stickstoff steigerte die Fixierung nicht mehr, und ein Übergang zu 0,1 Atm. verursachte einen bedeutenden Rückgang. Eigenartig ist der Einfluß des Wasserstoffs. Obwohl wir es im Endergebnis mit der Reduktion des Stickstoffs zu NH_2 zu tun haben, bewirkt die Anreicherung der Atmosphäre mit Wasserstoff einen scharfen Rückgang der Stickstoffixierung durch die Knöllchenbakterien (der Versuch fand mit Knöllchen an Kleewurzeln statt und nicht mit ausgesonderten Bakterien), während bei der Ernährung mit gebundenem Stickstoff (z. B. NH_4NO_3) eine Behinderung der Stickstoffaufnahme durch Wasserstoff nicht zu beobachten war. Der Verdacht, daß dem Wasserstoff schädliche Beimengen anhaften könnten, kam nicht in Frage, nachdem man Wasserstoff benutzt hatte, der auf drei ganz verschiedenen Wegen gewonnen worden war. Es ist eigenartig, daß die freilebenden Stickstoffixatoren, wie Azotobacter, sich ganz anders zu den Umweltbedingungen verhalten. Der Wasserstoff drückt bei ihnen die Stickstoffixierung nicht, aber die Heraufsetzung des Sauerstoffgehalts auf 60% bringt diesen Prozeß zum Stillstand[2]. Man muß daher eine Verschiedenheit im Mechanismus der Stickstoffbindung bei Rhizobium und Azotobacter annehmen oder vielleicht eine Verschiedenheit irgendwelchen Prozesses, der mit der Fixierung zusammenhängt.

Aber unabhängig vom Unterschied im Mechanismus der Stickstoffbindung in diesem und in jenem Falle ist es dennoch interessant zu erfahren, in welchem Umfange der Austritt stickstoffhaltiger Substanzen in die Umgebung möglich ist. In bezug auf Azotobacter lieferten eine eingehende Arbeit *K. Horner* und *D. Burk*[3]. Sie hätten mit 20 Linien verschiedener Arten von Azotobacter zu tun, sie beobachteten den Einfluß des Alters der Kultur und den Einfluß der Umweltbedingungen und kamen nach vielen Versuchen zu folgenden Ergebnissen.

Bei jungen Kulturen, im Alter von 1–4 Tagen, befinden sich gewöhnlich 25% des ganzen aufgenommenen Stickstoffs in löslichen Verbindungen außerhalb der Zellen; bei älteren Kulturen, im Alter von 1–3 Wochen, können in der äußeren

[1] *Wilson* (Madison), Mechanism of symbiotic Nitrogen Fixation (Ergebnisse der Enzymforschung, VIII, Bd. 13, 1939).

[2] *Blom*, 1.

[3] Trans of the third Comm. of the Int. Soc. of Soil Sc., 1939. *Burk* (Washington), Azotase and Nitrogenase in Azotobacter (Ergebnisse, Bd. III, 1934, S. 25–56). Siehe gleichfalls: *A. N. Bach*, Berichte d. Akademie d. Wissenschaften d. UdSSR, 1934. (Russ.)

Lösung 50–70% (manchmal sogar 80%) des Gesamtstickstoffs enthalten sein. Bei alten Kulturen ist dieses von der Erscheinung der Autolyse weitgehend abhängig, und bei den jungen Kulturen finden sich 10–20% der löslichen Stickstoffverbindungen in der Lösung als Folge, wie die Verfasser annehmen, normaler an die Lebensprozesse gebundener Sekretion. Auf diese Weise kann die Tätigkeit von Azotobacter bei genügender Versorgung mit Zucker und Mineralstoffen in gewissem Grade als Quelle aufnehmbaren Stickstoffs für andere Organismen dienen.

Im Grunde gehört dieser Stickstoff zu den organischen Verbindungen und beträgt etwa 10% (± 3%) von ihrem Gehalt an Kohlenstoff; ein fast gleiches Verhältnis beobachtet man auch bei stickstoffhaltigen Substanzen in der Zelle. Was die nähere Zusammensetzung dieser Mischung der stickstoffhaltigen Substanzen im Innern der Zellen betrifft, so beobachtet man mit dem Altern der Kulturen ein Anwachsen des Eiweißstickstoffs von 10% (manchmal sogar von 5%) bis zu 50%.

Die Stickstoffmenge in den Aminosäuren auf 100 ccm Lösung nimmt mit dem Alter der Kultur zu, aber der Prozentgehalt dieser Stickstoffkategorie sinkt von 10–40% (vom Gesamtstickstoff der Lösung) bei jungen, auf 5–15% in alten Kulturen. Die Asparaginsäure, der *Virtanen* eine besondere Bedeutung beimißt, ist tatsächlich (nach der Methode *Foreman*) entdeckt worden und stellte einen bedeutenden Anteil der Aminosäuren dar; ihre spezielle Rolle aber als Zwischenglied bei der Synthese stickstoffhaltiger Substanzen halten die Verfasser nicht für erwiesen[1].

Eine besondere Aufmerksamkeit schenken die Verfasser der Ammoniakausscheidung bei Azotobacter. Sie kommen zu der Schlußfolgerung, daß in reinen Kulturen, falls gebundener Stickstoff in der Nährlösung fehlt, Ammoniak solange nicht austritt, bis das energetische Material restlos verbraucht ist; danach sammelt sich Ammoniak im Umfang von 8–12% des gesamten Stickstoffs der Lösung[2].

---

[1] Hier folgen die Versuchsergebnisse bei der Fällung von Eiweißsubstanzen, Peptonen und organischen Basen aus der extrazellularen Lösung:

Stickstoffprozente vom Reagens im Niederschlag

Alter der Kultur	Trichloressigsäure	$Al_2(SO_4)_3$	Phosphorwolframsäure	essigsaures Blei
2— 5 Tage	14	20	29	64
10—13 Tage	30	20	39	66
24 Tage	40	36	54	76

Außerdem konnte man beobachten, daß bei jungen Kulturen bis 75% des Zellstickstoffs die Cellophanmembran passiert, die Verbindungen mit dem Molekulargewicht von 6000–10000 durchläßt. Bei alten Kulturen, wo mehr Eiweiß ausgeschieden wird, sinkt der Prozentsatz des Stickstoffs, der in Dialyse übergeht, auf 50–60% vom gesamten, außerhalb der Zelle befindlichen Stickstoff.

[2] Bei Kulturen dagegen, die mit anderen Bakterien verunreinigt sind, kann die Ammoniakmenge 50% des gesamten Stickstoffs in der Lösung erreichen.

Diese Zahl stimmt mit den Beobachtungen von *Winogradski* und *Kostytschew* überein, aber die Verfasser der behandelten Arbeit nehmen an, daß dieses Ammoniak beim Abbau der stickstoffhaltigen Substanzen sekundär entsteht und nicht früher, vor der Bildung dieser Substanzen, und daß es folglich kein Zwischenprodukt bei der Synthese dieser Substanz aus dem freien Stickstoff ist. Zusammenfassend lautet das Ergebnis dieser Autoren: „Somit ist der Charakter des katalytischen Zwischenprozesses zur Zeit geheimnisvoller denn je“[1].

Wir glauben, daß die pessimistische Schlußfolgerung von *Burk*, nach der das Problem der Zwischenprodukte zur Zeit noch dunkler als zuvor sei, der Wirklichkeit nicht entspricht, weil von der großen Anzahl früherer Hypothesen tatsächlich nur noch wenig Varianten übriggeblieben sind und wir uns der endgültigen Lösung bedeutend genähert haben. Kaum jemand wird jetzt noch für die Hypothese von der unmittelbaren Entstehung komplizierter Stickstoffverbindungen durch direkten Anschluß des Stickstoffs an stickstofffreie Substanzen in der Pflanze, wie sich das *Lipman* einst gedacht hat, eintreten. Man kann natürlich an die Bildung von Zyanverbindungen, die für das Plasma giftig sind, schlecht denken, unwahrscheinlich ist auch der Weg der Stickstoffoxydierung, weil der Übergang von N_2 zu NH_2 durch Oxyde des Stickstoffs dem Prinzip der möglichen Energieeinsparung, wie es für die Organismen üblich ist, widerspricht. Es bleiben im Grunde genommen nur zwei Wege – die unmittelbare Reduktion oder zuvor die Hydratation und anschließend die Reduktion, aber beide führen zum Ammoniak oder zu seinem Derivat, dem Hydroxylamin. Die Wege vom Ammoniak und Hydroxylamin zur Aminogruppe sind aber genau bekannt: die eine und die andere Verbindung reagiert mit Ketonsäuren, das Ammoniak führt zu Iminosäuren, Hydroxylamin bildet Oxime, und bei der Reduktion entstehen in beiden Fällen Aminosäuren.

Wie nahe zueinander diese Hypothesen stehen, von denen jetzt noch die Rede ist, sieht man aus folgendem Schema:

1. Direkte Stickstoffreduktion (nach *Kostytschew* und *Winogradski*).

$$N\equiv N \longrightarrow HN{=}NH \longrightarrow H_2N-NH_2 \longrightarrow 2\,NH_3$$

2. Zuerst Hydratation, dann Reduktion (nach *Blom*).

$$N_2 + 2\,H_2O = HO-\underset{H}{\underset{|}{N}}-\underset{H}{\underset{|}{N}}-OH;\quad HO-\underset{H}{\underset{|}{N}}-\underset{H}{\underset{|}{N}}-OH + H_2 = 2\,NH_2OH$$

3. Zuerst Reduktion und dann Hydratation (nach *Virtanen*).

$$N\equiv N + H_2 = HN{=}NH;\qquad HN{=}NH + 2\,H_2O = 2\,NH_2OH$$

An Quellen des Wasserstoffs leidet die Pflanze keinen Mangel, da jeder Übergang der Alkoholgruppe in die Aldehyd- oder Ketongruppe, der gesättigten Verbindung

[1] „The mystery of the intermediate catalytic processes is more alive, than ever“ (S.172). Auch *Wilson* verhält sich skeptisch zur Behauptung von *Winogradski*, wonach das Ammoniak die Rolle eines Zwischenproduktes bei der Stickstoffverbindung durch die Bakterien spielt.

in die ungesättigte, mit der Abgabe von Wasserstoff verbunden ist. Dafür spricht eine Reihe feststehender Tatsachen, wie der Übergang der Äpfelsäure in die Oxalessigsäure und genau so der Bernstein- in die Fumarsäure.

Was das Endstadium der Synthese betrifft, so ist es letzten Endes gar nicht so wesentlich, ob Hydroxylamin oder Ammoniak mit Ketonsäuren reagieren; in einem und dem anderen Falle kommt solchen Säuren, wie der Oxalessig- und der Ketoglutarsäure, eine wichtige Rolle bei der Synthese der Aminosäuren zu. Viel wichtiger wäre es, hinter die Natur jenes katalytischen Prozesses zu kommen, der zur Bindung von Stickstoff mit Wasserstoff bei gewöhnlicher Temperatur und gewöhnlichem Druck führt, was die Technik nicht kennt.

Wir können jedenfalls sagen, daß jener freie „Vogel ohne Flügel", in dessen Gestalt *Glauber* vor 300 Jahren den Kreislauf des aus der „Luft stammenden Salpeters" bildlich darstellte, nunmehr vom Menschen gezähmt ist, denn der Übergang vom Stickstoff der Luft zum Stickstoff des Nerven- und Muskelgewebes ist im Grunde bekannt.

Gewiß wäre es wichtig, noch tiefer zu gehen; es wäre wichtig, den Mechanismus der ersten Stadien bei der Bindung des Stickstoffs durch die Mikroorganismen bis zuletzt aufzuklären. Das ist wesentlich nicht nur für den Physiologen, sondern auch für die Technik, denn sie könnte dann die Synthese stickstoffhaltiger Verbindungen in der Kälte erfahren und nachahmen. Wir stehen vor einem schweren Problem, aber es liegt kein Grund vor, pessimistisch zu sein und mit *Burk* zu behaupten, daß das Geheimnis der Stickstoffbindung nunmehr größer sei als zuvor.

Dabei ist zu berücksichtigen, daß sich von unseren bedeutenden Gelehrten vorwiegend die Mikrobiologen, wie *Winogradski* und *Kostytschew*, mit dem Mechanismus der Stickstoffixierung befaßt haben; jetzt aber ist zu wünschen, daß sich auch Vertreter der Biochemie und der allgemeinen Chemie diesem Problem zuwenden.

TEIL II

PHYSIOLOGISCHE CHARAKTERISIERUNG DER AMMONIUM- UND NITRATSALZE ALS STICKSTOFF-QUELLEN FÜR DIE PFLANZEN

Im ersten Teil untersuchten wir die Frage nach den Stickstoffquellen vom allgemeinen, prinzipiellen Gesichtspunkt. Im besonderen untersuchten wir das Verhalten der Pflanzen zur Ammoniak- und Nitratnahrung und hatten dabei nur die Ionen NO_3 und NH_4 im Auge. Bei der Anwendung der Düngemittel hat man aber mit Salzen zu tun, mit denen die chemische Industrie die Landwirtschaft versorgt. Jetzt gewinnt die Frage nach den Anionen und Kationen, die NH_4 und NO_3 begleiten, an Bedeutung, und man muß zum Beispiel die Wirkung von $(NH_4)_2SO_4$ und $NaNO_3$ auf die Pflanzen vergleichen und nicht nur an die reduzierte oder oxydierte Form der Stickstoffverbindungen denken. Deswegen blieb noch, nachdem die Aufnahmefähigkeit beider Formen grundsätzlich erwiesen war, die praktisch sehr wichtige Frage nach der vergleichenden Bewertung der Nitrat- und der Ammoniumsalze als Düngemittel. Nach den Versuchen von *Kossowitsch* und *Mazé* erschienen sehr viele Arbeiten über dieses Thema, die zu ganz verschiedenen Resultaten führten; die Widersprüche, manchmal nur die scheinbaren Widersprüche, sind erst in letzter Zeit geklärt worden.

Das Verhalten der Pflanzen zur Ammoniak- und Nitraternährung in Abhängigkeit von der Reaktion der Umgebung, der Konzentration der Lösung und dem Vorrat an Kohlenhydraten

Während *Kossowitsch* bei der Anwendung von $(NH_4)_2SO_4$ nicht nur gute Erfolge gehabt hat, sondern sogar feststellte, daß die Entwicklung besser war als bei der Ernährung mit $NaNO_3$, ist *Ehrenberg* 1907[1] zu dem genau entgegengesetzten Resultat gekommen. Der Grund lag in diesem Falle (wie auch in vielen anderen Fällen)

[1] Mitteilungen d. Landw. Inst. Breslau, Bd. IV, 1907.

darin, daß man zu einer Zeit, als die Methodik der pH-Bestimmung noch unbekannt war, die Frage der Neutralisierung der physiologischen Azidität von $(NH_4)_2SO_4$ sehr vereinfacht behandelte und annahm, daß die Zugabe von $CaCO_3$ ausreichend sei. Tatsächlich entsteht aber dabei eine alkalische Reaktion, bei der man sehr leicht die Grenze, die die nützliche Konzentration des Ammoniaks von der schädlichen Konzentration trennt, überschreiten kann. Allgemein vertragen die Pflanzen sogar bei neutraler Reaktion viel größere Konzentrationen der Nitrate als der Ammoniumsalze.

Wenn man den Unterschied in der Konzentration der Lösungen und der Reaktion der Umgebung berücksichtigt, dann wird der Widerspruch bei den Versuchsergebnissen von *Kossowitsch* und *Ehrenberg* ganz verständlich: *Ehrenberg* leitete $(NH_4)_2SO_4$ und $CaCO_3$ gleichzeitig in die Gefäße und dabei in solchen Mengen, daß bei der Öffnung der Gefäße ein deutlicher Ammoniakgeruch zu spüren war; *Kossowitsch* dagegen, der mit sterilen Kulturen arbeitete, leitete $(NH_4)_2SO_4$ nicht in den Sand, der $CaCO_3$ enthielt, sondern in das Gefäß mit sterilisiertem Wasser, aus dem dann die Pflanzen begossen wurden. *Kossowitsch* wollte durch dieses Verfahren Ammoniakverluste bei der Sterilisation, die beim Zusammenbringen von $(NH_4)_2SO_4$ und $CaCO_3$ in ein und dasselbe Gefäß auftreten, vermeiden, hat aber gleichzeitig und ungewollt die Ausgangskonzentration der Lösung von $(NH_4)_2SO_4$ herabgesetzt und letzten Endes die periodische Ernährung mit Ammoniak statt seiner einmaligen Gabe zu Beginn des Versuchs angewandt. Außerdem brachte *Kossowitsch*, im Bestreben die Gleichheit der Bedingungen zu wahren, $CaCO_3$ nicht nur mit Ammoniak-, sondern auch mit Nitratstickstoff zusammen und setzte damit noch einen Faktor in Tätigkeit, der zu jener Zeit ganz unbekannt war, und zwar: außer der Reaktion der Umgebung und der Lösungskonzentration wurden hier noch das physiologische Gleichgewicht der Lösungen und der Antagonismus der Kationen beteiligt. In dieser Beziehung war die Zugabe von $CaCO_3$ von Vorteil bei der Ammoniakernährung und von Nachteil für die Entwicklung der Pflanzen bei der Ernährung mit Nitraten (wir werden auf diese Frage später noch näher eingehen)[1].

Somit ist im Versuch von *Kossowitsch* zu jener Zeit eine Reihe von Umständen unberücksichtigt geblieben; diese Umstände gestalteten sich günstig für die Ammoniakernährung, während bei *Ehrenberg* die Dinge gerade umgekehrt lagen.

Ohne uns länger mit den Arbeiten von *Krüger*[2], *Trebu*[3], *Gechinson* und *Müller*[4],

---

[1] Die nachteilige Wirkung des Ions Ca in Gegenwart von $NaNO_3$ entdeckte *Arwid Thomson*. (*Arwid Thomson*, Der Wert der Ammonsalze für die Ernährung höherer Pflanzen, 1922.)
Das gleiche beobachteten wir in unserem Laboratorium in den Versuchen von *Dikussar* im Jahre 1926 (siehe weiter).

[2] Landw. Jahrbuch 1905.

[3] Berichte d. Deutschen Botan. Ges. 1903.

[4] Zentralblatt f. Bakteriologie, 1911. Den Versuchen dieser Verfasser wird oft eine Bedeutung beigemessen, die ihnen tatsächlich nicht zukommt, denn sie enthalten, abgesehen von

deren Ergebnisse gleichfalls das Zusammenspiel der damals nicht berücksichtigten Faktoren beeinflußt hat, zu beschäftigen, wollen wir vor allen Dingen die unrichtige Vorstellung von der Neutralität der Lösungen von Ammoniumsalzen in Gegenwart von $CaCO_3$ hervorheben. Tatsächlich leiden in diesen Fällen die jungen Keimlinge gleich zu Beginn des Versuchs unter der alkalischen Wirkung; das Bild ändert sich erst später, aber die erste Wachstumshemmung bei der Ammoniakernährung gibt den „Nitrat"pflanzen einen wesentlichen Vorsprung.

Einen charakteristischen Fall der Beseitigung nicht nur der physiologischen Azidität, sondern auch des Schadens der ursprünglichen Alkalität haben wir in unseren Versuchen von 1910–1914[1] über die Synthese des Asparagins aus Ammoniak und Nitraten in etiolierten Keimlingen, die wir in großer Anzahl auf Netzen, gespannt über niedrige Kristallisationsschalen, aussetzten. Die ursprünglich alkalische Reaktion der Lösungen, die $CaCO_3$ enthielten, wurde durch die seitens der Wurzeln ausgeschiedene Kohlensäure unwirksam gemacht.

Bei dieser Versuchsanlage beobachteten wir *nicht nur einen Ausgleich in der Ernährungswirkung von Ammoniak und Nitraten, sondern sogar ein deutliches Übergewicht beim Ammoniak*, wenn man die Energie der Asparaginbildung oder überhaupt der Synthese organischer stickstoffhaltiger Verbindungen aus der einen oder der anderen Stickstofform als Kriterium zugrundelegt.

Hier ein Beispiel aus den Maisversuchen.

100 etiolierte Keimlinge enthielten nach 10tägigem Verbleib in den Lösungen:

	I. Destilliertes Wasser	II. Lösung von $Ca(NO_3)_2$	III. $NH_4Cl + CaCO_3$
Aspatagin-stickstoff (in mg)	104,5	160,7	269,5
Stickstoff organischer Substanzen (in mg)	755.6	844,6	935,1

Hier übertrifft der Asparagingehalt der mit Ammoniak ernährten Pflanzen den Asparagingehalt der Kontrollpflanzen um das 2,5fache, im Falle der Nitrate ist das

---

sehr geringem Ertrag, ganz ungesetzliche Verschiedenheiten und Unstimmigkeiten bei den Angaben gleichbehandelter Gefäße, z.B.:

		$(NH_4)_2SO_4$		
	$NaNO_3$	ohne $CaCO_3$	$+ CaCO_3$	$CaCO_3$ + Nitr. Bakt.
d. Gewicht d. Pflanze	0,973	0,257–1,019	0,888–0,973	1,028–1,680

Hier ist vollkommen unverständlich, warum nach $(NH_4)_2SO_4$ bei Impfung mit Nitrifikatoren der Ertrag höher ist als nach Salpeter; und dabei merken die Verfasser, die dieser Impfung eine große Bedeutung beimessen, gar nicht den genannten Widerspruch.

[1] Siehe Artikel von *Ritmann*, *Kalinkin* u. a. in den Berichten unseres Laboratoriums, Bände VII–IX, 1910–1914. (Russ.)

Verhältnis etwa 1 : 1,5; die Zunahme des Stickstoffs in den organischen Verbindungen während des Versuchs ist zweimal höher bei der Ammoniak- als bei der Nitraternährung (179,5 und 89,0 mg Zuwachs gegenüber der Kontrolle).

Somit stimmen die Ergebnisse dieses Versuchs mit den Ergebnissen, zu denen *Kossowitsch* gelangt ist, überein, obwohl der Weg zur Beseitigung der ursprünglichen Alkalität hier ein anderer ist; jedoch wurde der später hervortretenden physiologischen Azidität gleichfalls durch $CaCO_3$ oder genauer $Ca(HCO_3)_2$ entgegengewirkt.

Einige Verfasser äußerten die Ansicht, daß im schwefelsauren Ammoniak das Ammoniak selbst und nicht die Schwefelsäure schädlich sei[1]. Wahrscheinlich war diese paradoxe Formulierung nur eine Folge der unglücklichen Fassung eines anderen Gedankens, daß manchmal, auch nach Beseitigung des durch die Schwefelsäure entstandenen Schadens, die schädliche Wirkung zu reichlich gegebenen Ammoniaks, insbesondere bei basischer Reaktion der Umgebung, zurückbleibt. In der oben angeführten vereinfachten und viel zu allgemeinen Form ist diese Ansicht offensichtlich falsch, weil sonst die Neutralisierung überhaupt nicht nutzen würde. Nachdem aber diese Ansicht einmal ausgesprochen war, führten wir seinerzeit einige demonstrative Versuche durch, um die Unrichtigkeit dieser These anschaulich zu beweisen. Vor allen Dingen machten wir Versuche mit Wechsel der Lösungen und sind dabei von folgendem Gedanken ausgegangen: Ein häufiger Wechsel der Lösungen wird vorteilhaft wirken, wenn die Schädigung durch die physiologische Azidität von $(NH_4)_2SO_4$ hervorgerufen ist; wenn aber die Schädigung vom Ammoniak selbst ausgeht, dann kann sie durch den Wechsel der Lösungen nur noch größer werden. Die Antwort lautete eindeutig zugunsten der ersten Annahme. Hier ein Beispiel aus den Versuchen von *E. W. Bobko* und *O. I. Sokolowa* aus unserem Laboratorium im Jahre 1918 (Wechsel der Lösungen zweimal in der Woche).

Gerste in Wasserkultur

	Stickstoffquelle	$(NH_4)_2SO_4$
Gewicht der Pflanze (in g)	ohne Wechsel der Lösung	1,63
	mit Wechsel der Lösung	9,45

[1] Siehe *G. G. Petrow*, Stickstoffaufnahme durch höhere Pflanzen bei Licht und im Dunkeln (S. 304 der Anlage zu Bd. XI der „Arbeiten des Laboratoriums von *D. N. Prjanischnikow*", 1917) (Russ.). Später ist sogar behauptet worden, daß die physiologische Charakterisierung der Salze nicht beständig sei, daß sie von der Reaktion der Umgebung abhinge und daß z.B. NH_4Cl bei einem Säurewert der Umgebung von pH = 3–4 zu einem physiologisch alkalischen Salz werden könne. Vergleiche *Maximov*, Studja nad fisiologiczna reakcja soli amonowych, Poznan, 1929 (odbitka z Roznikow Nauk Rolniczych i Lesnych).

Tatsächlich gelingt es, in einer sehr sauren Umgebung eine größere Absorption von Cl als von NH_4 zu beobachten. Das kommt aber daher, daß beide Ionen in eine ungleiche Lage versetzt sind, weil die mit HCl gesäuerte Lösung mehr Cl- als NH_4-Ionen enthält und das Cl-Ion sowohl mit NH_4 als auch mit H in die Pflanze eingehen kann, das Ion NH_4 dagegen nur mit Cl.

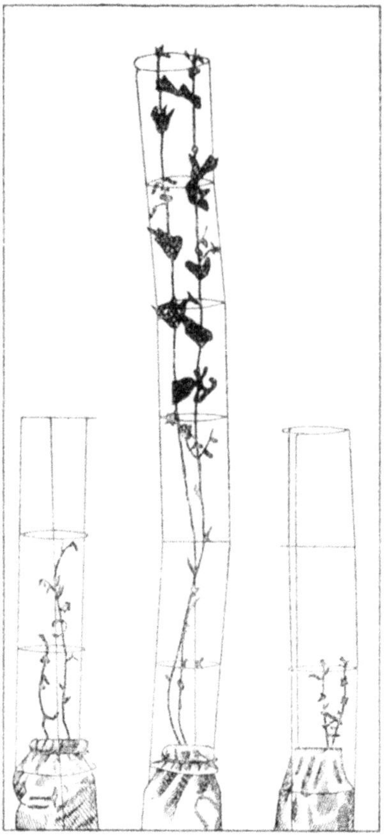

I II III

Abb. 12. Einfluß des Lösungswechsels bei der Ernährung mit $(NH_4)_2SO_4$

I. ohne Wechsel der Lösung II. mit Wechsel der Lösung III. ohne Wechsel der Lösung $(NH_4)_2SO_4+CaCO_3$

Bei Erbsen war das Resultat noch schärfer (siehe Abb. 12).

1922 wurden diese Versuche wiederholt unter Anwendung der Methodik *Soerensen* zur pH-Bestimmung der Lösungen. Jetzt zeigte es sich, daß die Änderung der Reaktion sehr schnell erfolgt. Bringt man eine genügend entwickelte Pflanze in ein kleines Gefäß, dann sinkt die Reaktion der Lösung von $(NH_4)_2SO_4$ schon nach 24 Stunden von $pH = 6{,}2$ auf $pH = 3{,}9$; unter diesen Bedingungen ist sogar der tägliche Wechsel der Lösung nicht ausreichend (deswegen sind wir zu fließenden Lösungen übergegangen, wovon später die Rede sein wird).

Außer der Neutralisierung und dem Wechsel der Lösungen benutzten wir 1923 eine dritte Methode zur Beseitigung der physiologischen Azidität - Einleiten des Ammoniaks in Verbindung nicht mit starken Säuren, wie H_2SO_4 und HCl, sondern mit schwächeren einschließlich der Kohlensäure[1].

Gewiß galt das kohlensaure Ammonium als das schädlichste für die Pflanze unter allen Ammoniumsalzen, aber bei den früheren Versuchen unterschied man nicht den Einfluß der Alkalität vom Einfluß des Ammoniaks, und deswegen nahmen wir nicht nur Ammoniumbikarbonat, sondern leiteten noch einen Strom von CO_2 in die Lösung, um den pH-Stand etwas unter 7,0 zu setzen.

[1] Veranlaßt wurde die Überprüfung des Verhaltens der Pflanzen zum kohlensauren Ammonium (insbesondere Bikarbonat) durch die oben erwähnte Idee bezüglich der Ähnlichkeit der Umwandlungsprozesse stickstoffhaltiger Substanzen bei Pflanzen und Tieren, wobei, abgesehen von sonstiger Gleichartigkeit, die folgende Übereinstimmung beim Einfluß von NH_4Cl und $(NH_4)_2SO_4$ auf die Synthese der Amide im pflanzlichen und im tierischen Organismus ganz besonders eindrucksvoll ist: die Unterdrückung der Synthese (des Asparagins bei den Lupinenkeimlingen und des Harnstoffs in der Leber) und die glatt verlaufende Harnstoffsynthese, wenn man NH_4HCO_3 in die Blutbahn der Leber leitet (Arbeit von *Rumpf* und *Kleine*, Ztschr. f. Biologie, Bd. 34). Genaueres darüber siehe im Vortrag des Verfassers während der „Russischen Naturforscherwoche" in Berlin im Jahre 1927. ,,Die Einheitlichkeit der Prinzipien im Stickstoffwechsel bei Pflanzen und Tieren", gedruckt im Sammelheft: Die Naturwissenschaften in der Sowjetunion, Osteuropa-Verlag, Berlin und Königsberg, 1929.

Jetzt zeigte sich diese Art der Ammoniakzuführung als die günstigste, wie man aus den Angaben eines 12tägigen Versuchs von *S. W. Logwinowa* mit Erbsenkeimlingen (Salzkonzentration 0,001 n) ersehen kann:

	Wasser	NH_4Cl	$NH_4H_2PO_4$	NH_4HCO_3	$NH_4HCO_3+CO_2$
Durchschnittl. Länge der Stengel (in cm)	4,3	4,1	5,0	5,8	9,7
Durchschnittliche Wurzellänge (in cm)	8,1	7,6	9,2	8,0	10,6

Aus dieser Zahlenreihe ist klar zu ersehen, daß von einer schädlichen Wirkung des Ammoniaks unter den gegebenen Bedingungen keine Rede sein kann, daß sich aber die Pflanzen um so schlechter entwickeln, je stärker die Säure ist, die das Ammoniak begleitet.

Aus einem anderen Versuch sieht man, daß die Pflanzen sich nach Ammoniak nicht schlechter entwickeln als nach Nitraten:

	Wasser	$Ca(NO_3)_2$	$NH_4HCO_3+CO_2$ $+CaCO_3$	$NH_4HCO_3+CO_2$ $+CaSO_4$
pH	5,7	5,5	6,9	6,7
Mittlere Wurzellänge in cm	7,0	10,9	11,1	11,0
Mittlere Stengellänge in cm	3,7	20,1	19,1	20,7

So ist nochmals bestätigt worden, daß das Hauptübel bei den Ammoniumsalzen, mit denen die Industrie die Landwirtschaft versorgt, die starken Säuren sind – die Schwefel- und die Salzsäure – und daß ein Vergleich der Ammoniak- und der Nitraternährung ohne Beseitigung der physiologischen Azidität unmöglich ist. Natürlich haben Salze wie $NaNO_3$ die entgegengesetzte Eigenschaft – die physiologische Alkalität – aber dies ist ein wesentlich geringeres Übel, weil die Wurzeln der Pflanze Kohlensäure ausscheiden und die Alkalität sogar in Wasser- und Sandkulturen dank der Bildung von Bikarbonaten stark gemildert wird (im Boden werden die Basen durch verschiedene Azidoide gebunden); dagegen kann die Pflanze der Anhäufung freier Säuren nichts entgegenstellen. Bei unseren vergleichenden Versuchen mit und ohne Wechsel der Lösungen zeigte sich, daß bei gleicher Ausgangsreaktion (pH = 6,2) die Pflanzen nach $(NH_4)_2SO_4$ in 48 Stunden die Reaktion scharf auf pH = 3,3–3,5 ändern, während bei der Ernährung mit $NaNO_3$ die pH-Zahl nur auf 7,3 ansteigt.

Nachdem der wichtigste Faktor bei dem ungleichen Verhalten der Pflanzen zu $(NH_4)_2SO_4$ und zu Salpeter beseitigt worden war, ergaben sich weitere Fragen der feineren Regulierung der Reaktion, der Konzentration der Lösungen und des Verhältnisses der entsprechenden Ionen in Anwendung auf diese oder jene Stickstoffquelle.

Schon 1923 sind wir auf den Gedanken gekommen, eigene optimale Bedingungen zur Ausnutzung des Ammoniaks und der Nitrate durch die Pflanze zu suchen und nicht die Prüfung unter „sonstigen gleichen Bedingungen" vorzunehmen, wie man es früher bestrebt war zu tun. Deswegen legten wir 1924 zwei Serien von Kulturen, die Ammoniak- und die Nitratserie, an und führten eine bestimmte pH-Graduierung (von 3–8) durch regelmäßigen Zusatz $^{n}/_{10}$ Säure und Base ein (Versuche von *P. R. Kuprejenko*). In diesen Versuchen trat zum erstenmal in Erscheinung, daß das Optimum in der Nitratserie bei einer anderen pH-Stufe als in der Ammoniakserie liegt, und daß außerdem der Ertragsabfall vom optimalen Punkt nach beiden Seiten bei der Ammoniakernährung schärfer ist als bei der Nitraternährung[1].

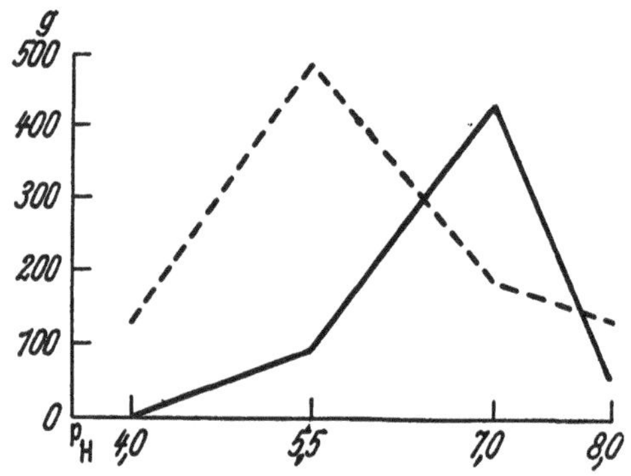

Abb. 13. Das Wurzelgewicht einer Zuckerrübe bei verschiedenen pH-Werten und bei Ernährung mit Ammoniak- (durchgehende Linie) und Nitratstickstoff (gestrichelte Linie)

Aber weiter sind wir zu Versuchen mit fließenden Lösungen übergegangen, weil die Bemühungen, eine bestimmte pH-Stufe beizubehalten (sogar täglich, wenn das Gefäß nicht groß ist), doch mit starken Reaktionsveränderungen gegenüber dem vorgemerkten Stand verbunden waren.

Die Methode der fließenden Lösungen ist, soweit mir bekannt, zum erstenmal von *P. S. Kossowitsch* im Jahre 1902[2] angewandt worden. Dabei unterschieden sich die Pflanzen in der Üppigkeit ihrer Entwicklung bedeutend von Pflanzen in gewöhnlichen Sandkulturen. Später bedienten sich der fließenden Lösungen *Ohlsen*[3] in

[1] Diese Versuche wurden spät angelegt und die Pflanzen erreichten ihre volle Entwicklung nicht; die Erträge sind infolgedessen gering gewesen, aber der Unterschied im Wachstum trat deutlich in Erscheinung. Wir führen hier nur die Zahlen der Ammoniakserie an (die Versuche fanden mit Mais statt):

	I	II	III	IV	V
pH	3,0	4,5	6,0	7,0	8,0
Gewicht der Pflanzen (in g)	1,02	9,97	14,09	9,7	3,80

Wie wir sehen, hängt die Entwicklung der Pflanzen ganz vom pH ab, wobei es nicht notwendig war, Säuren hinzuzufügen, um pH = 3,0 zu erhalten, weil die Pflanze selbst die pH-Stufe der Lösung von $(NH_4)_2SO_4$ bis zu dieser Grenze bringt, wonach jede weitere Verschiebung, aber auch das Wachstum der Pflanze, aufhört. Daraus sieht man, daß alle alten Versuche (*Rautenberg*, *Pitsch* u. a.), die ohne Neutralisierung stattfanden, eher Versuche über den Einfluß niedriger pH-Stufen auf die Entwicklung der Pflanze als Versuche über die Ammoniakernährung waren.

[2] Ztschr. f. experimentelle Agronomie, Bd. III (Russ.).

[3] Comptes Rendus de Laboratoire Carlsberg, 1923.

Dänemark und verschiedene Autoren in den Vereinigten Staaten (*Alison*, *Shive* u. a.)[1].

In unserem Laboratorium begann *Dikussar* in den Jahren 1926/28 bei seinen Versuchen mit Zuckerrüben als erster die fließenden Lösungen zu benutzen. Bei diesen Versuchen zeigte sich deutlich das verschiedene pH-Optimum bei der Ammoniak- und bei der Nitratreihe (Abb. 13), so daß auf die Frage, was besser ist, Ammoniak oder Nitrate, die Antwort verschieden lautet, je nach der Umgebungsreaktion: bei neutraler Reaktion ist das Ammoniak eine bessere Stickstoffquelle als die Nitrate und bei saurer Reaktion war das Ergebnis gerade umgekehrt. Bei der Wiederholung dieses Versuches mit Mais war das Resultat identisch.

Nach einem mehr detaillierten Schema führte *Dikussar* Versuche mit Kohl bei fließenden Kulturen durch und kam zu folgendem Ertragsgewicht (je Pflanze):

1. Bei pH=7,0	Kopf (in g)	Blätter (in g)	Ganze Pflanze (in g)
$(NH_4)_2SO_4$	507	393	900
NH_4NO_3	505	374	879
$NaNO_3$	286	251	537
2. Bei pH=5,0	**Kopfbildung fehlt**	**Gewicht der Blätter (in g)**	
NH_4NO_3		323	
$NaNO_2$		323	
$NaNO_3$		498	
$(NH_4)_2SO_4$		92	

Hier tritt wieder der Vorzug der Ammoniakernährung bei neutraler Reaktion und jener der Nitraternährung bei saurer Reaktion hervor. $NaNO_2$ und NH_4NO_3 nehmen eine mittlere Stellung ein.

Wie es nicht selten vorkommt, führt der allgemeine Entwicklungsgang der Wissenschaft in verschiedenen Ländern zu denselben Gedanken und Forschungsergebnissen. So war es auch bei der Auffindung der besten Aufnahmebedingungen für das Ammoniak und die Nitrate durch die Pflanzen. Der Gedanke zweier paralleler Versuchsreihen mit veränderlicher pH-Zahl begann sich bei uns 1924 (in den Versuchen von *Kuprejenko*) zu verwirklichen und nahm in den Versuchen *Dikussars* (mit fließenden Kulturen) 1926 und in den folgenden Jahren eine vollkommenere Form an. Als ich 1927 in Deutschland war (gelegentlich meiner Teilnahme an der russischen Forscherwoche in Berlin), erhielt ich eine Aufforderung, meinen Vortrag über die Stickstoffernährung in Heidelberg bei der dortigen chemischen Gesellschaft zu wiederholen. Hier lernte ich viele Chemiker[2] kennen, die in den Labora-

[1] American Journal of Botany, 1923.

[2] Unter den Zuhörern befand sich auch ein bekannter Vertreter der agronomischen Chemie, der 80jährige Professor *Adolf Mayer*, der damals schon im Ruhestand lebte.

torien des gewaltigen Stickstoffwerkes Oppau arbeiteten, und erhielt auch die Einladung zur Besichtigung des Werkes, zu dem der Zutritt sehr schwer war[1].

Nach Besichtigung des Werkes und der mit ihm verbundenen chemischen Laboratorien[2] zeigte man mir das neue physiologische Laboratorium mit Gewächshaus, dessen Leiter der bekannte Physiologe *Klein* aus Wien war.

Das Gewächshaus zeigte mir der Leiter der Versuche, Dr. *Pirschle*, ein Assistent von *Klein*, und ich sah hier genau dieselbe Versuchsserie mit fließenden Kulturen, wie sie bei mir 1926 *Dikussar* durchführte. Die Versuchspflanze war Tabak, aber die Ergebnisse stimmten vollkommen mit denen überein, die wir in unseren Versuchen mit Zuckerrüben und Mais erhalten haben. Dank der großen Mittel des Stickstoffsyndikats konnte *Pirschle* in den folgenden Jahren Versuche mit 20 Pflanzen und 7pH-Stufen in jedem Falle durchführen, aber die wichtigsten Ergebnisse waren dieselben wie auch bei uns. Danach folgten die Arbeiten amerikanischer Autoren (*Naftel*, *Tiedjens* und *Robbins*). Einzelne Pflanzen in den Versuchen von *Pirschle* zeigten eine gewisse Bevorzugung der Nitrate (Chenopodium, Raps, Kürbis, Buchweizen), andere eine Bevorzugung des Ammoniaks (Soja, Reis, Hirse, Lein), aber gewöhnlich näherten sich die Ergebnisse im pH-Intervall von 5,5–6,5; die optimale Entwicklung bei der Ammoniakernährung fiel auf eine höhere pH-Stufe als bei den Nitraten, aber im allgemeinen war die optimale Zone beim Ammoniak weniger ausgedehnt als bei den Nitraten.

In Übereinstimmung mit unseren Beobachtungen und mit den Angaben von *Pirschle* stehen die Versuche von *Tiedjens* und *Robbins*[3] mit Tomaten, wobei in diesem Falle die Divergenz des Optimums für Nitrate (pH = 4–5) und Ammoniak schärfer zum Ausdruck kommt als bei *Pirschle*.

Wenn wir früher von den Versuchen *Dikussars* sprachen, dann berührten wir

---

[1] 1923 konnte ich trotz eines Empfehlungsschreibens von *Haber* das größte Werk in Leuna, das nach der Methode *Habers* arbeitete, nicht besuchen; doch 1931, während der Absatzkrisis, schickte mir die Leitung des Werkes selbst eine Einladung.

[2] Diese Laboratorien nahmen 1927 ein großes 4stöckiges Gebäude ein, es arbeiteten in ihnen etwa 150 Doktoren der Chemie (außer den Chemikern, die den Betrieb im Werk selbst überwachten), die sich jeder beliebigen, mit dem Stickstoff verbundenen Frage widmen konnten (sei es die allgemeine Chemie, die Technologie oder die physiologische Chemie), bei einer sehr guten Versorgung mit Chemikalien und Apparaturen, aber unter der einzigen Bedingung, daß die Veröffentlichung ihrer Arbeiten nur mit Genehmigung des Stickstoffsyndikats vorgenommen wird. Außer dem Laboratorium und dem Gewächshaus für physiologische Versuche gab es noch in der Nähe des Werkes ein Versuchsfeld (Limburgerhof) von 17 ha und ein Vegetationshaus für 6000 Gefäße, die mit abgewogenem destillierten Wasser bis zu dreimal täglich gegossen wurden. Diese Feld- und Vegetationsversuche sollten neue Düngemittel, die das Stickstoffsyndikat herausbrachte, praktisch überprüfen. Außer den Versuchen mit Feldkulturen wurden im Vegetationshaus auch Versuche mit Dekorationspflanzen, deren leuchtende Farben einen malerischen Anblick boten, durchgeführt. In dieser Anstalt arbeiteten 12 wissenschaftliche Mitarbeiter und 18 technische Hilfskräfte („geschulte Gärtnerinnen“ aus der Mittelschule für Garten- und Gemüsebau).

[3] *Tiedjens* und *Robbins*, The Use of Ammonia and Nitrate Nitrogen by Certain Crop Plants. (New Jersey Agr. Expt. St. Bul. 526, 1931.)

nur die eine Seite – den pH-Einfluß auf die Ernährung mit Ammoniak und Nitraten bei gleicher Zusammensetzung der Nährlösung in anderer Beziehung. Gleichzeitig machte sich aber in diesen Versuchen noch ein anderer Umstand bemerkbar – nicht nur der pH-Wert, sondern auch die Zusammensetzung der begleitenden Kationen muß in diesem und in jenem Falle verschieden sein. Als wir nämlich die Pflanzenasche aus der Ernte 1926 analysierten, sahen wir, daß die mit Ammoniak ernährten Pflanzen bei saurer Reaktion (pH = 5,5) weniger Kalzium, fast nur $^1/_2$ soviel wie bei der Nitraternährung, enthielten. Im nächsten Jahr legten wir dann Versuche an mit verschiedener Kalziumdosierung, wobei es sich herausstellte, daß es zweckmäßig ist, in der Ammoniakreihe die Kalziummenge herauf- (z. B. von 40 auf 160 mg) und bei der Ernährung mit $NaNO_3$ diese Menge herabzusetzen.

Hier ein Beispiel aus den Versuchen mit Zuckerrüben im Jahre 1927:

	I. bei pH=7,0		II. bei pH=5,5	
Ca-Menge in 1 l (in mg)	10	40	40	160
Wurzelgewicht bei Ammoniakernährung (in g)	58,5	452	100,5	248
Wurzelgewicht bei Nitraternährung (in g)	462	132,7	—	—

So sind wir noch einem Faktor (außer pH) begegnet, für den man nicht die Gleichheit der Bedingungen schaffen, sondern im Gegenteil für jede Art der Stickstoffernährung das eigene Optimum suchen muß.

Den Antagonismus zwischen Ca^{++} und H^+ haben wir schon 1923 beschrieben[1], aber mit dem Antagonismus zwischen NH_4^+ und Ca^{++} kamen wir erst bei den 1926/27 beschriebenen Versuchen in Berührung. Besonders groß ist die Bedeutung des Kalziums bei pH unter 7, wenn es als Antagonist sowohl des Ammonium- als auch des Wasserstoffions auftritt.

1900–1910 dachten wir nicht daran, daß, wenn wir in der Mischung von *Knop* oder *Hellriegel* den Nitrat- durch den Ammoniakstickstoff ersetzen und die Kalziummenge durch Zugabe von $CaCO_3$ oder $CaSO_4$ in der Mischung von *Hellriegel* auch ausgleichen, das physiologische Gleichgewicht der Lösung dennoch gestört wird, weil die Menge der einwertigen Ionen stark zunimmt (infolge von NH_4^+) und die Anzahl der zweiwertigen Ionen unverändert bleibt. Wenn man auch nur die Hälfte des Nitratstickstoffs durch Ammoniakstickstoff ersetzt (wie das bei mir 1902 bei der Zusammensetzung der sog. „Nährmischung von *Prjanischnikow*" der Fall war), dann macht sich eine Störung des physiologischen Gleichgewichts bereits bemerkbar, so daß ein ergänzender Zusatz von Ca (natürlich als neutrales Salz wie $CaSO_4$, um den pH-Stand der Lösung nicht zu ändern) zur Wiederherstellung des Gleich-

[1] *Prjanischnikow*, Über die Bedeutung des Kalziums für die Pflanzen. Berichte der Deutsch. Botan. Gesellschaft, 1923.

gewichts erforderlich ist. Hier ein Beispiel aus den Versuchen von *W. S. Iwanowa* mit Hafer in Sandkulturen (1927):

Kalziummenge	Ca nach der Norm von *Hellriegel*	Doppelte Menge	Vierfache Menge Ca
Gewicht der überirdischen Haferteile (in g)	14,3	18,1	19,3

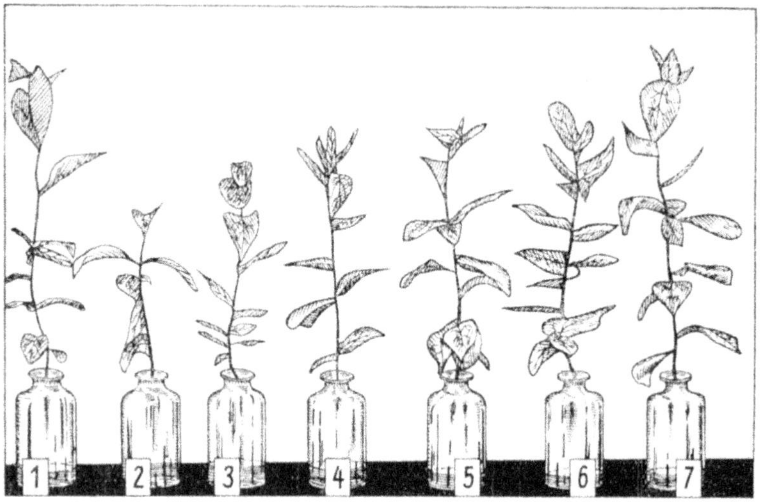

	$Ca(NO_3)_2$	$(NH_4)_2SO_4$					
Ca	0	50	100	150	200	250	300 mg
Ernte	12,7	10,6	12,3	12,9	13,5	14,1	15,7 g

Abb. 14. Einfluß der größeren Kalziumkonzentration bei Ammoniakernährung. In der Zeile „Ca" sieht man die Menge des zusätzlichen Kalziums (in Form von $CaCl_2$) über der Norm in der Variante $Ca(NO_3)_2$

Bei vollem Ersatz des Nitratstickstoffs durch Ammoniakstickstoff sah man eine noch größere Wirkung von der Ca-Zugabe (in Form von $CaCl_2$), wie man dem Versuch von *T. T. Demidenko* (Abb. 14) entnehmen kann.

Bekanntlich versuchte man früher, ausgehend von dem Gedanken, daß der Ammoniakstickstoff überhaupt schlechter als der Nitratstickstoff sei, gewisse Koeffizienten (z. B. 90%) für die Bewertung des Ammoniakstickstoffs im Vergleich zum Salpeterstickstoff aufzustellen, dessen Wirkung man = 100 setzte (*Paul Wagner*). Wir sind aber auf Grund der obenerwähnten Versuche 1928 zu der Schlußfolgerung gekommen, daß es *einen derartigen beständigen Koeffizienten gar nicht gibt*, daß unter gewissen Voraussetzungen die Wirkung des Ammoniaks auch über 100% liegen kann, und daß schließlich das Verhältnis zwischen diesen beiden Stickstoffquellen entsprechend einer Reihe von Faktoren (sowohl äußerer als auch innerer) mal zugunsten der einen und mal zugunsten der anderen Stickstoffquelle sich ändert[1].

Wir untersuchten bis jetzt bei dem Vergleich des Ammoniak- und Nitratstickstoffs vorwiegend solche Versuche, bei denen jede Stickstoffquelle einzeln, in getrennten Gefäßen, gegeben worden ist (eine Ausnahme bilden nur einige Versuche von *Mazé*). Jetzt wollen wir uns anderen Versuchen zuwenden, wo beide Stickstoffquellen gleichzeitig gegeben werden; dabei ist es bei kurzfristigen Versuchen möglich, alle fremden Kationen und Anionen auszuschließen, indem man die Pflanze mit NH_4NO_3 ernährt und feststellt, was schneller aufgenommen wird – NH_4OH oder HNO_3.

Neben ihrem großen physiologischen Interesse gewinnen die Versuche mit NH_4NO_3 auch vom Standpunkt der praktischen Anwendung einen besonderen Wert, weil zur Zeit das Hauptprodukt, mit dem die Stickstoffindustrie die Landwirtschaft versorgt, der Ammoniumsalpeter ist.

Wenn der Verfasser vor 45 Jahren (1900) NH_4NO_3 „das Düngemittel der Zukunft" genannt hat, dann muß man jetzt zugeben, daß die Voraussage jener Zeit in vieler Hinsicht eingetreten ist. Daß dieses Salz im Stickstoffgehalt (35% N) und durch das Fehlen von Ballast über dem Ammoniumsulfat und dem Salpeter steht, gilt natürlich bis heute, aber die Annahme der physiologischen Neutralität von NH_4NO_3 ist übertrieben, und als man NH_4NO_3 nicht mehr in gut schließenden Glasgefäßen aufbewahrte, sondern in großen Stapeln lagerte, stieß man auf seine hygroskopische Eigenschaft und die Neigung zur Zusammenballung. Infolgedessen benutzt man in Westeuropa dieses Salz nicht mehr allein, sondern nur gemischt mit nichthygroskopischen Düngemitteln wie Präzipitat, K_2SO_4 u. a.

Allein seine Verwendung in Mischungen verhindert nicht, daß NH_4NO_3 im Westen eine große praktische Bedeutung hat, und für den Physiologen und Agrochemiker ist die Erforschung der Eigenschaften dieses Salzes nicht nur um seiner selbst willen wichtig – sie ermöglicht noch einige Seiten der allgemeinen Frage nach dem Verhalten der Pflanze zur Ammoniak- und zur Nitraternährung besser zu beleuchten, als das in den Versuchen mit $(NH_4)_2SO_4$ und $NaNO_3$ der Fall ist.

Zuerst hatten wir mit NH_4NO_3 im Jahre 1898 in Sandkulturen zu tun. Der damalige Assistent *W. W. Wiener*, ein leidenschaftlicher Anhänger der Vegetationsmethode (später ist er als Organisator der Schatilower Versuchsstation bekannt geworden), empfahl den Studenten die Versuche mit NH_4NO_3, um die Gesamtmenge der Salze in den Sandkulturen herabzusetzen. Ich widersprach nicht mit Rücksicht darauf, daß nach der damaligen Vorstellung NH_4NO_3 physiologisch neutral sei. 1898 waren die Versuche mit Phosphoriten „mißlungen" – sämtliche Pflanzen hatten die Fähigkeit, die Phosphorite zu verwerten (im Gegensatz zu den Versuchen von 1896 und 1897). Wir konnten uns damals noch nicht entschließen, das letzte Wort zu

[1] Arbeiten des ZINS, 1928 (Russ.); Biochem. Ztschr., 1929, H. 1.

sprechen, weil wir befürchteten, daß bei den Versuchen irgendein Fehler unterlaufen sein könnte (z. B. zufällige Beigabe von KH_2PO_4 in irgendeine Lösung zur allgemeinen Nutzung). Dieser Fall veranlaßte uns aber, in den nächsten Jahren die Frage zu stellen, wie die Stickstoffquelle auf das Verhalten der Pflanze zu den Phosphoriten wirkt, und dabei stellten wir fest, daß in den Versuchen der Studenten von 1898 bei der Ernährung mit NH_4NO_3 (sogar ein Viertel bis ein Halb von der ganzen Stickstoffdosis) kein Fehler vorgekommen war, denn alle Pflanzen waren imstande, die Phosphorsäure der Phosphorite zu verwerten.

Ein besonders deutliches Bild, wie die einzelnen Stufen des Ersatzes von NO_3 durch NH_4 wirken, erhielten wir 1900 in den Versuchen von *Luschnikow* und *Tulaikow*. Die Einzelheiten der Versuchsanlage und die Zahlenergebnisse der Versuche wollen wir nicht anführen, weil sie in den früheren Artikeln schon oft genannt und im Lehrbuch zu finden sind[1]. Durch diese Tatsachen kamen wir auf den Gedanken, daß NH_4NO_3, im Gegensatz zu der damals herrschenden Ansicht, ein physiologisch saures Salz ist, d. h., daß das Ammoniak schneller als die Salpetersäure aufgenommen wird und daß die letztere das Phosphat zersetzt. Aber dieses war unserer Ansicht nach nur die wahrscheinlichste Erklärung, die noch nachgeprüft werden mußte, neben anderen möglichen Vermutungen. Wir haben uns zu jener Zeit, allgemein gesprochen, folgende 4 Möglichkeiten vorgestellt:

1. Das salpetersaure Ammonium wird zum Teil nitrifiziert[2], wodurch eine saure Reaktion sogar dann entstehen kann, wenn dieses Salz an sich physiologisch alkalisch sein sollte.
2. Das salpetersaure Ammonium ist ein physiologisch neutrales Salz und stört infolgedessen die lösende Einwirkung der Wurzelausscheidungen, zum Unterschied von $NaNO_3$ und $Ca(NO_3)_2$, nicht.
3. Das salpetersaure Ammonium löst unmittelbar das Phosphorit, unabhängig von der Aufnahme durch die Pflanze.
4. NH_4NO_3 kann, entgegen den Erwartungen, auch physiologisch sauer sein, aber nicht so sauer wie schwefelsaures Ammonium.

Alle diese Vermutungen sind nacheinander experimentell untersucht worden, wonach die drei ersten in Fortfall kamen[3] und nur die vierte Möglichkeit übrigblieb,

[1] Agrochemie, 3. Aufl. (1940), S. 330 (Russ.).

[2] Wenn auch die Rede von einer mit einer Säure durchwaschenen Sandkultur ist, können doch Bakterien hinzugekommen sein.

[3] Die erste Vermutung bezüglich der Nitrifikation entfiel nachDurchführung der Versuche in steriler Umgebung (bei uns und im Laboratorium von *P. S. Kossowitsch*). Die zweite Vermutung widerlegten die Versuche *I. S. Schulows* mit der Isolierung der Phosphor- von der Stickstoffquelle; es zeigte sich, daß nur bei der unmittelbaren Berührung von NH_4NO_3 mit dem Phosphorit die Pflanzenwurzeln imstande sind, dieses zu verwerten, von sich aus sind sie aber dazu nicht in der Lage. Der Versuch bestätigte auch nicht die unmittelbare lösende Wirkung von NH_4NO_3 (beim Schütteln mit Lösungen dieses Salzes ohne Beteiligung der Pflanze). Siehe Einzelheiten und photographische Aufnahme im IV. Bericht über Vegetationsversuche von 1902 und in meinem Buch „Die Düngerlehre" 1922, S. 277 (Russ.).

nämlich die Annahme, daß das Salz physiologisch sauer ist, d. h., daß das Ammoniak schneller als die Salpetersäure aufgenommen wird (im Gegensatz zur Behauptung vieler deutscher Autoren, wonach das Ammoniak ein langsamer wirkendes Düngemittel als der Salpeter ist). Die Freisetzung der Salpetersäure erklärt auch die lösende Wirkung auf die Phosphorite, die in den Sandkulturen bei Zusatz von NH_4NO_3 beobachtet worden ist.

Einmal kamen wir auf den Gedanken, ob diese physiologische Azidität von NH_4NO_3 vielleicht bedingt sei, d. h. abhängig von der Reaktion der Umgebung. In diesem Falle mußte sich die bevorzugte Aufnahme von NH_3 gegenüber HNO_3 nur in schwach basischer Lösung zeigen (und eine solche kann entstehen durch Trikalziumphosphat und kohlensaures Kalzium in den Phosphoriten), und in der sauren Lösung wäre das Verhalten von NH_4NO_3 gerade umgekehrt; dann wäre NH_4NO_3 als ein physiologisch amphoteres Salz ein guter Reaktionsregler für die Pflanze.

Der Versuch hat aber auch dieser Vermutung nicht Recht gegeben: die physiologische Azidität von NH_4NO_3 trat hartnäckig auch bei saurer Reaktion der Umgebung in Erscheinung (das gilt für Säuregrade, die die Pflanze ohne Schaden vertragen kann).

Wir haben dieses schon in unseren Versuchen von 1901/02 erfahren, als wir neue Nährmischungen zusammenstellten. Es zeigte sich, daß bei Sandkulturen die Düngung von NH_4NO_3 zugleich mit $CaHPO_4$ und $Ca_3(PO_4)_2$ eine gute Wirkung hat, daß aber bei der Kombination von NH_4NO_3 mit KH_2PO_4 die Pflanzen durch die saure Reaktion immer zu leiden beginnen und viel schlechter im Ertrag sind, wobei besonders säureempfindliche Pflanzen ganz eingehen. Folglich ist unter diesen Bedingungen NH_4NO_3 kein Reaktionsregulator für die Pflanze, und die Pufferung zeigte sich nur bei der Kombination von NH_4NO_3 mit basischen Phosphaten, d. h., daß die normale Pflanze in der NH_4NO_3-Lösung nur eine Verschiebung nach der sauren Seite bewirkt.

Außer den Beobachtungen bei der Reaktion der Umgebung und der Lösung der Phosphate hat *I. S. Schulow* 1912 durch unmittelbare Bestimmung des von der Pflanze aufgenommenen NH_4- und NO_3-Stickstoffs unter sterilen Bedingungen die Überlegenheit von NH_4OH gegenüber HNO_3 festgestellt, wobei sich diese Überlegenheit im Beisein von KH_2PO_4, d. h. in einer sauren Umgebung zeigte.

Dann begannen wir 1917–1919 unsere Versuche mit einer stärkeren Säuerung durchzuführen, und zu Anfang schien es, als ob dabei eine größere Aufnahme der Nitrate als des Ammoniaks stattfindet. Hier ein Beispiel aus den Versuchen jener Zeit mit etiolierten Gerstenkeimlingen:

Konzentration HCl		0	0,0001	0,0005	0,001	0,002
Stickstoff-aufnahme	NH_3	22,5	18,4	13,4	11,9	8,8
	HNO_3	19,3	18,9	15,6	15,1	10,9[1]

[1] Ähnliche Mitteilungen machte auch *D. A. Sabinin* in seinem Vortrag bei der Tagung der Botaniker in Leningrad im Jahre 1921.

Äußerlich könnte es scheinen, daß hier ein Übergang zur physiologischen Alkalität von NH_4NO_3 stattfand. Da es sich aber um Säurestufen (zwischen pH = 4,0 und 3,0) handelt, die schon bestimmt schädlich sind, muß man befürchten, daß die Alkalität nicht mehr physiologisch, sondern „pathologisch" ist. Diese pathologischen Züge traten deutlicher in Erscheinung bei Versuchen von 1919 mit Erbsenkeimlingen, die gegen saure Reaktion empfindlicher sind und ein anderes Eiweiß-Kohlenhydrat-Verhältnis haben als das Getreide. Bei diesen Versuchen fanden wir nicht nur einen Rückgang der Ammoniakaufnahme bei steigender Azidität, sondern sogar einen Austritt des Ammoniaks aus den Wurzeln in die umgebende Lösung.

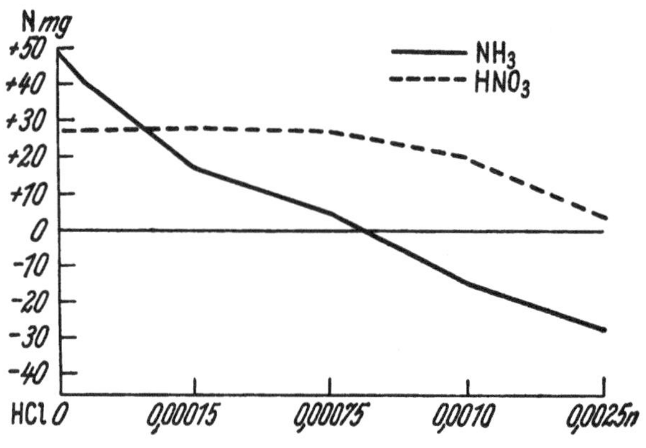

Abb. 15. Einfluß der Säurekonzentration auf die Aufnahme des Nitrat- und Ammoniakstickstoffs durch Erbsenkeimlinge

Die Ergebnisse dieser Versuche sind in der Abbildung 15 dargestellt.

Hier sehen wir, daß bei der Säurekonzentration von 0,001 n gleichzeitig eine Nitrataufnahme und eine Ammoniakausscheidung in gleichem Umfange stattfindet. Nachfolgende Versuche zeigten, daß hier bei Unterdrükkung der Amidsynthese eine Nitratreduktion mit Ammoniakbildung vor sich geht. Aber damals (1919) war diese Arbeit nicht zu Ende geführt und wir kamen zu der Schlußfolgerung, daß bei normalem Wachstum der Pflanze NH_4NO_3 immer ein physiologisch saures Salz ist und daß wir uns in den Bereich pathologischer Erscheinungen begeben, wenn wir dem „amphoteren Zustand" nachstreben.

1922 erfuhren wir von einer Arbeit des italienischen Physiologen *Pantanelli*[1] über die Aufnahme der Ionen, in der er mitteilt, daß die bei Licht entwickelten Keimlinge der Hülsenfrüchte aus der Lösung NH_4NO_3 in größerem Umfange die Säure als die Base aufnehmen. Dieses steht in vollem Widerspruch zu unseren Feststellun-

[1] Diese Arbeit erschien schon 1915 in den „Jahrbüchern für wissenschaftliche Botanik". Die Timirjasew-Akademie erhielt aber ausländische Zeitschriften weder im Kriege 1914–17, noch 4 Jahre nach Beendigung desselben. Erst bei meiner Reise nach Berlin im Jahre 1922 erfuhr ich, daß bei dem Volkskommissariat für das Bildungswesen noch ungenutzte Kredite vorhanden waren und beeilte mich, die Bibliothek der Akademie mit ausländischen Zeitschriften, die uns 8 Jahre lang gefehlt haben, zu ergänzen.

gen. Aber noch sonderbarer ist die Tatsache, daß sich dasselbe auch in den Versuchen mit $(NH_4)_2SO_4$ abspielte:

		1	2	3	4
Aufgenommene Ionen in mg	Anionen	1,31	0,35	0,44	0,60
	Kationen	0	0	0.18	0,35

Das Verhalten dieser Keimlinge ist offensichtlich unnormal gewesen. Das Fehlen der Ammoniakaufnahme läßt an irgendeinen Übergang zur Ammoniakausscheidung denken; aber der Ammoniakaustritt kann nur bei äußerstem Hunger der Keimlinge stattfinden *(Butkewitsch)*, während *Pantanelli* seine Versuche bei Licht durchführte. Einen anderen Fall des Ammoniakaustritts beobachteten wir bei Säuren oder Ammoniumsalzen mit starken Säuren, aber wiederum nur an etiolierten Keimlingen. Wie dem auch sei, die Versuche *Pantanellis* hinterließen den Eindruck, daß seine Pflanzen unter saurer Reaktion der Lösung bei Mangel an Kohlenhydraten gelitten haben.

Pantanelli gibt keine genauen Beschreibungen der Bedingungen seiner Versuche. Wir wissen nur, daß sie im Dezember in einer großen Stadt (Rom) mit Keimlingen von 30tägigem Alter vorgenommen wurden. Wenn die Lichtbedingungen schlecht waren, dann konnten die Pflanzen ihren Vorrat an Kohlenhydraten verbraucht haben, und die saure Reaktion der Lösung stammte möglichenfalls von den Keimlingen selbst. Unsere Versuche mit reinen NH_4NO_3-Lösungen zeigten, daß (ohne Zugabe eines Puffers) Maiskeimlinge in 10 Tagen die pH-Zahl bis 3,7 herabsetzten. Die Ergebnisse *Pantanellis* lassen schließlich daran denken, daß ähnlich unserem Erbsenversuch von 1919 keine physiologische, sondern eine „pathologische Alkalität" von NH_4NO_3 eingetreten war. Andererseits führen die Arbeiten *Warburgs* mit Wasserpflanzen und *Kostytschews* mit Schimmelpilzen zu dem Gedanken, daß ein Einfluß der Reduktion der Nitrate und der Ammoniakbildung dann vorliegt, wenn die synthetischen Prozesse unterdrückt sind.

Um unsere Vermutungen bezüglich der Gründe des eigenartigen Verhaltens der Hülsenfruchtkeimlinge in den Versuchen von *Pantanelli* nachzuprüfen, mußten wir systematische Versuche mit Getreide und Hülsenfrüchten bei Licht, im Dunkeln, bei verschiedenen Erschöpfungsgraden der Keimlinge, bei verschiedenen NH_4NO_3-Konzentrationen und bei verschiedener Reaktion der Umgebung durchführen.

Zu jener Zeit (beginnend mit 1922) besaßen wir schon die Apparatur und die Reagenzien zur pH-Bestimmung auf verschiedenen Wegen, führten kolorimetrische Messungen geringer Mengen von NH_3 und HNO_3 durch, waren also imstande, Nährstoffaufnahmen in kurzen Fristen (2–4–6 Stunden) zu bestimmen und nicht mehr von der umständlichen und schwierigen Methode der sterilen Kulturen, mit denen *Schulow* gearbeitet hat, abhängig. Das gab uns die Möglichkeit, statt eines Versuches im Laufe des Sommers, mehrere Versuche mit denselben Pflanzen, sogar mehrmals im Laufe von 24 Stunden, durchzuführen[1].

Auch früher bedienten wir uns kurzfristiger Versuche (7–10 Tage) mit Keimlingen, immerhin war aber die Möglichkeit bakterieller Beeinflussung größer als bei Versuchen von 2–6 Stunden Dauer.

Da die meisten unserer Versuche zur Erforschung der physiologischen Eigenart von NH_4NO_3 mit Getreide stattfanden, *Pantanelli* aber mit Hülsenfrüchten arbeitete (bei unserem einmaligen Erbsenversuch von 1919 sind auch einige sonderbare Erscheinungen aufgetreten[2]), mußten wir vor allen Dingen feststellen, ob vielleicht die Auswahl des Objektes in den Versuchen *Pantanellis* eine Rolle gespielt hat: Es mußte das Verhalten der Hülsenfrüchte und des Getreides vor allen Dingen unter normalen Bedingungen, d. h. bei Licht und, wie das auch *Pantanelli* getan hat, bei kurzer Versuchsdauer geprüft werden. Allein die Versuche, die nach unserem Vorschlag

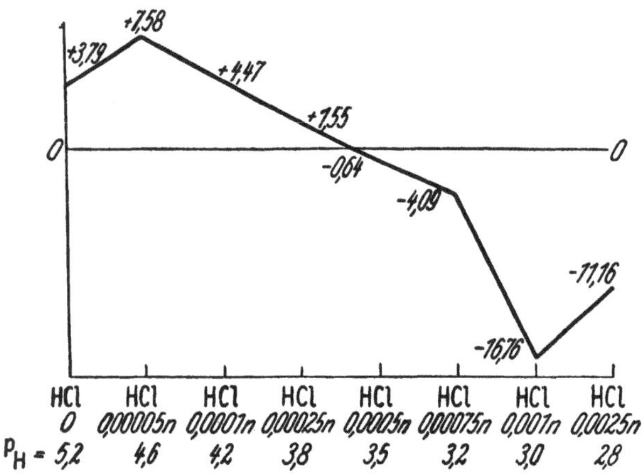

Abb. 16. pH-Einfluß der Lösung $NH_4H_2PO_4$ auf die Aufnahme und Ausscheidung des Ammoniaks durch Erbsenkeimlinge.

[1] Die 1922 aus Berlin mitgebrachte Literatur, Reagenzien und Apparate benutzte vor allen Dingen *M. K. Domontowitsch*, dieser unermüdliche, vorzeitig von uns gegangene Laboratoriumsarbeiter. Er studierte *Michaelis*, *Kolthof* und *Soerensen*, stellte den Potentiometer und andere Apparate ein und brachte den jungen Leuten die methodische Arbeit mit ihnen bei; er war auch der gewissenhafteste Referent für ausländische Literatur in unseren Referatversammlungen.

[2] In jenem Erbsenversuche von 1919, dessen Ergebnisse an den Versuch *Pantanellis* erinnern, gab es folgende Besonderheiten: a) gleichzeitiges Vorhandensein von NH_4 und NO_3 in der Lösung; b) Azidität der Lösung, zunehmend von 0 bis zur nachweisbar schädlichen Grenze von HCl (0,0025 n); c) mangelhafte Belichtung; d) lange Dauer des Versuchs (zwei Wochen). Nachdem wir die Arbeit *Pantanellis* kennenlernten, bemühten wir uns nochmals, unseren Versuch zu entziffern. Um diesen komplizierten Faktorenkomplex zu zergliedern, sind wir im weiteren so vorgegangen: 1. wir schlossen die Nitrate aus und gaben nur Ammoniumsalze; 2. wir gaben nur Nitrate ohne Ammoniak; 3. wir schlossen Ammoniak und Nitrate aus, prüften die Wirkung der zunehmenden Azidität auf die Pflanze und beobachteten den zunehmenden Ammoniakaustritt infolge der Desaminierung usw.; 4. wir wechselten die Versuchsdauer und das Alter der Pflanzen, was bei etiolierten Keimlingen eine verschiedene Kohlenhydratreserve bedeutet.

Wir berühren hier nur die Versuche zu 1 und 3, da die anderen Versuche (zu 2 und 4) später bei der Analyse der Versuchsergebnisse von *Pantanelli* behandelt werden. Die Versuche zu 1 und 3 (Versuchsdauer bis zu 2 Wochen) sind mit den kurzfristigen 8-Stundenversuchen *Pantanellis* nicht vergleichbar.

Domontowitsch[1] 1923 durchführte, zeigten, daß die assimilierenden Erbsen- und Haferpflanzen sich in gleicher Weise verhalten: die NH_4-Aufnahme übertrifft die Aufnahme von NO_3, wie die folgenden Beispiele zeigen:

Pflanzen	Alter der Pflanzen in Tagen	Versuchs-dauer in Stunden	pH		aufgenommen in % der zugeführten Gesamtmenge[2]	
			vor dem Versuch	nach dem Versuch	NH_3	HNO_3
Erbsen	20	2	5,4	4,8	7,7	0
	20	4	5,4	4,8	33,7	0
	30	3	6,4	5,5	61,5	19,3
Hafer	22	2	5,8	4,8	27,9	5,0
	14	2	6,4	6,2	18,3	0

Die vorläufigen Versuchsergebnisse über den Einfluß des Säurezustandes der Umgebung auf Aufnahme und Ausscheidung des Ammoniaks durch die Erbsenkeimlinge bei fehlenden Nitraten sind in der Abbildung 16 dargestellt. Man sieht, daß im Intervall von pH = 5,2–3,8 die Pflanzen Ammoniak aufnehmen und bei Zunahme der sauren Reaktion (pH = 3,5 und niedriger) ausscheiden. Diese Versuchsanlage ist aber unvollkommen insofern, als die Pflanzen bei der Ausscheidung des Ammoniaks die Lösung teilweise neutralisieren, so daß die pH-Zahl am Ende anders ist als zu Anfang. Infolgedessen gelang es nicht, die Grenze zu ermitteln, bei welcher das Absterben der Wurzel einsetzen muß. Dann sind wir dazu übergegangen, die Lösung täglich zu wechseln, damit der pH-Stand unverändert bleibt. Dieses Verfahren benutzten wir im besonderen, um die Säurewirkung ohne Nitrate und ohne Ammoniak zu ermitteln. Jetzt zeigte sich der Ammoniakaustritt auch bei solchen pH-Stufen, die für die Erbsenkeimlinge nachweislich noch nicht tödlich sind, wie z. B. pH = 4,3; bei stärkerer Azidität (unter pH = 4,0) stieg der Austritt des Ammoniaks, aber nach einigen Tagen machten sich Anzeichen für das Absterben der Wurzeln bemerkbar, wie aus folgenden Angaben ersichtlich ist:

Ammoniakaustritt a. d. Erbsenkeimlingen in 24 Std. (in mg)	Säurekonzentration				
	0,00001	0,00004	0,0001	0,00025	0,001 n
am 3. Tage	—	0,442	0,610	0,862	0,444
am 4. Tage	—	0,427	0,489	0,504	0,411
am 5. Tage	—	0,580	0,768	1,436	+
am 6. Tage	Spuren	0,574	0,606	0,928	—
am 8. Tage	Spuren	0,402	0,738	+	—
am 11. Tage	Spuren	0,312	+	—	—
am 13. Tage	Spuren	+	—	—	—

Mit + bezeichnen wir den Beginn des Wurzelabsterbens.

Wie gesagt sind diese langfristigen Versuche zum Vergleich mit unseren Versuchen von 1919 geeignet (s. Abb. 15), nicht aber mit den kurzfristigen Versuchen *Pantanellis*, bei denen die schwache Ammoniakaufnahme aus der Lösung NH_4NO_3 mit der Ammoniakbildung aus der Reduktion der Nitrate, bei gehemmter Synthese infolge schlechter Belichtung, zu erklären ist.

[1] Siehe unseren Artikel „Ammoniak, Nitrate u. Nitrite als Stickstoffquelle f. höhere Pflanzen", im VIII. Bd. „Ergebnisse d. Vegetationsversuche", 1926.

[2] Die Konzentration der NH_4NO_3-Lösung schwankte von 0,0002–0,001 n.

Man sieht, daß die in Wasserkulturen entwickelten Hafer- und Erbsenpflanzen befähigt sind, innerhalb zwei Stunden die pH-Zahl der Lösung von NH_4NO_3 infolge beschleunigter Ammoniak- und verlangsamter HNO_3-Aufnahme bedeutend herabzusetzen.

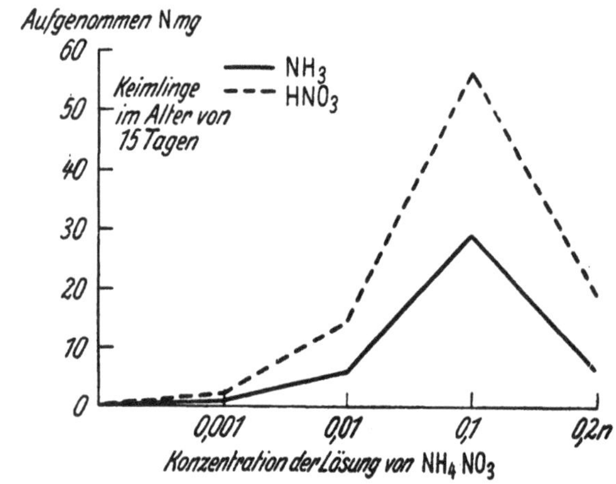

Abb. 17. Aufnahme des Ammoniak- und Nitratstickstoffs aus der Lösung NH_4NO_3 durch etiolierte Erbsenkeimlinge im Alter von 5 Tagen

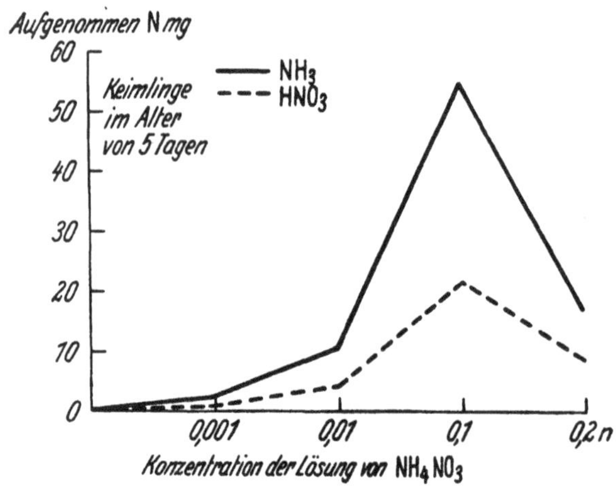

Abb. 18. Aufnahme des Ammoniak- und Nitratstickstoffs aus der NH_4NO_3-Lösung durch etiolierte Erbsenkeimlinge im Alter von 15 Tagen

Jetzt mußten wir nach anderen Gründen für die eigenartigen Ergebnisse *Pantanellis* suchen. Da seine Versuche sich auf 30 Tage alte Keimlinge, die beim Dezemberlicht (und der Dezember pflegt auch in Italien trübe zu sein) an Kohlenhydratmangel leiden konnten, bezogen, führten wir einige Serien von Versuchen mit Getreide und Hülsenfrüchten durch, um den Einfluß der Kohlenhydratreserve auf das Verhalten der Pflanze zu NH_4NO_3 zu klären, und berücksichtigten auch die Lösungskonzentration, weil *Pantanelli* höhere Konzentrationen anwandte als wir in unseren früheren Versuchen.

Zu diesem Zweck prüften wir in einigen Versuchsserien (Versuche von *W. S. Iwanowa* im Jahre 1926) das Verhalten etiolierter Keimlinge verschiedenen Alters und folglich auch verschiedenen Erschöpfungsgrades an Kohlenhydraten zu NH_4NO_3. Und eben hier zeigte es sich, daß die „Erscheinung *Pantanelli*" nur an Keimlingen zu beobachten ist, *die an Kohlenhydraten arm sind.* Etiolierte Erbsenkeimlinge von 5tägigem Alter verhalten sich genau so wie assimilierende Pflanzen, aber im Alter von 15 Tagen ist ihr Verhalten umgekehrt – die Analyse der Lösungen zeigt eine stärkere Aufnahme von HNO_3 als NH_3, wie das auch bei *Pantanelli* der Fall war. Um nicht große Zahlenreihen anführen zu müssen, begnügen wir uns mit einer graphischen Darstellung der Versuchsergebnisse an 5 (Abb. 17) und 15 Tage alten Erbsenkeimlingen (Abb. 18).

Wie sollte man erklären, daß nur erschöpfte Keimlinge bei der Aufnahme HNO_3 vor NH_3 bevorzugen. Es scheint hier ein innerer Widerspruch vorzuliegen, weil die an Kohlenhydraten arme Pflanze Ammoniak und nicht Nitrate vorziehen sollte, zu deren Reduktion bis zum Ammoniak noch zusätzliche Energien beansprucht werden. Allein die Tatsachen sagen, daß der Mangel an Kohlenhydraten früher die Synthese der Amide unterdrückt als die Reduktion der Nitrate. Es genügt, an die früher zitierte Arbeit von *Warburg* mit Wasserpflanzen (1920), in der die Ammoniakbildung aus Nitraten bei gehemmter Assimilation („reine Reduktion ohne Assimilation") gezeigt wurde, zu erinnern und an die Arbeit von *Kostytschew* mit Schimmelpilzen, die zeigt, daß bei herabgesetzter Zuckerernährung die Nitratreduktion bis zum Ammoniak stattfindet, während das Ammoniak in dieser Zeit für die Synthese der organischen Substanz nicht verbraucht werden kann. An höheren Pflanzen beobachtete bei uns eine analoge Erscheinung *Dikussar* (1924), in dessen Versuchen etiolierte Keimlinge Ammoniak aus Nitraten bildeten in einer Zeit, als die Synthese der Amide infolge Kohlenhydratmangels schon ins Stocken gekommen war.

Die Ergebnisse aller nachfolgenden Versuche stimmten mit dieser unserer Erklärung für die Erscheinungen, die *Pantanelli* beobachtet hat, überein. Bei unseren vergleichenden Versuchen mit 3 Pflanzen, die eine verschieden große Reserve an Kohlenhydraten in ihrem Samen aufweisen (Hafer, Erbsen, Lupinen), sehen wir, daß, je enger das Verhältnis zwischen Eiweiß und Kohlenhydraten ist, um so schneller die Pflanzen von der Normalverwertung von NH_4NO_3 mit überwiegender Absorption des Ammoniaks zum umgekehrten, unnormalen Typus der Aufnahme übergehen[1].

Nun wurden wir auf ein anderes Versuchsobjekt aufmerksam, die Zuckerrübe, deren kleiner Samen eine beschränkte Menge an Kohlenhydraten enthält. Diese Kohlenhydrate der Zuckerrübe sind beim Aufgang schnell verbraucht im Gegensatz zur Kartoffel, deren Pflanzgut reich an Stärke ist. Das brachte uns auf den Gedanken, daß das verschiedene Verhalten der Zuckerrüben und der Kartoffeln zu den Düngemitteln $NaNO_3$ und $(NH_4)_2SO_4$ nicht nur mit dem verschiedenen Optimum in bezug auf die Reaktion der Umgebung, sondern auch mit der verschiedenen Fähigkeit im jugendlichen Alter, das Ammoniak zu verwerten, zusammenhängt.

Bei den Versuchen mit den Keimlingen der Zuckerrübe haben wir nicht nur den Einfluß der Konzentration und des Alters der Keimlinge studiert, sondern bedienten uns auch dieses empfindlichen Objekts zur Präzisierung unserer früheren Beobachtungen bezüglich des Einflusses der Reaktion der Umgebung auf die Synthese der Amide in den Pflanzen. Später veranlaßte uns noch ein anderer Umstand, diese For-

[1] Siehe unseren Aufsatz im XIV. Bd. der „Vegetationsversuche" (Russ.).

schungen zu vertiefen, und zwar eine Veröffentlichung von *Moewius*[1], der die Richtigkeit unserer Behauptung von der Unterdrückung der Synthese der Amide bei saurer Reaktion bezweifelte und annahm, daß wir in unseren früheren Versuchen zu starke Säurekonzentrationen benutzten, die für die Pflanzen tödlich waren[2]. Obwohl das nicht so war und obwohl zu jener Zeit schon die Arbeiten von *Ruhland* und *Wetzel* über vergleichende Physiologie der Pflanzen mit verschiedenem Säuregrad des Zellsaftes dieselben Ergebnisse gezeigt hatten wie unsere früheren Arbeiten, haben wir uns dennoch entschlossen, nochmals die Wirkung des Säuregrades auf die Ammoniakaufnahme bei der Synthese der Amide zu untersuchen und beschränkten uns diesmal auf schwächere Lösungen.

Die Versuche von 1927/28 zeigten tatsächlich, daß bei der Zuckerrübe die „Erscheinung *Pantanelli*" viel früher eintritt als bei Erbsen, geschweige denn bei Hafer. Mehr noch, hier sahen wir zum erstenmal den Übergang von der Ammoniakaufnahme zur Ammoniakausscheidung, die bei saurer Reaktion (pH = 5,2) früher eintritt (d. h. bei geringer Erschöpfung der Keimlinge oder bei geringer NH_4NO_3-Konzentration) als bei neutraler. Hier ein Beispiel für 9 Tage alte Keimlinge:

Konzentration der Lösung	NH_4NO_3 ...	0,01	0,025	0,05	0,075	0,100 n
				bei pH=7,0		
Stickstoffaufnahme (in mg)	NH_4 ...	11,2	48,8	51,5	16,6	11,9
	NO_3 ...	6,9	38,9	69,2	36,1	21,0
				bei pH=5,2		
	NH_4 ...	1,6	0,3	– 2,1	– 1,3	– 1,9
	NO_3 ...	3,1	8,7	9,9	18,0	15,1

Wie wir sehen, überwiegt bei neutraler Reaktion und bei schwachen Konzentrationen die Aufnahme des Ammoniaks $\left(\frac{\text{Amm. N}}{\text{Nitr. N}} > 1\right)$ und nur beim Übergang der Konzentration zu 0,05 n und mehr steigt die Aufnahme der Salpetersäure.

Bei schwachsaurer Reaktion ist die Ammoniakaufnahme sogar im Intervall geringer Konzentrationen (oder genauer gesagt, die Differenz zwischen der Aufnahme und der Neubildung) kleiner als die Aufnahme der Salpetersäure (oder ihr Rückgang infolge der Reduktion). Der Übergang zu größeren Konzentrationen führt in diesem Falle zum Austritt des Ammoniaks in die Umgebung.

Diese Erscheinung kann auch bei neutraler Reaktion eintreten, wenn man mit mehr erschöpften Keimlingen zu tun hat oder zu noch größeren Konzentrationen von NH_4NO_3 übergeht. Ein derartiger Fall mit 15 Tage alten Keimlingen ist in

[1] Die Wirkung der Ammoniaksalze in ihrer Abhängigkeit von der Wasserstoffionenkonzentration (Planta, 1928, 1929).

[2] Tatsächlich haben wir in unseren Versuchen von 1912–1914 keineswegs „tödliche Konzentrationen" benutzt, sondern den Einfluß physiologischer Azidität solcher Säuren wie NH_4Cl und $(NH_4)_2SO_4$ untersucht.

Abb. 19 dargestellt. Wie man sieht, überschneidet die Ammoniakkurve unter dem Einfluß zunehmender Konzentration zunächst die Nitratkurve (Übergang von $\frac{\text{Amm. N}}{\text{Nitr. N}} > 1$ zu $\frac{\text{Amm. N}}{\text{Nitr. N}} < 1$) und dann findet ein Austritt des von den Pflanzen nicht verbrauchten Ammoniaks in die die Wurzeln umgebende Lösung statt.

Tatsächlich kann die Abbildung 19 als allgemeines Schema für jeden der zu erforschenden Faktoren dienen: Konzentration der Lösung, Reaktion der Umgebung, Verbrauch der Nährstoffreserve mit zunehmendem Alter der Keimlinge – alles wirkt in ein und derselben Richtung, d. h. Übergang des Verhältnisses Amm. N > Nitr. N in das umgekehrte Verhältnis Amm. N<Nitr. N und schließlich Übergang in die negative Stellung von Amm. N, also Ausscheidung des Ammoniaks aus der Pflanze. So kommt der Einfluß des Alters der Rübenkeimlinge auf das Verhältnis $\frac{\text{Amm. N}}{\text{Nitr. N}}$ in Veränderungen desselben Typus zum Ausdruck, wie wir es früher bei dem Einfluß der Konzentration beobachtet haben.

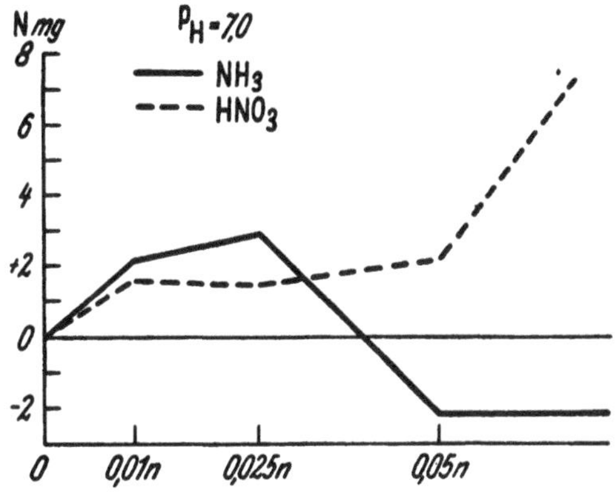

Abb. 19. Einfluß der Lösungskonzentration von NH_4NO_3 auf die Aufnahme des Ammoniak- und Nitratstickstoffs durch 15 Tage alte etiolierte Keimlinge der Zuckerrüben

Alter der Keimlinge in Tagen		5	7	9	11	13
				bei pH=7,0		
N-Aufnahme in mg[1]	Amm. N	36,7	36,7	48,8	2,9	3,1
	Nitr. N	10,5	21,5	38,9	11,3	11,6
				bei pH=5,2		
	Amm. N	12,4	3,4	—	1,3	– 2,0
	Nitr. N	47,2	22,6	—	23,5	+ 8,7

Wir sehen, daß mit dem Alter das Verhältnis $\frac{\text{Amm. N}}{\text{Nitr. N}}$ geringer wird, wobei der Übergang zu Amm. N < Nitr. N zwischen dem 11. und 13. Tage stattfindet, wenn pH = 7 ist; bei schwachsaurer Reaktion spielte sich dieser Übergang aber schon früher ab, in den ersten Tagen, die unser Versuch gar nicht erfaßt, während in der Zeit vom 11. bis zum 13. Tage das Ammoniak schon austritt.

[1] Angaben nur für die Konzentration — 0,025 n.

Die Ausscheidung des Ammoniaks, die in diesen Versuchen zu sehen war, ist noch keine Folge endgültiger Erschöpfung an Kohlenhydraten, wie das in den Versuchen von *Butkewitsch* mit hungernden Lupinenkeimlingen der Fall war, denn im Kontrollversuch, bei dem wir die Wurzeln in reines Wasser tauchten, fand der Ammoniakaustritt noch nicht statt. Folglich war das Ammoniak ein Reduktionsprodukt der Nitrate und nicht ein Produkt der Desamidierung und Desaminierung, wie das bei vollständiger Erschöpfung der Keimlinge zu sein pflegt.

Die oben beschriebenen Versuche verhalfen uns dazu, die „Erscheinung *Pantanelli*" dermaßen zu beherrschen, daß wir schon im voraus die Ergebnisse der noch ungeprüften Kombinationen nennen konnten. Denn, nachdem wir uns auch mit der Dynamik des Prozesses näher befaßt hatten, mußten wir naturgemäß annehmen, daß die Versuchsdauer (die Zeit, in der die eingetauchten Keimlinge in der Lösung NH_4NO_3 bleiben) von gleicher Wirkung auf den Übergang des normalen Verhältnisses $\frac{\text{Amm.N}}{\text{Nitr. N}} > 1$ zum umgekehrten $\frac{\text{Amm. N}}{\text{Nitr. N}} < 1$ ist wie eine höhere Konzentration der Lösung. Wenn wir z. B. bei zweistündiger Versuchsdauer unter bestimmten Bedingungen beobachtet haben, daß dieses genannte Verhältnis schon kleiner als 1 ist, so bedeutet es nicht, daß dieses Verhältnis schon in den ersten Minuten nach Eintauchen der Keimlinge in die Lösung eintritt, sondern es ist eher anzunehmen, daß die ersten Portionen des Ammoniaks (ob es von außen kommt oder aus der Reduktion von HNO_3 stammt, ist gleichgültig) wohl nur zur Bildung der Amide verbraucht und nur weitere Portionen in der Pflanze gespeichert werden; das in die Lösung gegebene Ammoniak wird nicht mehr aufgenommen und das aus HNO_3 gebildete wird ausgeschieden. Der Versuch bestätigte vollständig diese Erwartungen. So lauten die Ergebnisse aus Versuchen mit etiolierten Erbsenkeimlingen im Alter von 15 Tagen (Abb. 20).

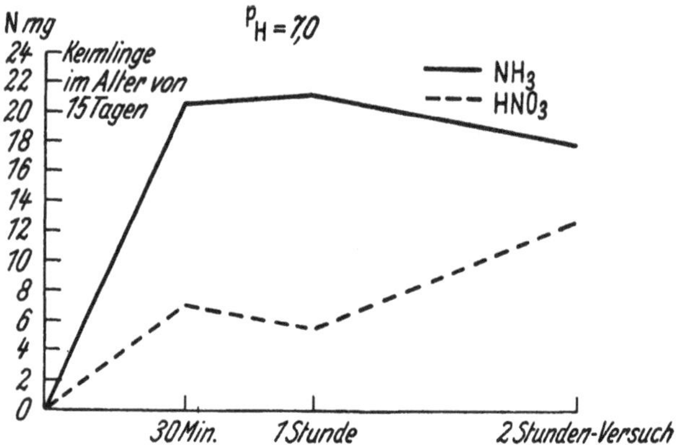

Abb. 20. Einfluß der Versuchsdauer auf die Aufnahme des Ammoniak- und Nitratstickstoffs durch etiolierte Erbsenkeimlinge im Alter von 15 Tagen

Wenn wir den Mechanismus der beschriebenen Erscheinung nicht kannten, dann wäre es schwer zu begreifen, warum nach 2 Stunden weniger Ammoniak aufgenommen ist als nach einer Stunde, während die Aufnahme der Nitrate ganz richtig zunimmt. Wenn es sich aber um die Ammoniakproduktion aus Nitraten handelt, ist es verständlich, daß eine Erscheinung die andere überdeckt. Wenn hier das Verhältnis $\frac{\text{Amm. N}}{\text{Nitr. N}}$ nur kleiner wird und in das umgekehrte Verhältnis noch nicht übergeht, dann ist es klar, daß wir bei Fortsetzung des Versuchs ein Überschneiden der Kurven und den Übergang zum Verhältnis $\frac{\text{Amm. N}}{\text{Nitr. N}} < 1$ sehen würden. Aber dieselbe Überschneidung der Kurven beobachtet man auch innerhalb des zweistündigen Versuchs, wenn die Erbsenkeimlinge nur 2 Tage älter, d.h. 17 Tage alt sind (Abb. 21).

Da diese Versuchsserie mit Erbsen bei starkem Variieren der Konzentration (8 Stufen von 0,001–0,2 n), bei verschiedenem Alter der Pflanzen (5 Erntetermine) und bei 2 pH-Stufen (5 und 7) durchgeführt worden ist, so bot sie ein reichhaltigeres Material zur exakteren Demonstrierung der in früheren Versuchen beobachteten Gesetzlichkeiten. Hier sind nur einige hervorspringende Beispiele genannt. In Abb. 22 sieht man den Einfluß der Lösungskonzentration von NH_4NO_3 auf das Verhalten stark erschöpfter Erbsenkeimlinge (19. bis 21. Tag); die 19tägigen Keimlinge zeigen die „Erscheinung *Pantanelli*“ bei allen Konzentrationen, aber bei der höchsten Konzentration (0,02 n) sieht man schon den Austritt des Ammoniaks in die umgebende Lösung. Diese Kombination des Einflusses von Konzentration und Alter ist von den Versuchen *Pantanellis* nicht erfaßt worden. Im nächsten Stadium (Keimlinge von 21 Tagen) sieht man bereits den Ammoniakaustritt bei allen Konzentrationen, wobei die Kurve des Ammoniakaustritts fast ein Spiegelbild der Kurve der Nitrataufnahme („reine Reduktion ohne Assimilation“), wie in den Versuchen von *Warburg* mit Wasserpflanzen, darstellt. In Abb. 23 ist der Einfluß des Alters oder der Erschöpfungsstufe auf das Verhalten von NH_4NO_3 dargestellt. Bei pH = 5,2 kreuzen sich die Ammoniak- und Nitratkurve (Erscheinung *Pantanelli*) vor dem 15. Tage, und am 20. Tage überschneidet die Ammoniakkurve bereits die Abszissenachse (Ammoniakaustritt). Bei neutraler Reaktion dagegen schneiden sich die Ammoniak- und die Nitratkurve nur im Alter von 20 Tagen, aber am 21. Tage nähert sich die Ammoniakkurve doch schon der Abszissenachse.

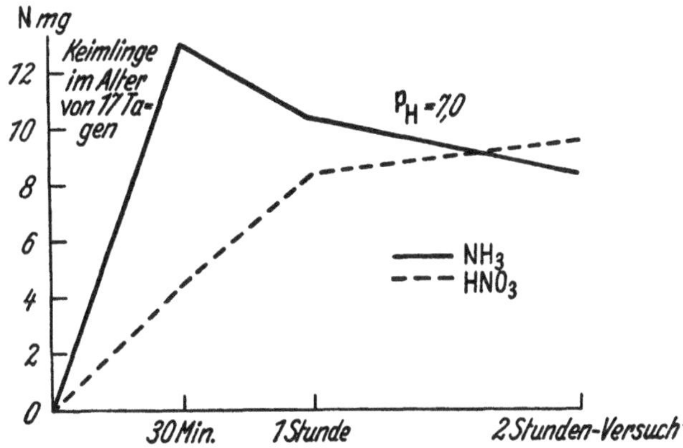

Abb. 21. Einfluß der Versuchsdauer auf die Aufnahme des Ammoniak- und Nitratstickstoffs durch etiolierte Erbsenkeimlinge im Alter von 17 Tagen

Somit fand unsere Vermutung über die Beteiligung der Reduktion in den von *Pantanelli* beobachteten Erscheinungen, die zunächst nur eine Arbeitshypothese war, allmählich ihre Bestätigung und ließ uns alle Einzelheiten erklären, die sich aus dem komplizierten Faktorenspiel (Alter der Pflanzen, Reaktion der Umgebung, Konzentration der Lösung, Dauer des Eintauchens in die Lösung) ergeben haben. Und doch fehlte zur letzten Klärung immer noch ein experimentum crucis, mit dem man die Reduktion bei der Ernährung nur mit Nitraten, ohne Ammoniak, nachweisen konnte. Zur Verwirklichung unseres Gedankens nahm *W. S. Iwanowa* in der Zeit von 1928–1931 eine große Anzahl von Versuchen mit Keimlingen vor, die sich in dem Stadium der Erschöpfung befanden, wo die von *Pantanelli* beschriebenen Erscheinungen leicht eintreten, und ernährte sie nur mit $NaNO_3$. Es wurde der Einfluß der NO_3-Konzentration bei verschiedenen pH-Stufen und bei verschiedenem Alter der Keimlinge, d. h. bei verschiedenem Vorrat an Kohlenhydraten untersucht. Diese Versuche bestätigten vollständig unsere Erwartungen, denn wir sahen, daß die NH_3-Ausscheidung und die NO_3-Aufnahme um so energischer verliefen, je mehr Salpetersäure wir zuführten. Natürlich wird bei der Ernährung mit NH_4NO_3 schneller Ammoniak im Gewebe abgesetzt als bei der Ernährung mit $NaNO_3$ bei gleicher Konzentration (0,1 n), aber die Resultate sind so eindeutig, daß sie an der Richtigkeit unserer Erklärung keine Zweifel mehr lassen. Aus einer großen Zahl von Versuchen mit Keimlingen verschiedener Pflanzen von verschiedenem Alter, bei verschiedener Lösungskonzentration und verschiedener pH-Stufe führen wir nur ein Beispiel mit Erbsenkeimlingen im Alter von 19 Tagen an (folgende Tabelle).

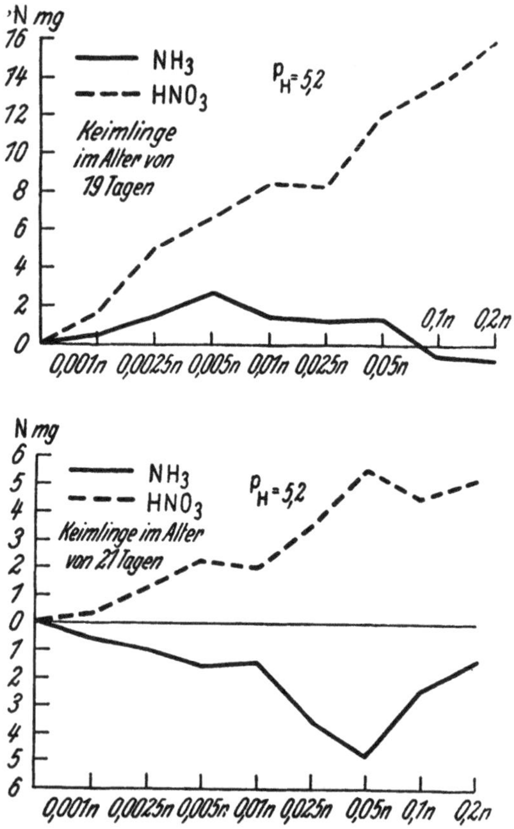

Abb. 22. Einfluß der Lösungskonzentration NH_4NO_3 auf die Aufnahme des Ammoniak- und Nitratstickstoffs durch etiolierte Erbsenkeimlinge im Alter von 19 und 21 Tagen

Man sieht in der Tabelle, daß in allen Fällen die Ammoniakausscheidung mit zunehmender $NaNO_3$-Konzentration ansteigt, nur bei pH = 5,9 ist der Ammoniak-

Erbsenkeimlinge (12-Stunden-Versuch)

$NaNO_3$-Konzentration		0	0,05	0,10	0,20	0,40
				(in mg)		
Ausg. pH = = 4,0	aufgen. $N-NO_3$	0	12,1	22,6	18,2	21,3
	ausgesch. $N-NH_4$	0	6,4	14,5	14,8	13,1
Ausg. pH = = 5,9	aufgen. $N-NO_3$	0	18,4	19,4	22,1	30,5
	ausgesch. $N-NH_4$	0	2,3	6,8	9,7	10,2
Ausg. pH = = 8,4	aufgen. $N-NO_3$	0	19,7	20,1	24,6	19,1
	ausgesch. $N-NH_4$	0	9,2	13,5	19,4	16,2

austritt geringer, weil diese Reaktion den Erbsen mehr zusagt als pH = 4,0 und 8,4 und die Störung der Synthese geringer ist. Besonders stark war der Ammoniakaustritt bei pH = 8,4; hier nähert sich die Kurve des Ammoniakaustritts am meisten dem Spiegelbild der Nitratkurve, d. h. jenem Falle, den *Warburg* in seinen Versuchen mit Wasserpflanzen beobachtet hat („reine Reduktion ohne Assimilation").

Für einen analogen Versuch mit Lupinen geben wir nur die graphische Darstellung (Abb. 24), deren Sinn nach dem oben Gesagten verständlich ist.

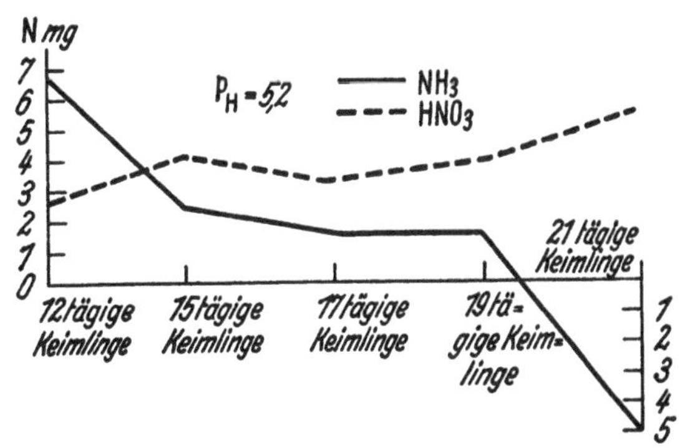

Abb. 23. Einfluß des Alters bei etiolierten Erbsenkeimlingen auf die Aufnahme des Ammoniak- und Nitratstickstoffs aus der Lösung NH_4NO_3

Somit ist die Reduktion der Nitrate ein sehr stabiler Prozeß; die Pflanze reduziert beharrlich auch dann noch Nitrate, wenn die synthetischen Prozesse schon ziemlich abgeschwächt sind. Die Unkenntnis dieser Tatsache kann zu falschen Schlußfolgerungen hinsichtlich der Ammoniak- und Nitrataufnahme durch die Keimlinge führen, wie das bei *Pantanelli* auch geschehen ist.

Es ist überhaupt damit zu rechnen, daß, wenn man den Pflanzen das Licht entzieht, die synthetischen Prozesse in einer bestimmten Reihenfolge, beginnend mit höheren Stufen bis zu niedrigeren, gestört werden[1].

[1] In den Versuchen mit höheren $NaNO_3$-Konzentrationen mußten wir noch die Vermutung entkräften, daß die hohe Konzentration der Salze als solche oberhalb einer bestimmten Grenze zur Ursache der Ammoniakausscheidung werden könnte infolge einsetzenden Abbaues stickstoffhaltiger Substanzen, unabhängig davon, ob Nitrate in der Lösung vorhanden sind oder

Als erstes hört die Synthese der Eiweißsubstanzen auf, aber die Synthese der Aminoamide, wie Asparagin und Glutamin, wird noch lange in der Dunkelheit fortgesetzt, und noch länger erhält sich die Fähigkeit, Nitrate zu Ammoniak zu reduzieren, ein Vorgang, der selbst dann noch stattfindet, wenn die Synthese der Amide nicht mehr geht, aber früher gebildete Amide noch stabil sind, und schließlich, als letzte „Auflösung vor dem Tode", sieht man den Zerfall früher gebildeter Verbindungen mit der Entstehung des Ammoniaks.

So ist der Gang der Umwandlungen, wenn von außen kein Stickstoff hinzukommt. Wenn aber die Pflanze Nitrate oder Nitrite aufnimmt, dann folgt in den ersten Keimungsstadien, gewöhnlich nach der Reduktion der Nitrate zu Ammoniak, schnell die Bildung der Amide und Aminosäuren ohne Speicherung von Ammoniak. Wenn aber bei Mangel an Kohlenhydraten die Synthese der Amide gehemmt ist, dann beobachtet man bei höheren Pflanzen dasselbe Bild, das *Kostytschew* bei Pilzen sah und *Warburg* bei Wasserpflanzen: die Reduktion der Nitrate findet statt, aber das Ammoniak, das die Pflanze zur Synthese nicht beansprucht, wird in die umgebende Lösung von den Wurzeln ausgeschieden. Dieser Prozeß der Reduktion der Nitrate wird sogar dann nicht unterbrochen, wenn die Pflanze, wie es scheint, nicht einmal für wichtigere Bedürfnisse genügend Kohlenhydrate besitzt; dieser Prozeß setzt sich mit großer Beharrlichkeit bis zum letzten Erschöpfungsstadium der

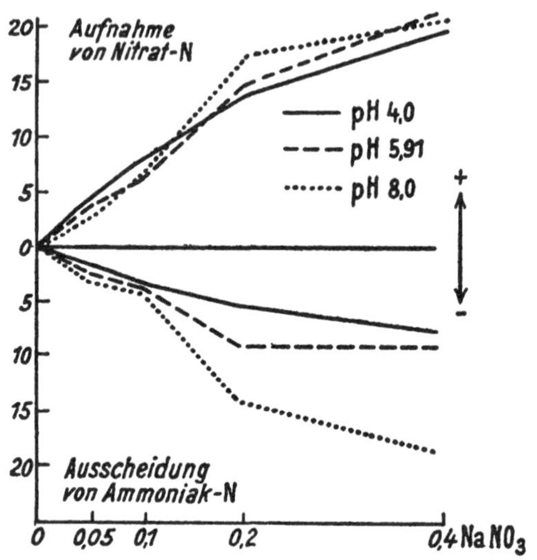

Abb. 24. Aufnahme des Nitrat- und Ausscheidung des Ammoniakstickstoffs bei Lupinenkeimlingen (Ernährung mit $NaNO_3$) abhängig vom pH-Wert und der Lösungskonzentration $NaNO_3$

nicht. Es ist bekannt, daß, wenn die Pflanzen zu welken beginnen, die Oxydationsprozesse dermaßen zunehmen, daß auch die Anwesenheit von Kohlenhydraten den starken Abbau der Eiweiße und die Bildung des Asparagins und schließlich des Ammoniaks nicht verhindern kann. Man konnte befürchten, daß der höhere osmotische Druck der Lösung ähnliche Erscheinungen in den Gewebezellen hervorruft. Infolgedessen machten wir Kontrollversuche mit NaCl-Lösungen bei beträchtlicher Konzentration (z.B. 0,2–0,4 n). Aber bei dem Alter der Pflanzen und der Versuchsdauer, wie es in unseren Versuchen bezüglich der Reduktion der Nitrate der Fall war, sind diese Erscheinungen, wie die Kontrollversuche zeigen, nicht eingetreten (Einzelheiten siehe in der genannten Arbeit von *W. S. Iwanowa*). Nimmt man aber ältere Keimlinge von 25–27 Tagen und verlängert wesentlich die Versuchsdauer, dann kann man tatsächlich den Austritt des Ammoniaks, aber nicht mehr auf Kosten der Nitratreduktion, sondern infolge eines tiefgehenden Abbaues der stickstoffhaltigen Substanzen im Gewebe der Keimlinge beobachten.

Pflanze fort. Auf bestimmten Stufen dieser Erschöpfung kann man eine fast vollständige Übereinstimmung zwischen der Menge der aufgenommenen Nitrate und der Menge des gebildeten Ammoniaks beobachten. Dieses trifft solange zu, bis die Erschöpfung eine Grenze erreicht, wo die Desaminierung und Desamidierung einsetzt und die Pflanze an Ammoniakvergiftung zugrundegeht. Diese Folge der Erscheinungen kann in folgendem Schema dargestellt werden (Abb. 25).

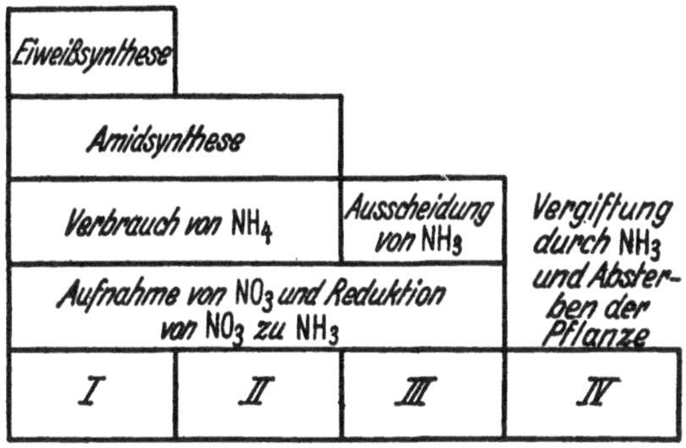

I-IV Abnehmende Kohlenhydratmenge

Abb. 25. Schema, das den Einfluß der Kohlenhydratreserven auf die Umwandlung der stickstoffhaltigen Substanzen in der Pflanze darstellt

Jene Versuche, deren Ergebnisse wir oben beschrieben haben, fanden mit Keimlingen statt, die sich entweder im zweiten Stadium der Kohlenhydraterschöpfung (Ammoniakaustritt liegt hier noch nicht vor) befanden oder im dritten Stadium, wenn das Ammoniak schon ausgeschieden wird, aber in Mengen, die nicht größer sind als die Mengen der reduzierten Nitrate; beim Übergang jedoch ins vierte Stadium tritt das Ammoniak schon in bedeutend größeren Mengen als die aufgenommenen Nitrate aus. Das ist die Erscheinung kurz vor dem Tode, wenn die Aminosäuren und Amide abgebaut werden.

Diese Erscheinungen kann man zum Beispiel an Erbsenkeimlingen beobachten, wenn man sie 21 Tage im Dunkeln hält und mit einer ausreichend konzentrierten NH_4NO_3-Lösung ernährt. Hier Beispiele aus den Versuchen von *W. S. Iwanowa*:

Alter der Keimlige (in Tagen)		12	15	17	19	21
		bei NH_4NO_3-Konzentration = 0,1 n				
Stickstoff-aufnahme (in mg)	N—NH_4	39,0	34,3	3,3	—0,4	— 48,5
	N—NO_3	33,1	37,6	11,9	14,8	8,1
		bei NH_4NO_3-Konzentration = 0,2 n				
	N—NH_4	27,9	10,1	3,3	—0,6	—33,9
	N—NO_3	23,1	11,3	11,8	16,0	3,2

Hier verhalten sich 12 Tage alte Keimlinge normal; im Alter von 15 und 17 Tagen treten Erscheinungen ein, die *Pantanelli* beobachtete. Am 19. Tage beginnt schon der Ammoniakaustritt, allerdings in Mengen, die weit hinter der Nitrataufnahme zurückbleiben; und plötzlich, am 21. Tage, geht jeder Halt verloren, und die erschöpften Keimlinge „verbluten" an Ammoniak als dem Produkt tiefen Zerfalls stickstoffhaltiger Bestandteile der Pflanzen. Das entspricht gerade dem vierten Stadium im angeführten Schema.

Über den Einfluß des Alters der assimilierenden Pflanzen auf die Geschwindigkeit der NH_4- und NO_3-Aufnahme aus der Lösung von salpetersaurem Ammonium

In den Arbeiten einiger amerikanischer Autoren (*Naftel*, 1931, *Stahl* und *Shive*, 1935) ist davon die Rede, daß die Pflanze in den ersten Entwicklungsstadien vorwiegend Ammoniak aufnimmt und daß in späteren Stadien ein umgekehrtes Verhältnis vorherrscht, d. h., daß der Nitratstickstoff schneller als der Ammoniakstickstoff in die Pflanze eingeht. Außer einem allgemeinen physiologischen Interesse ist diese Frage auch von unmittelbar praktischer Bedeutung, denn, falls diese Feststellung zutrifft, wäre es ein Grund, bei der Kopfdüngung in vorgerücktem Alter der Pflanzen den Ammoniakstickstoff durch Nitratstickstoff zu ersetzen.

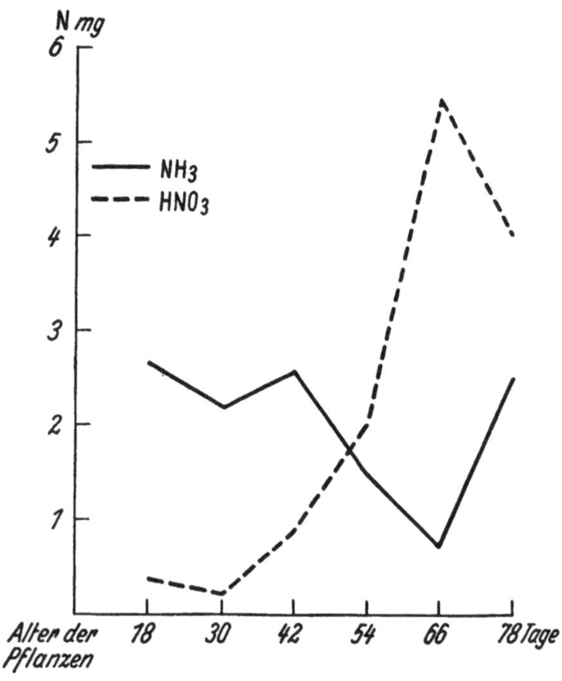

Abb. 26. Einfluß des Alters der assimilierenden Haferpflanzen auf die Aufnahme des Nitrat- und Ammoniakstickstoffs aus der Lösung NH_4NO_3 (Versuche von *Stahl* und *Shive*)

Das ist die graphische Darstellung aus den Versuchen von *Stahl* und *Shive* mit Hafer (Abb. 26).

Uns kam das Ergebnis der amerikanischen Forscher von vornherein wenig wahrscheinlich vor, weil wir bei uns am Beispiel der Zuckerrübe gerade das Gegenteil beobachtet hatten: Während die jungen Rübenpflänzchen leicht an „Ammoniakvergiftung“ erkranken, werden Pflanzen mit einer entwickelten Assimilationsoberfläche dank der guten Versorgung mit Kohlenhydraten ausgezeichnet mit dem Ammoniak fertig (Versuche von *Iwanowa*, *Dikussar* u. a. in unserem Laboratorium)[1].

[1] Es stimmt, daß auch wir einen Fall hatten, wo die Pflanzen zu Anfang NH_4 und später NO_3 bevorzugten, und zwar in den Versuchen von *I. S. Schulow* mit Mais (sterile Kulturen, 1912). Dieser Versuch ist aber mit dem Versuch der amerikanischen Autoren nicht vergleichbar, weil bei *I. S. Schulow* die Nährlösung nicht erneuert wurde. Wenn die Pflanzen in der ersten Lebenshälfte mehr NH_3 als NO_3 aufnahmen, dann hatten sie es in der zweiten Hälfte des Versuchs schon nicht mehr mit NH_4NO_3 zu tun, sondern mit der Summe von NH_4NO_3

Wenn wir einen Übergang mit dem Alter von $\frac{\text{Amm. N}}{\text{Nitr. N}} > 1$ zu $\frac{\text{Amm. N}}{\text{Nitr. N}} < 1$ beobachteten, dann bezog sich das auf etiolierte Keimlinge, die noch genügend Kohlenhydrate für die Reduktion von NO_3 zu NH_3 besaßen, bei denen aber die Synthese der Amide nicht mehr stattfand. Hier hat die Reduktion, ohne Inanspruchnahme von NH_3 für die Synthese, den Anschein überwiegender NO_3-Aufnahme erweckt. Wie ist aber dieser Übergang in den Versuchen bei *Stahl* und *Shive* mit assimilierenden Pflanzen (Hafer und Buchweizen), die angeblich vor der Blüte Ammoniak und nach der Blüte Nitrate bevorzugen, zu erklären?

Als wir uns die Versuche der amerikanischen Autoren[1] näher ansahen, fanden wir eine ungewöhnlich hohe Dosierung des Stickstoffs in ihren Versuchen: sie gaben in *fließenden Kulturen* 240 mg Stickstoff je 1 l Lösung, während *Hellriegel* bei seinen Versuchen ohne Wechsel der Lösungen nur $^1/_3$ davon gab. Wenn *Stahl* und *Shive* in ihren Versuchen die Lösung alle 24 Stunden wechselten, dann bedeutet es, daß sie den Pflanzen in 80–90 Versuchstagen 240–270mal soviel Stickstoff zuführten, als nach *Hellriegel* zur Vollendung ihres ganzen Entwicklungszyklus erforderlich ist! Diese Stickstoffmenge konnten die Pflanzen nur deswegen ertragen, weil der größte Teil des Stickstoffs an den Wurzeln vorbeiging, aber dennoch hat, wie später gezeigt werden wird, eine gewisse Wachstumsdepression infolge zu großer Konzentration von NH_4NO_3 stattgefunden.

Jetzt kam uns der Verdacht, daß bei dieser unglaublichen Überfütterung der Pflanzen mit Stickstoff in Form von NH_4NO_3 neben der unmittelbaren Aufnahme des Ammoniaks aus diesem Salz noch eine weitere Ammoniakbildung stattfand aus der Reduktion von NO_3; und wenn nun das ganze überflüssige Ammoniak bei

+ HNO_3 (oder überhaupt RNO_3). Außerdem änderte sich die Zusammensetzung auch des übrigen Teils der Nährlösung, was gleichfalls ohne Berücksichtigung geblieben war. Um das Verhalten der Maispflanzen verschiedenen Alters zu NH_4NO_3 (bei gleichbleibendem Verhältnis anderer Kationen und Anionen) zu bestimmen, muß man die Versuche mit Wechsellösungen oder fließenden Kulturen durchführen. So war der Versuch von *Schmied* (*Karl Schmied*, „Über die Geschwindigkeit der Stickstoffaufnahme aus Ammon- und Nitratsalzen", Inaugural-Diss., Hohenheim, 1930), der den Mais in die Nährlösung von *Knop* brachte und bei bestimmtem Alter für eine gewisse Zeitdauer NH_4NO_3 zugab, um dann die Aufnahme von NH_4 und NO_3 zu bestimmen. Dabei hat *Schmied* konstatiert, daß sowohl bei jungen Pflanzen (20 Tage alt) als auch später, im Stadium der Blüte, das Ammoniak immer schneller als NO_3 aufgenommen wird. Hier ein Beispiel aus diesen Versuchen für Pflanzen im Alter von 74 Tagen:

Anfangskonzentration in mg N auf 1 l		verblieben nach:					
		1 Std.	2 Std.	3 Std.	4 Std.	6 Std.	18 Std.
Ammoniakstickstoff	2	0,8	0,2	0	0	0	0
Nitratstickstoff	2	1,4	1,2	0,7	0,5	0,05	0

[1] *Stahl* und *Shive*, Studies on Nitrogen Absorption from Culture Solution. Soil Science, XXXV, 375 (1935).

der Synthese nicht verwendet werden konnte, so ergab es den Anschein, daß die Pflanze eher Nitrate aufnimmt als Ammoniak. Und daß dieser Prozeß sichtbarer nach der Blüte als vor der Blüte in Erscheinung treten muß, ergibt sich einfach aus der Tatsache, daß die Pflanzen, die zu diesem Zeitpunkt die meisten Organe schon ausgebildet haben, ihren Bedarf an Stickstoff weiter herabsetzen und daß der Zeitabschnitt eingetreten ist, in dem die Umlagerung der stickstoffhaltigen Substanzen (aus den Blättern zu den Fruchtknoten) eine größere Bedeutung hat als die Stickstoffaufnahme. Auf diese Weise ist der Einfluß des Alters hier ein indirekter, es handelt sich gar nicht um die Änderung im Verhalten der Pflanzen zu NH_4 und NO_3, sondern um eine Herabsetzung des Stickstoffbedarfs überhaupt.

Bei diesen Überlegungen sind wir nicht nur von den Ergebnissen unserer Versuche mit etiolierten Keimlingen ausgegangen, in denen die Möglichkeit einer geringeren Aufnahme und sogar Abgabe des Ammoniaks durch die Wurzeln bei überschüssiger Ernährung mit Nitraten bewiesen worden war, sondern wir hatten auch die Versuche von *Klein* und *Kisser* im Auge, die den Austritt des Ammoniaks auch bei assimilierenden Pflanzen beobachteten, sofern die Nitraternährung zu reichlich war. Deshalb beschlossen wir auch bei der Wiederholung der Versuche von *Stahl* und *Shive*, verschiedene NH_4NO_3-Konzentrationen zu verwenden und gleichzeitig die Ammoniakabgabe zu prüfen bei höheren Konzentrationen dieses Salzes bzw. $NaNO_3$, wenn man es statt NH_4NO_3 im Versuch verwendet.

Die nach unserem Plan von *W. S. Iwanowa* durchgeführten Versuche bestätigen vollkommen unsere Vermutung, daß die von den amerikanischen Autoren beobachteten Erscheinungen mit der zu starken Konzentration der benutzten Lösungen (240 mg Stickstoff je 1 l) zusammenhängen. Hier ein Beispiel, das den Einfluß der Konzentration von NH_4NO_3 auf das Verhalten des Hafers (bei fließenden Lösungen) in 50tägigem Alter darstellt:

Konzentration NH_4NO_3 (mg auf 1 l)		24	48	240	360	480
Stickstoffaufnahme (in mg)	NH_4	5,3	8,3	11,6	—19,1	—10,3
	NO_3	2,2	4,3	17,9	+21,2	+17,9
Trockengewicht der Pflanzen am Ende des Versuchs (in g)		26,4	41,0	28,6	20,2	15,3

Man sieht, daß gerade die Konzentration der Lösung ein Faktor ist, der das unnormale Verhalten der Pflanzen zu NH_4 und NO_3 bedingt; senkt man die Konzentration auf $^1/_5$, dann entwickelt sich die Pflanze besser, und es wird mehr Ammoniak- als Nitratstickstoff aufgenommen. Wenn bei 240 mg N dieselben Erscheinungen wie bei *Stahl* und *Shive* vorkommen, dann tritt bei 360 und 480 mg etwas Neues ein, was die amerikanischen Autoren nicht gesehen haben – der Austritt des Ammoniaks aus den Wurzeln in die umgebende Lösung (die Zahlen bedeuten die Aufnahme oder die Abgabe des Stickstoffs je Gefäß in mg während 24 Stunden).

Somit beobachten wir bei assimilierenden Pflanzen die gleichen Erscheinungen wie bei etiolierten, wenn der Zutritt der Stickstoffnahrung wesentlich größer ist. Wird die Stickstoffernährung zu groß, dann ist bei einem bestimmten Alter der Pflanzen das Verhältnis von Ammoniakstickstoff zu Nitratstickstoff < 1; bei weiterer Zunahme der Konzentration beobachtet man den Austritt des Ammoniaks in die Lösung.

Meidet man den zu großen Stickstoffüberfluß wie in den Versuchen von *Stahl* und *Shive*, dann schwinden auch vollkommen die von ihnen beschriebenen Erscheinungen. Begnügt man sich mit einer Lösung von 24–48 mg je Liter (statt 240), dann wird *in allen Entwicklungsstadien* das Ammoniak schneller aufgenommen als NO_3, wie aus folgendem Beispiel ersichtlich ist:

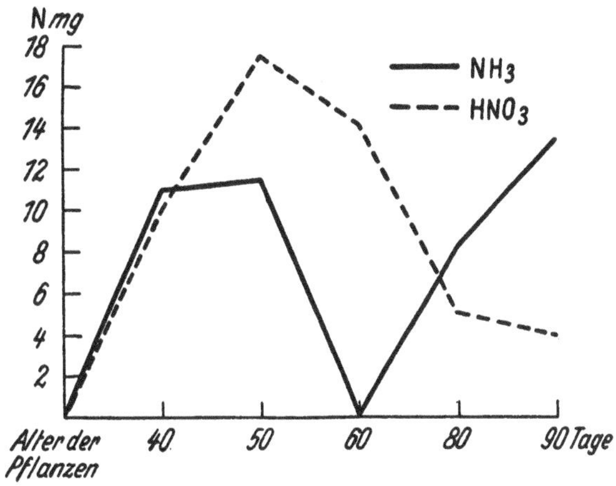

Abb. 27. Aufnahme des Ammoniak- und Nitratstickstoffs aus der Lösung NH_4NO_3 durch assimilierende Haferpflanzen verschiedenen Alters (bei einer Konzentration von 240 mg N je 1 l)

Alter der Pflanzen (in Tagen)		40	60	80	90
Stickstoffaufnahme in 24 Stunden (in mg)	Amm.	11,4	12,1	7,9	9,1
	Nitr.	9,9	6,3	4,1	4,8

Bei Wiederholung des Versuchs mit derselben Konzentration, mit der *Stahl* und *Shive* arbeiteten (240 mg), erhielten wir dieselben Aufnahmekurven wie sie; wir sahen gleichfalls die „Schere", d. h. die Überschneidung der Aufnahmekurven von NH_4 und NO_3 irgendwo in der Nähe des Blütestadiums. Aber weiter stellten wir noch eine charakteristische Ergänzung fest: Wenn man sich nicht beeilt, die Pflanzen beim Reifwerden der Körner in den Rispen des Hafers zu ernten, dann ändert sich unter der Einwirkung zu starker Stickstoffernährung der übliche Entwicklungstypus des einjährigen Getreides insofern, als der Bestockungsknoten nicht abstirbt, sondern eine sekundäre Bestockung einsetzt mit Bildung von „Nachschossern". Würde man jetzt die Pflanze in einen warmen Raum bringen, dann bekäme man wahrscheinlich einen zweiten Ertrag von ihnen.

Der Beginn dieses neuen Lebens, das Aufflammen neuer synthetischer Prozesse, wird durch den Verlauf der Kurven charakteristisch wiedergegeben: Die Enden der „Schere“ nähern sich wieder, und es findet eine nochmalige Überschneidung statt (Abb. 27), d. h., daß bei der wiedereinsetzenden Synthese die Aufnahme des Ammoniaks stärker ist als die des Nitrats, und die Kurven, deren Verlauf früher eigenwillig erschienen war, finden eine gesetzmäßige Erklärung[1].

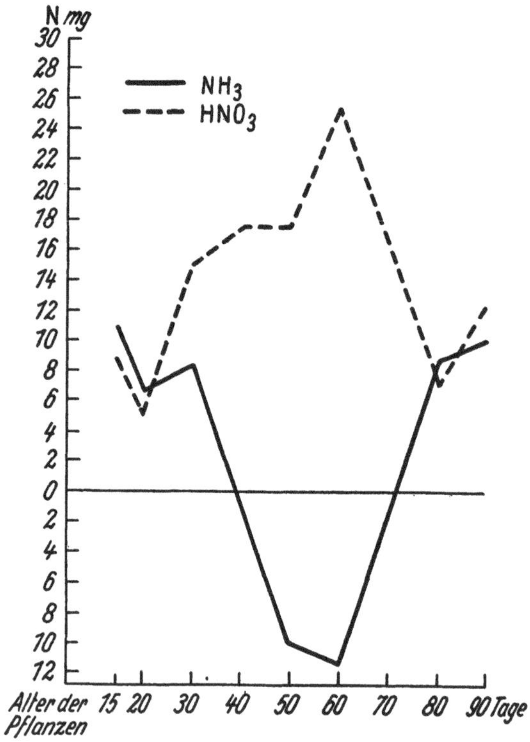

Abb. 28. Aufnahme des Ammoniak- und Nitratstickstoffs aus der Lösung NH_4NO_3 durch assimilierende Haferpflanzen verschiedenen Alters (bei Konzentration von 480 mg N je 1 l)

Besonders charakteristisch ist das Bild, das wir in einem Versuch mit der Konzentration von 480 mg je 1 l, d. h. mit der doppelten Konzentration, wie sie *Stahl* und *Shive* angewandt haben, erhielten – alle Folgen der Überfütterung der Pflanze mit Stickstoff zeichnen sich hier (Abb. 28) ungewöhnlich scharf ab, und das, was in den Versuchen von *Stahl* und *Shive* verborgen blieb, wurde jetzt sichtbar.

Wir wollen drei Besonderheiten dieses Versuchs hervorheben: erstens kreuzten sich die Aufnahmekurven wesentlich früher als bei *Stahl* und *Shive*; schon lange vor Eintritt der Blüte waren die Pflanzen nicht mehr imstande, das Ammoniak aufzunehmen, das ihnen aus zwei Quellen zufloß (das fertige NH_3 in der Nährlösung und das aus der NO_3-Reduktion gebildete); zweitens tritt hier nach der ersten Überschneidung der Ammoniak- und der Nitratkurve eine zweite Überschneidung der Abszissenachse ein, d. h. es beginnt der Ammoniakaustritt in die Nähr-

[1] Hier die Hauptzahlen für diesen unseren Versuch:

Alter der Pflanzen (in Tagen)		40	50	60	80	90
Stickstoffaufnahme (in mg)	NH_4	11,0	11,6	0,32	8,2	13,8
	NO_3	10,0	17,9	14,2	5,0	4,0

Im Alter von 60 Tagen hat die sichtbare Ammoniakaufnahme ihren Nullpunkt erreicht. Im Grunde genommen bedeutet das aber natürlich nur, daß die tatsächliche Ammoniakaufnahme durch seine Bildung aus der Reduktion von NO_3 kompensiert worden ist. Es ist interessant, daß auf der Skizze, die sich in der Arbeit von *Stahl* und *Shive* befindet, auch ein gewisser

lösung, was bei *Stahl* und *Shive* nicht eingetreten war; und drittens sieht man deutlich die jetzt folgende Rückkehr zur Norm $\frac{\text{Amm. N}}{\text{Nitr. N}} > 1$, wenn nach der Reife der Körner in den Rispen der ersten Generation die durch die sekundäre Bestockung hervorgerufene Synthese von neuem einsetzt.

Diese Erscheinungen entsprechen vollkommen unserer Erklärung der Versuche von *Stahl* und *Shive*, die auf der Identität der Prozesse bei niederen und höheren Pflanzen beruht (wir erinnern an die Formulierung für einen derartigen Fall bei *Warburg*: „Reine Reduktion ohne Assimilation").

Trotz aller Exaktheit bei der Gewinnung dieser Versuchsergebnisse war es immerhin interessant, die Reduktion der Nitrate und die Bildung des Ammoniaks in einem Versuch festzustellen, wo Ammoniak überhaupt nicht zugeführt wird. Zu diesem Zweck wiederholten wir die Versuche bei gleichartiger Anlage, ersetzten aber NH_4NO_3 durch $NaNO_3$.

Beispiele aus dieser Versuchsreihe:

Alter der Pflanzen (in Tagen)		35	45	55	65	75	85
festgestellt NH_3	28 mg	0	0	0	0	0	0
in der Lösung bei	280 mg	0	0	2,8	12,7	19,7[1]	15,6[1]
Konzentration	560 mg/l	0	0	10,8	28,5	6,9[1]	12,2[1]

Daraus sieht man, daß beim Ersatz von NH_4NO_3 durch Salpeter in der 2. Hälfte der Vegetationsperiode, wenn der Stickstoffbedarf zum Aufbau der Organe zurückgeht, der Austritt des Ammoniaks aus den Wurzeln in die Nährlösung stattfindet.

Diese Versuchsserie bewies nun endgültig die Richtigkeit unserer Erklärung für die Versuchsergebnisse von *Stahl* und *Shive*.

Wenn bei Einhaltung der Versuchsbedingungen die von ihnen beschriebenen Ergebnisse tatsächlich eintreten, so haben doch diese Zahlen für die landwirtschaftliche Praxis überhaupt keinen Wert, weil sie bei einer Dosierung des Stickstoffs gewonnen worden sind, die 240 mal die Norm übersteigt. Verallgemeinern lassen sich die Ergebnisse dieser Versuche nicht, und man kann auch keinerlei Schlußfolgerungen aus ihnen ziehen für die Verwendung des Ammoniak- und Nitratstickstoffs als Kopfdüngung in der Landwirtschaft. Aber die physiologische Seite derartiger Versuche ist natürlich interessant, denn außer dem Stoffumsatz ist auch die Tatsache der sekundären Bestockung bei einjährigem Getreide beachtenswert: unter dem Einfluß großen Über-

Wendepunkt im Reifestadium und eine gewisse Annäherung der „Scherenhälften" zu beobachten ist. Diese beiden Verfasser haben aber ihren Versuch nicht lange genug fortgesetzt, um die zweite Überschneidung der Aufnahmekurven von NH_4 und NO_3, wie wir es gefunden haben, zu sehen.

[1] Hier beobachtete man außer der Bildung des Ammoniaks auch noch die der Nitrite.

schusses an Stickstoffnahrung beginnt der Hafer im Herbst nochmals zu wachsen und erinnert damit an das Verhalten des mehrjährigen Weizens von Zizin.

Außer den Mitteilungen von *Stahl* und *Shive*, die mit Hafer und Buchweizen arbeiteten, erschien zu diesem Thema auch die Arbeit von *Naftel*, in der Versuche mit Baumwolle (mit Wechsel der Lösung) beschrieben werden. Die Schlußfolgerungen sind ähnlich denen von *Stahl* und *Shive*, aber alles, was wir oben gesagt haben, bezieht sich auch auf die Versuche von *Naftel*; außerdem trat in diesen Versuchen noch ganz besonders der Einfluß der begleitenden Kationen und Anionen auf die Ausnutzung von NH_4NO_3 in Erscheinung. Deshalb werden wir uns mit dieser Arbeit in dem folgenden Kapitel noch beschäftigen.

Die Bedeutung der begleitenden Kationen und Anionen bei der Ammoniak- und Nitraternährung

Außer den oben beschriebenen Bedingungen, wie die Reserve an Kohlenhydraten, die Lösungskonzentration NH_4NO_3, die Reaktion der Umgebung und das Stadium der Pflanzenentwicklung (im Sinne, wie wir es eben auseinandergesetzt haben), wirkt auf die relative Energie der Aufnahme von NH_4 und NO_3 aus der Lösung NH_4NO_3 noch das quantitative Verhältnis anderer Ionen in der Lösung.

Wir sahen bereits, daß bei der Aufnahme des Ammoniaks höhere Mengen Kalzium in der Lösung eine Rolle spielen und daß die Anwesenheit anderer Basen (K und Mg) gleichfalls einen Einfluß ausübt, wie *Dikussar* 1926 in unserem Laboratorium nachgewiesen hat. Gleichzeitig stellten wir in unseren Versuchen, genau so wie *Arwid Thomson*, den ungünstigen Einfluß höherer Kalziummengen bei der Nitraternährung fest. Schon daraus kann man schließen, daß bei gleichzeitiger Anwesenheit beider Stickstoffquellen, wie in der Lösung NH_4NO_3, das Kalzium die Aufnahme von NO_3 hemmen und jene von NH_4 fördern muß. Professor *Tsung-Lee-Loo* von der Sun-Jat-Sen-Universität in Kanton setzte unsere Versuche über dieses Thema fort[1]; er erforschte systematisch den Einfluß einer Reihe von Kationen und Anionen auf die Energie der NH_4- und NO_3-Aufnahme aus der Lösung NH_4NO_3. Dabei zeigte sich, daß K^+ unter den Kationen und SO_4'' unter den Anionen in umgekehrter Richtung wirken als Ca^{++}, und zwar: Sie begünstigen die Aufnahme von NO_3' und können bei bestimmter Konzentration ein Übergewicht bei der Aufnahme von NO_3' im Vergleich zu NH_4^+ hervorrufen. Aus einer Versuchsreihe mit Maiskeimlingen über den Einfluß der Kationen führen wir folgende Beispiele an:

---

[1] Further Studies on the Absorption of Ammonia and Nitrate by the Root System (Bull. Dep. of Biology College. Sun Jatsen University, N 10, 1931, Canton, China).

Bei uns sind die Forschungen über den Einfluß der begleitenden Ionen auf das Verhältnis der Pflanzen zur Ammoniak- und Nitraternährung im Zusammenhang mit der praktischen Anwendung von Düngemitteln von *L. S. Ljubarskaja* [siehe „Arbeiten des Sektors Chemisierung des ZINS“, Bd. II, 1934) und *Turtschin* (*F. W. Turtschin*, Über die Wirkungsweise der Düngemittel, SChG 1936 (Russ.)] durchgeführt worden.

		Kontrolle	NaCl	KCl	$CaCl_2$	$MgCl_2$	$BaCl_2$ (0,01n)
Stickstoffaufnahme (in mg)	NH_4	78	85	83	72	66	60
	NO_3	54	60	153	33	47	7
am Ende	pH	5,2	5,5	3,6[1]	5,0	4,4	4,4

Gibt man in die Lösung K_2SO_4, dann ist das Übergewicht der NO_3-Aufnahme noch größer als bei Kalium mit anderen Anionen:

		Kontrolle	KCl	KBr	K_2SO_4
Stickstoffaufnahme (in mg)	NH_4	120	83	86	88
	NO_3	86	113	113	153

Außer den Versuchen mit Zusatz nur eines Salzes legte der Verfasser noch zwei Versuchsserien mit zunehmenden Dosen von KCl und $CaCl_2$ bei sonst voller Nährlösung an; wir bringen hier nur folgende Zahlen aus diesen Versuchen:

Umfang der Aufnahme in Abhängigkeit von der Konzentration $CaCl_2$ und KCl (aufgenommener Stickstoff in mg)

		0	0,0001 n	0,001 n	0,01 n	0,1 n
Reihe $CaCl_2$ (48 Std.)	NH_4	92	123	100	80	60
	NO_3	72	72	65	32	19
Reihe KCl (72 Std.)	NH_4	154	164	200	180	156
	NO_3	147	160	240	293	327

Wie wir sehen, ändert sich das Verhältnis der aufgenommenen NH_4^+- und NO_3'-Ionen unter dem Einfluß von Kalzium und Kalium in entgegengesetzter Richtung, und zwar: das Kalziumion als das weniger bewegliche senkt die Aufnahme von NO_3', so daß die NH_4^+-Aufnahme ansteigt; auf der anderen Seite tritt der positive Einfluß des Kaliums auf die Aufnahme von NO_3' stark in den Vordergrund. Es muß allerdings bemerkt werden, daß der Hintergrund, auf dem diese Veränderungen vor sich gingen, schon von sich aus die NO_3'-Aufnahme begünstigte, weil die Nährmischung in der Kalireihe viel mehr $MgSO_4$ als $CaCl_2$ enthielt; es wurde auch viel NaH_2PO_4 gegeben, und gerade die Ionen SO_4'' begünstigten die Aufnahme von NO_3', während die Ionen H_2PO_4' die Aufnahme von NH_4^+ verlangsamten. Damit erklärt sich der auffallende Effekt bei der Kaliumzugabe – die NO_3-Aufnahme steigt zugleich mit der Konzentration von KCl.

Deswegen mußten diese Versuche bei einer Anordnung wiederholt werden, wo nur die Kationen geändert werden und die Menge des Anions beständig bleibt. Es

[1] Diese Zahl ist sehr bezeichnend – offenbar wurde hier K wesentlich stärker als Cl aufgenommen. Wir beobachteten es in unseren Maisversuchen (im Gegensatz zu anderen Getreidearten); das bedeutet aber, daß das Ion NO_3' nicht nur mit den Kalium-, sondern auch mit den Wasserstoffionen in die Pflanze eingehen konnte.

mußte beispielsweise geprüft werden: ein verschiedenes Verhältnis zwischen Kalium und Kalzium bei beständiger Cl'-Menge und umgekehrt, ein verschiedenes Anionenverhältnis bei beständiger Kationmenge, was z. B. erreicht werden kann bei allmählichem Ersatz des Kaliumchlorids durch schwefelsaures Kalium.

Derartige Versuche über den Einfluß der Kationen (bei beständigem Anion) sind in unserem Laboratorium mit Maiskeimlingen durchgeführt worden; wir prüften den stufenweisen Ersatz des Kalziums durch Kalium bei gleichbleibender Chlormenge. Hier folgen die Zahlen aus einem dieser Versuche von 1943:

	Zusammensetzung der Lösung		Stickstoffaufnahme (in mg)	
NH_4NO_3	$CaCl_2$	KCl	NH_4	NO_3
0,1 n	—	—	19,7	14,4
0,1 n	1	0	18,1	12,9
0,1 n	3/4	1/4	16,9	16,5
0,1 n	1/2	1/2	16,5	19,4
0,1 n	1/4	3/4	15,5	23,3
0,1 n	0	1	14,4	22,6

Hier macht sich die günstige Wirkung des Kalziums auf die Aufnahme des Ammoniums und des Kaliums auf die Aufnahme von NO_3' deutlich bemerkbar. Der gleiche Austausch des Kalziums durch Kalium, aber bei einem anderen Anion (SO_4''), ist in einem Versuch mit Weizen durchgeführt worden. Die Ergebnisse sind:

	Zusammensetzung der Lösung		Stickstoffaufnahme (in mg)	
NH_4NO_3	$CaSO_4$	K_2SO_4	NH_4	NO_3
0,1 n	—	—	13,2	11,1
0,1 n	1	0	16,2	12,9
0,1 n	3/4	1/4	15,7	15,6
0,1 n	1/2	1/2	15,2	18,8
0,1 n	1/4	3/4	14,2	—
0,1 n	0	1	11,9	18,7

Hier sehen wir genau dasselbe Bild, dieselbe positive Wirkung von Ca auf die Aufnahme von NH_4^+ und von Kalium auf die Aufnahme von NO_3'. Schließlich ist der 3. Versuch des Kationaustausches bei ein und demselben Anion mit Phosphaten $Ca(H_2PO_4)_2$ und KH_2PO_4 durchgeführt worden.

Wieder die gleiche Abhängigkeit, nur der Kreuzungspunkt ist in Richtung höherer Konzentration des Kaliums (und entsprechend geringerer Konzentration des Kalziums) verschoben. Somit ist der Einfluß von Kalzium und Kalium genau derselbe in den Versuchen mit Chloriden, Sulfaten und Phosphaten. Hinsichtlich des Einflusses bei Anionenwechsel (Cl′ und SO_4'') haben wir nur einen Versuch, der in eine kältere Jahreszeit fiel. Infolgedessen sind die Aufnahmen geringer gewesen, trotzdem zeigte sich eine deutliche Tendenz zur höheren Ammoniumaufnahme im Falle Cl′ und im Fall SO_4'' zur höheren Aufnahme der Nitrate.

NH_4NO_3	Zusammensetzung der Lösung		Stickstoffaufnahme (in mg)	
	$Ca(H_2PO_4)_2$	KH_2PO_4	NH_4	NO_3
0,1 n	—	—	16,1	12,2
0,1 n	1	0	21,9	12,7
0,1 n	3/4	1/4	21,9	15,8
0,1 n	1/2	1/2	19,1	17,3
0,1 n	1/4	3/4	19,4	18,5
0,1 n	0	1	17,1	19,9

In den Jahren 1944 und 1945 sind die Versuche zur Erforschung des Einflusses der Kationen in der Lösung auf die Aufnahme des Ammoniak- und des Nitratstickstoffs durch die Pflanze von *N. S. Turkowa* in unserem Laboratorium fortgesetzt worden. In diesen Versuchen mit assimilierenden Weizenkeimlingen fand man wieder eine Bestätigung früher festgestellter Tatsachen bezüglich der Bedeutung des Verhältnisses von Kalium zu Kalzium für die Aufnahme des Ammoniak- bzw. Nitratstickstoffs durch die Pflanze. In diesen Versuchen sind wir weitergegangen und erforschten außer der Bestimmung der Mengen des von der Pflanze aufgenommenen Ammoniaks und der Salpetersäure auch noch die Veränderungen beim Umsatz stickstoffhaltiger Substanzen unter Berücksichtigung der Speicherung von Amiden, Aminosäuren und Eiweißstickstoff in der Pflanze.

Aus der großen Zahl dieser Versuche geben wir hier nur die Zahlen zweier Versuche – des einen mit Kalzium- und Kaliumchlorid und des anderen mit Sulfaten. Der Stickstoff in beiden Versuchen wurde in Form von NH_4NO_3 gegeben.

Versuch mit Chloriden

Verhältnis von K zu Ca	KCl	0	1/5	1/2	4/5	1
	$CaCl_2$	1	4/5	1/2	1/5	0
Stickstoffaufnahme	NH_3	58	57	45	43	19
(in mg)	NO_3	31	45	45	56	60
Amidstickstoff (in mg auf 200 Pflanzen)		31	28	28	21	15
Stickstoff der Aminosäuren (in mg auf 200 Pflanzen)		11	17	18	25	38
Eiweißstickstoff (in % des Gesamtstickstoffs)		70	73	72	69	64

Versuch mit Sulfaten

Verhältnis von K zu Ca	KCl	0	1/5	1/2	1/5	1
	$CaCl_2$	1	4/5	1/2	4/5	0
Stickstoffaufnahme (in mg)	NH_3	57	46	40	36	20
	NO_3	19	36	38	52	55
Amidstickstoff (in mg je 200 Pflanzen)		36	29	24	20	21
Stickstoff der Aminosäuren (in mg je 200 Pflanzen)		4	20	21	50	38
Eiweißstickstoff (in % des Gesamtstickstoffs)		73	70	74	58	59

Die Ergebnisse dieser Versuche haben gezeigt, daß eine Änderung im Verhältnis von Kalium und Kalzium einen recht starken Einfluß auf den Umsatz der stickstoffhaltigen Substanzen in der Pflanze ausübt.

Die Zunahme des Verhältnisses Ca:K in der Lösung hebt den relativen Gehalt an Eiweißstickstoff (in Prozent des Gesamtstickstoffs); gleichzeitig steigt die Speicherung der Amide. Im Versuch mit Chloriden nimmt der N der Amide von 15–31 mg (auf 200 Keimlinge) zu und in den Versuchen mit Sulfaten entsprechend von 21–36 mg.

Die größte Veränderung ist beim Stickstoff der Aminosäuren festgestellt worden, dessen Gehalt in umgekehrter Richtung ansteigt, d. h. größer wird mit zunehmendem Verhältnis K:Ca (von 11–38 mg im Versuch mit Chloriden und von 4–50 mg im Versuch mit Sulfaten).

Somit begegnen wir in diesem Falle einer recht tiefgehenden Veränderung der inneren Umsatzprozesse bei den stickstoffhaltigen Substanzen in der Pflanze unter der Einwirkung der mineralischen Ernährung.

Auf jeden Fall aber können wir aus den schon vorliegenden Ergebnissen deutlich ersehen, daß die Nährmischung viel mehr Kalzium enthalten muß, damit die Pflanze das Ammonium normal verwertet; andernfalls geht der Lösung das physiologische Gleichgewicht verloren. Wir sahen früher (S. 102), wie scharf der Antagonismus zwischen Ca und Ammonium nicht nur bei vollem Ersatz von NO_3' durch NH_4^+, sondern auch bei nur halbem Ersatz, wie das bei NH_4NO_3 der Fall ist, in Erscheinung tritt; und in diesem Falle genügt es nicht mehr, das Verhältnis N:Ca, wie es in den Standard-Nitratmischungen (*Knop*, *Hellriegel* u. a.) üblich ist, beizubehalten.

Wir machten früher Angaben aus den Versuchen von *W. S. Iwanowa* (S. 102), wonach in Mischungen, die NH_4NO_3 enthalten, die Ca-Menge, im Vergleich zum Verhältnis Ca:N in Lösungen mit $Ca(NO_3)_2$, verdoppelt werden muß, damit das durch die Einführung von NH_4[1] gestörte Gleichgewicht zwischen den einwertigen und zweiwertigen Kationen wieder hergestellt wird.

[1] Siehe auch die oben (S. 102) zitierten Angaben von *Demidenko*; ein voller Abdruck der Arbeit *Demidenkos* befindet sich im Band XVI der „Vegetationsversuche“ (Russ.).

Die Unterschätzung dieser Rolle des Kalziums als Antagonist des Ammoniums kann zu paradoxen Ergebnissen führen, die mitunter unrichtig verallgemeinert werden. Einen derartigen Fall haben wir zum Beispiel in den Versuchen *Naftels*[1] mit Baumwolle, in denen er beobachtete, daß, beginnend mit einem bestimmten Alter, die Aufnahme von NO_3' im Vergleich zu NH_4^+ größer war, obwohl der Versuch mit assimilierenden Pflanzen stattfand, aber die Nährlösung *Naftels* enthielt (abgesehen vom Stickstoffüberfluß infolge häufigen Wechsels der Nährlösung) eine ungewöhnlich große Menge Sulfate.

Außerdem überwog in ihr das Magnesium das Kalzium, und das Verhältnis Ca:N wurde im Vergleich zu $Ca(NO_3)$ nicht heraufgesetzt, was sein muß, wenn NH_4 in größerer Menge eingeführt wird. Gerade in dieser Mischung befanden sich auf 1 Ltr. Ca — 114 mg und Mg — 172 mg; SO_4 — 808 mg und Cl nur 103 mg.

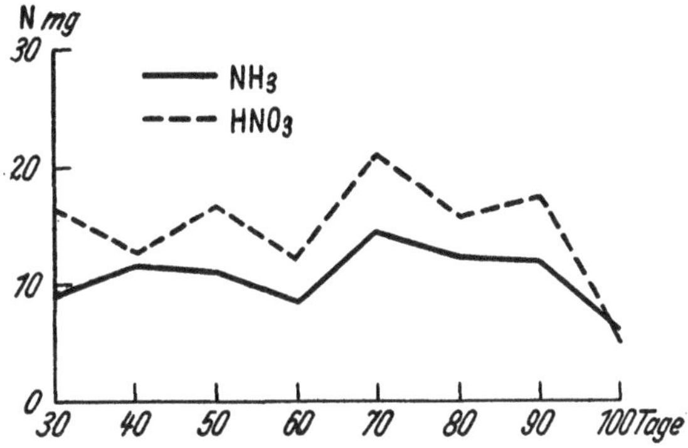

Abb. 29. Aufnahme des Ammoniak- und Nitratstickstoffs aus der Lösung NH_4NO_3. Zusammensetzung der Nährmischung nach *Naftel* (Versuch mit Baumwolle)

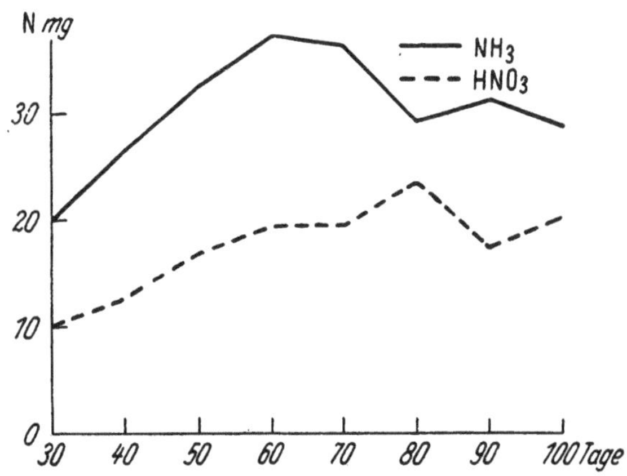

Abb. 30. Aufnahme des Ammoniak- und Nitratstickstoffs aus der Lösung NH_4NO_3. In der Nährlösung ist die Kalziumkonzentration heraufgesetzt (Versuch mit Baumwolle)

Außer der eigenartigen Zusammensetzung dieser Mischung machte sich in den Versuchen *Naftels* noch die überschüssige N-Nahrung bemerkbar: er gab 80 mg N je Liter und wechselte die Lösung alle 48 Stunden (oder 72 Stunden), während *Hellriegel* dieselbe Stickstoffmenge für die ganze Vegetationsperiode verbrauchte.

Als diese Versuche bei uns durch *W. S. Iwanowa* mit einer größeren Ca-Menge in der Lösung wiederholt wurden, verschwand die von *Naftel* beschriebene Erscheinung und die Pflanzen nahmen in jedem Alter aus der Lösung NH_4NO_3 mehr Base als Säure auf. Das gleiche spielte sich ab bei der pH-Änderung in den Lösungen *Naftels* von 4,8–7,0 (siehe die Tabelle und die Abb. 29 und 30).

[1] *Naftel, J. A.*, The Absorption of Ammonium and Nitrate Nitrogen by Various Plants at Different Stages of Growth. Journ. Amer. Soc. Agron. Nr. 2, 1931.

Alter der Pflanzen (in Tagen)	Nährlösung *Naftels* bei pH = 4,8		Nährlösung *Naftels* bei pH = 4,8, aber mit verdoppelter Ca-Menge		Nährlösung *Naftels* pH = 7,0	
	Stickstoffaufnahme (in mg)		Stickstoffaufnahme (in mg)		Stickstoffaufnahme (in mg)	
	NH_4	NO_3	NH_4	NO_3	NH_4	NO_3
30	9,3	15,6	12,9	9,8	13,8	7,1
60	8,7	11,9	37,5	19,4	20,6	17,9
80	12,2	13,4	29,6	23,6	24,0	15,1
100	6,9	6,0	19,8	11,3	10,8	6,8
	Gewicht der Pflanzen (in g)					
	30,7		67,1		58,6	

Die oben angeführten Tatsachen geben Veranlassung zur teilweisen Überprüfung der Frage nach der „physiologischen Amphoterität" von NH_4NO_3. Solange der neue Faktor (die Änderung im Verhältnis der Begleitionen) an den Versuchen nicht beteiligt war, konnte man den tatsächlichen Übergang von $\frac{\text{Amm. N}}{\text{Nitr. N}} > 1$ zu $\frac{\text{Amm.N}}{\text{Nitr. N}} < 1$ nicht beobachten; es gab nur Fälle, in denen die Ausscheidung des Ammoniaks, das sich bei der Reduktion der Nitrate bildete, durch die Pflanze den Anschein überwiegender Nitrataufnahme erweckte. So hat die allmähliche pH-Senkung erst dann zur bevorzugten NO_3-Aufnahme aus der Lösung NH_4NO_3 geführt, als die Amidsynthese aufhörte und das Ammoniak als Produkt der NO_3-Reduktion austrat, was auch Veranlassung gab, zu sagen, daß unter diesen Bedingungen keine physiologische, sondern eine „pathologische Alkalität" von NH_4NO_3 in Erscheinung tritt. Dieses beobachteten wir in einer Reihe unserer Versuche (siehe oben) mit etiolierten Pflanzen und gleichfalls in den Versuchen von *Tsung Lee-Loo* mit zwei Wochen alten Maiskeimlingen bei Licht. Wir geben hier nur die graphische Darstellung der Ergebnisse eines dieser Versuche (Abb. 31).

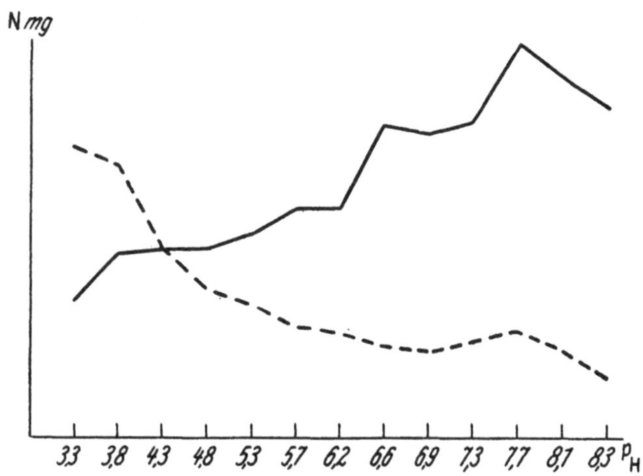

Abb. 31. Aufnahme des Ammoniak- und Nitratstickstoffs aus der Lösung NH_4NO_3 bei verschiedenem pH-Wert (nach Angaben der Versuche von *Tsung Lee-Loo*). ——NH_3 - - - - HNO_3

Wir sehen, daß der Übergang von $\frac{\text{Amm. N}}{\text{Nitr. N}} > 1$ zu $\frac{\text{Amm. N}}{\text{Nitr. N}} < 1$ bei der Reaktion pH = 4,0 und weniger stattfindet, d. h. unter Bedingungen, die der Entwicklung der Pflanzen und der normalen Amidsynthese offenkundig ungünstig sind. Wenn wir damit ein anderes Diagramm vergleichen aus den Versuchen *Naftels* mit einer eigenartigen Nährmischung, in der das Verhältnis der Kationen zu den Anionen die Aufnahme der Nitrate begünstigt (Abb. 32), dann sehen wir, daß die Überschneidung der Kurven im pH-Intervall von 5,0 und 6,0 stattfindet, d. h. bei einer Reaktion, die pathologische Veränderungen im Stoffumsatz nicht hervorrufen konnte. Also kann man sagen, daß endlich Fälle gefunden worden sind, wo von einer physiologischen Amphoterität von NH_4NO_3 tatsächlich gesprochen werden kann. Damit sie aber in Erscheinung tritt, sind besondere Bedingungen erforderlich, und gewöhnlich verhält sich NH_4NO_3 wie ein physiologisch saures Salz.

Wenn man jetzt sämtliche Arbeiten der Physiologen und Agrochemiker zur Frage ob Ammoniak- oder Nitraternährung überblickt und Schlüsse zieht, mit denen die Agronomen bei Anwendung künstlicher Düngemittel zu rechnen haben, dann muß man folgende Grundsätze unterstreichen:

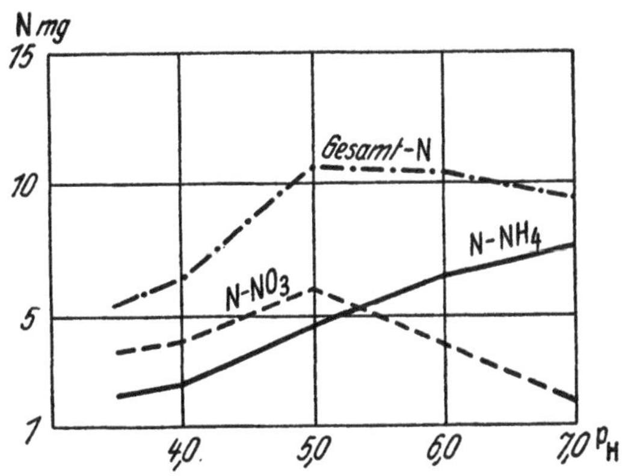

Abb. 32. Aufnahme des Ammoniak- und Nitratstickstoffs aus der Lösung NH_4NO_3 bei verschiedenem pH-Wert (nach *Naftel*)

Endgültig festgestellt ist nicht nur die Unrichtigkeit der ursprünglichen Vorstellung, daß der Ammoniakstickstoff zuerst in den Nitratstickstoff umgesetzt werden muß, sondern auch die Unrichtigkeit einer späteren Vorstellung von der langsamen Aufnahme des Ammoniaks im Vergleich zum Nitratstickstoff; *im Gegenteil*, bei gleichzeitigem Vorhandensein des einen und des anderen in der Lösung wird das Ammoniak gewöhnlich schneller aufgenommen und in den Syntheseprozessen verwandt als die Nitrate.

Aber genau so unrichtig wie die frühere Meinung von der absoluten Überlegenheit der Nitraternährung wäre auch umgekehrt, auf Grund des oben Gesagten, die Annahme der absoluten Überlegenheit der Ammoniakernährung, weil *das Ergebnis je nach den äußeren und inneren Bedingungen verschieden ist und die optimalen Kombinationen dieser Bedingungen für Ammoniak und Nitrate nicht zusammenfallen.*

Wenn wir es verstehen, optimale Bedingungen für jede N-Quelle zu bieten, dann kommen wir zur grundsätzlichen Anerkennung ihrer Gleichwertigkeit in physiologischer Hinsicht; wenn wir sie aber unter irgendwelchen gleichen Bedingungen vergleichen, dann kann das Übergewicht mal auf der Seite der einen, mal auf der der anderen Quelle liegen je nach diesen Bedingungen. Aber aus der physiologischen Schlußfolgerung ergibt sich noch keine unmittelbar agronomische, weil wir optimale Bedingungen für jede Quelle nur in Laboratorien erreichen können, wo wir es in der Hand haben, die Eigenschaften der Umwelt zu ändern.

Sobald wir aber ins Feld gehen, wo wir die restlichen Anionen oder Kationen nicht entfernen können wie in den fließenden Lösungen, sind wir gezwungen, ihren Einfluß auf die Reaktion des Bodens und unmittelbar auf die Pflanze selbst zu berücksichtigen, und *können nur nach genauer Prüfung dieser realen Wechselbeziehungen zwischen Düngemitteln, Pflanze und Boden Schlüsse ziehen, die in der Praxis anwendbar sind.*

Vor allen Dingen ist festzustellen, daß, wenn eine künstliche Regulierung der Reaktion nicht angewandt wird, *die Pflanze eher einer Reaktionsverschiebung nach der alkalischen als nach der sauren Richtung widersteht.* So werden bei der Düngung mit $NaNO_3$ oder $Ca(NO_3)_2$, trotz schnellerer Aufnahme der Säure als der Base durch die Pflanze, dennoch keine freien Basen, sondern Bikarbonate zurückbleiben infolge der Ausscheidung von Kohlensäure durch das Wurzelsystem bei der Atmung. Da ferner die Kohlensäure im Überfluß zur Verfügung steht, ist eine wesentliche Alkalität nicht zu beobachten, und die Reaktion ist fast neutral. Wenn wir aber eine Ernährung mit NH_4Cl oder $(NH_4)_2SO_4$ vornehmen, dann vermag die Pflanze der verbleibenden Säure nichts entgegenzustellen, und das Endresultat ist vollkommen von den Eigenschaften des Bodens, von seinem Reichtum an Basen abhängig. Infolgedessen wirken solche Ammoniumsalze wie NH_4Cl und $(NH_4)_2SO_4$ auf an Basen armen Böden (Sandböden, viele Torf- und stark podsolierte Böden) schlechter als Salpeter, zum mindesten bei wiederholter Anwendung. Einen Ausweg gibt es natürlich, und zwar die Anwendung von Kalk, aber einstweilen haben wir noch sehr wenig gekalkte Böden. Um in größerem Umfang zu kalken, ist eine richtig organisierte agrochemische Betreuung einzelner Mikrobezirke erforderlich, was wir zunächst noch nicht haben.

Demnach eignen sich für die nördlichen Böden die Verbindungen des Ammoniums mit Salpeter-, Phosphor- und Kohlensäure besser als mit Schwefel- und Salzsäure. Aber auch dabei bleibt die Frage bestehen nach der Verdrängung des Kalziums aus dem Sorptionskomplex, während $Ca(NO_3)_2$ und $CaCN_2$ zur Ergänzung des sorbierten Kalziums in den Podsolböden beitragen.

Außer der Reaktionsregulierung im Zusammenhang mit eventuellem Kalkmangel im Boden besteht zwischen dem physiologischen Versuch und dem Feldversuch auch noch der Unterschied in der *Konzentrationsregulierung;* beim Vegetationsversuch ist es nicht schwer, Ammoniak in einzelnen Gaben zuzuführen, insbesondere bei fließenden Lösungen, wo man imstande ist, eine zu starke Ammoniakkonzentration im Anfangsstadium der Pflanzenentwicklung zu vermeiden. Im Felde, wenn man von Bewässerungsbetrieben oder feuchtem Klima absieht, *gibt man im Gegenteil die gesamte Menge an Düngemitteln für die Vegetationsperiode häufig schon vor der Saat.*

Dabei bekommen die jungen Pflanzen gerade in der Zeit, wo sie wenig N benötigen, das Ammoniumsalz in der größten Konzentration, und andererseits nimmt diese Konzentration ab bei steigender Beanspruchung seitens der Pflanze.

Insbesondere bei Keimlingen, die arm an Kohlenhydratreserven sind, wie die Keimlinge der Rüben, ist ein Ammoniaküberfluß in der ersten Zeit gefährlich. Daher die Schwierigkeit, die Reihendüngung der Rüben mit Ammoniumsalzen, auch wenn sie frei von H_2SO_4 und HCl sind, durchzuführen; man bevorzugt deshalb die Salpetersäure, bei der die Grenze der tragbaren Konzentration höher liegt als bei den Ammoniumdüngemitteln.

Aber bei bewässerten Kulturen ist es durchaus möglich, die Ammoniumsalze in einzelnen Gaben zu verabreichen. Dasselbe gilt für Hackkulturen, aber gerade die Kartoffel verträgt infolge ihrer Stärkereserve in der großen Knolle die Ammoniakdüngung schon bei der Pflanzung sehr gut.

Weniger erforscht unter Feldbedingungen, aber sehr wohl denkbar auf Böden, die sehr arm an Basen sind, ist das Fehlen der dritten Voraussetzung für die gute Wirkung der Ammoniumsalze; *das ist der mangelnde Ausgleich mit zweiwertigen Kationen (Ca und Mg), hervorgerufen durch jenen Überschuß an einwertigem Kation (NH_4), den wir durch die Düngung mit Ammoniumsalzen auf diesen Böden erzeugen.* Wenn aber solche Fälle vorkommen, dann ist es relativ leicht, diesen Mangel zu beseitigen, wenn man es vermeidet, auf diesen Böden Düngemittel, die kein Kalzium enthalten, zu verwenden. Ein derartiges Düngemittel ist zum Beispiel das sog. Nitrophoska, d. h. eine Mischung von Diammoniumphosphat, Ammoniumnitrat und Kalisalz. Obwohl ein sehr konzentriertes, „volles“ Düngemittel (d. h. NPK enthaltend), ist es für die genannten Böden viel zu einseitig, weil ihm zweiwertige Kationen fehlen.

Wenn also der Physiologe Recht hat, indem er die Gleichwertigkeit der Ammoniak- und Nitraternährung grundsätzlich anerkennt, dann ist auch der Agronom im Recht, wenn er sagt, daß *er viel leichter mit Nitraten arbeitet*, insbesondere mit Kalziumnitrat, weil dann auch jener Nachteil verschwindet, den man dem Chilesalpeter zuschreibt[1].

Solange aber die Industrie Ammoniak in wesentlich größerer Menge und bedeutend billiger als Nitrate erzeugt, bleibt dem Landwirt nichts weiter übrig, als seine Kenntnisse in der Agrochemie zu vertiefen, die Eigenarten der Anwendung von Ammoniumdüngemitteln beherrschen zu lernen und die Industrie auf jene Kombinationen hinzuweisen, die am wenigsten mit unerwünschten Anionen belastet sind wie $NH_4H_2PO_4$ oder $NH_4NO_3 + CaHPO_4$.

[1] Bei der Düngung mit $NaNO_3$ wird aus dem Sorptionskomplex Kalzium verdrängt und durch Natrium ersetzt, was bei systematischer Düngung in mehreren Jahren die Struktur des Bodens verschlechtern kann. Darauf beruht die unrichtige Behauptung, „daß die mineralischen Düngemittel überhaupt die Struktur des Bodens verderben“, denn $Ca(NO_3)_2$ und $CaCN_2$ können ihn nur verbessern. Aber in vielen Fällen kann Natrium im Chile- (oder synthetischen) Salpeter sogar nützlich sein, z.B. bei der Düngung von Zucker- und Futterrüben.

TEIL III

DER STICKSTOFF IM ACKERBAU DER UdSSR

Ertragssteigerung und Rolle des Stickstoffs im Ackerbau

Die ganze Geschichte des Ackerbaus in Westeuropa beweist, daß die Hauptbedingung, von der die mittlere Ertragshöhe in verschiedenen Epochen abhing, der Versorgungsgrad landwirtschaftlicher Kulturen mit Stickstoff gewesen ist. Es gab die tausendjährige Periode der Herrschaft des Dreifeldersystems, seit der Zeit *Karls des Großen* bis zur Epoche von *Lavoisiér*, als es keinen planmäßigen Stickstoffzufluß von außen in den Betrieb im ganzen gesehen gab, als nur der Stickstoff aus den Wiesen (durch das Heu und den Mist) in die Äcker hinübergepumpt wurde. Da aber die Wiesen mit Zunahme der Bevölkerung umgebrochen wurden, schrumpfte diese Quelle immer mehr, und das 18. Jahrhundert findet den größten Teil Europas im Stadium der Stabilisierung der Erträge auf der Höhe von 7 dz je ha. Später, Ende des 18. Jahrhunderts, tritt in England und noch früher in Belgien und Holland der Klee auf; die Dreifelderwirtschaft wird durch den Fruchtwechsel abgelöst. Durch den Klee wird dem Boden der Stickstoff der Luft sowohl unmittelbar in den Wurzelrückständen als auch im Dünger aus der Verfütterung von Kleeheu zugeführt, und wir sehen, daß die Erträge sich allmählich verdoppeln und in den genannten Ländern eine Höhe von 15–16 dz/ha, d.h. doppelt so viel wie im Mittelalter, erreichen.

Diese relative Bereicherung der Betriebe mit Stickstoff hat man lange Zeit nicht beachtet, genau so wie man die Luft nicht beachtet, die man einatmet, bis *Boussingault* mit aller Deutlichkeit die Frage nach der Bedeutung des Stickstoffs im Leben der Pflanze stellte. Er zeigte erstens (1837/38), daß die günstige Wirkung der Leguminosen auf die nachfolgenden Kulturen mit der Zugänglichkeit irgendeiner reichen Stickstoffquelle, die dem Getreide nicht zur Verfügung steht, verbunden ist und stellte zweitens fest, daß die aktivsten Düngemittel für das Getreide die stickstoffhaltigen (Guano, flüssige Ausscheidung der Tiere) sind. Obwohl die Quelle des Stickstoffs, dessen sich die Leguminosen bedienten, zu jener Zeit noch nicht genau bekannt war, hat *Boussingault* bereits 1837 die ziemlich genaue Vermutung ausgesprochen, daß es der Stickstoff der Luft ist. Sobald dank dem Kleeanbau das Stickstoffminimum in den Böden Europas gemildert war, zeigte sich auch die vorteilhafte Wirkung des Phosphors auf die Erträge. *Liebig* propagierte aber die mineralische Düngung und schob die Aschenelemente (insbesondere Phosphor und Kali) in den Vordergrund, ohne die Bedeutung des Kleebaues richtig einzuschätzen, und nahm an, daß der Stickstoff in Form von NH_4HCO_3 selbst aus der Luft kommen würde. Erst die Methode der künstlichen Kulturen (60er Jahre des vergangenen Jahrhunderts) zeigte, daß man eine Synthese der Ideen von *Boussingault* (N) und *Liebig* (P, K) vornehmen muß. „NPK“ wurde zur Devise bei der Anwendung künstlicher Düngemittel, und auf diesem Wege ist man weiter gegangen auf der Suche nach Rohstoffen für die sich entwickelnde Düngemittelindustrie.

Infolgedessen ist die neue Ära im Ackerbau nicht in den 40er Jahren, als *Liebig* seine Stimme erhob, sondern 40–50 Jahre später eingetreten, nachdem die Pflanzenphysiologie und die agronomische Chemie genau gezeigt hatten, welche Stoffe die Pflanzen benötigten, und die chemische Industrie künstliche Düngemittel in großen Mengen und billig zu liefern begann. Jetzt kam zum Stickstoff des Klees noch der Salpeterstickstoff hinzu, aber nunmehr war es notwendig, schon „PK“ hinzuzufügen, während früher der Klee noch allein in der Lage war, die Erträge zu heben, zum mindesten auf „kleefähigen“ Böden. Etwa mit dem Jahre 1885 beginnend und allmählich ansteigend ist die Anwendung mineralischer Düngemittel auf der Grundlage des Fruchtwechsels zum Allgemeingut geworden.

Dabei hat der neue Faktor die früheren nicht abgelöst, sondern ergänzt; es war keine einfache Summierung, sondern zur gleichen Zeit eine Verstärkung der Klee- und Mistwirkung. Die mineralischen Düngemittel wirken gleichzeitig auf zwei Wegen: sie erhöhen unmittelbar die effektive Fruchtbarkeit des Bodens und vergrößern außerdem die Menge und den Wert des Mistes. Mit zunehmendem Körnerertrag steigt auch der Ertrag an Stroh, das zur Einstreu dient; mit Zunahme der Zuckerrübenerträge werden auch die Blatt- und Schnitzelmengen größer, die als Futter verwandt werden; die mineralischen Düngemittel und die Kalkung steigern die Klee-Erträge und machen Böden, auf denen früher kein Klee wuchs, „kleefähig“, sie heben die Heuerträge auf den Wiesen und ihren Gehalt an Stickstoff, und alles das macht sich an der Menge und an der Qualität des Mistes bemerkbar. Auf diese Weise steigt die Menge und der Wert des Mistes nicht nur unter dem Einfluß des Klees, sondern auch unter dem Einfluß der mineralischen Düngemittel.

Wenn am Ende des vergangenen und zu Beginn des jetzigen Jahrhunderts die führende Rolle unter den stickstoffhaltigen Düngemitteln dem Salpeter zukam, dann ist sie nach dem Kriege 1914–1918 zum synthetischen Ammoniak übergegangen; es folgte eine weitere Verbilligung der stickstoffhaltigen Düngemittel (der Preis für Ammoniaksulfat sank in den 30er Jahren bis zu 50% vom Preis des Weizens), und die Erträge erreichten in den führenden Ländern Europas *die dreifache und die vierfache* Höhe gegenüber dem Mittelalter (25–30 dz in Belgien und in Holland).

Zu Beginn dieses Jahrhunderts waren unsere Erträge um das Zwei- bis Zweieinhalbfache geringer als in einigen Ländern Westeuropas, und in Belgien, Holland und Frankreich ist der Durchschnittsertrag bei Getreide fast dreimal höher gewesen als bei uns. Damals war man geneigt, diesen Unterschied günstigeren natürlichen Bedingungen wie Boden und Klima zuzuschreiben. Allein diese Erklärung ist vollkommen unrichtig; im Gegenteil, die Böden im Westen sind ihrer Natur nach schlechter als unsere, ihre Fruchtbarkeit ist eine sekundäre Erscheinung, eine Folge von Fleiß und Wissen; und wenn auch das Klima von Holland und England die Sommertrockenheit des Wolgagebietes und die starken Winterfröste nicht kennt, so gibt es dort auch nicht die Sonne von Kiew, auch nicht einmal die Sonne von Moskau. Auf jeden Fall ist nicht das Klima, sondern der Boden im Westen *durch die Hand des Menschen geändert worden*, und vor 100–200 Jahren hatte der Westen bei demselben Klima die gleichen geringen Erträge wie Rußland vor der Revolution (etwa 7 dz). Zwei Faktoren spielten eine Rolle bei der Umgestaltung der Böden im Westen, und zwar: 1. der Kleeanbau und 2. die mineralische Düngung (einschließlich der Kalkung), wobei der eine und der andere Faktor auf die Fruchtbarkeit des Bodens sowohl unmittelbar als auch auf dem Wege über den Mist eingewirkt hat. Als Stickstoffsammler bereichert der Klee den Boden mit seinen Wurzelrückständen und steigert andererseits die Menge des Futters und folglich auch die des Mistes in der Wirtschaft. Gleichzeitig steigt durch den Klee auch der Stickstoffgehalt im Futter und im Mist. Da in Westeuropa die Einführung des Fruchtwechsels und die Einführung der mineralischen Düngemittel durch einen bedeutenden Zeitraum voneinander getrennt sind – etwa 100 Jahre in England und noch länger in Belgien – ist es möglich, die Wirkung der einen und der anderen Maßnahme an der Änderung der mittleren Erträge in den letzten 150 Jahren abzuschätzen.

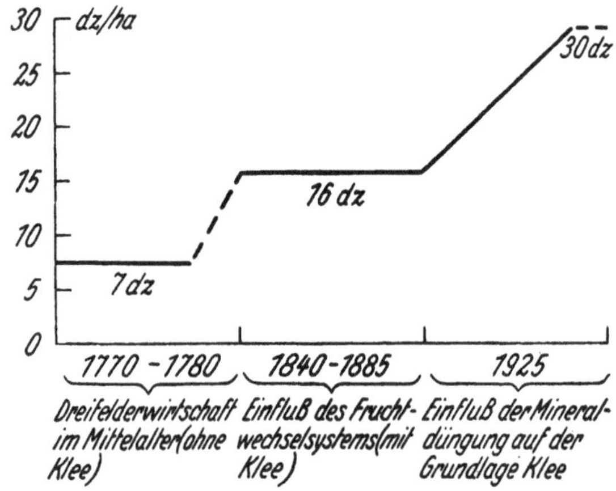

Abb. 33. Änderung der Ertragshöhe beim Weizen in Westeuropa in 150 Jahren (Schema)

Schematisch kann die Bewegung der Erträge in Westeuropa, die sich unter dem Zeichen des Stickstoffs (zunächst ausschließlich und dann hauptsächlich) abspielte, durch drei Stufen einer Treppe dargestellt werden (Abb. 33).

Zur Bestätigung unseres Schemas können wir folgende tatsächliche Angaben über die Bewegung der Erträge in Holland, Belgien und Deutschland machen:

Bewegung der Erträge in Holland, Belgien und Deutschland (in dz)

Länder	I Periode der Dreifelder-Wirtschaft	II Periode des Fruchtwechels		III Einfluß der mineralischen Düngemittel			
	(Mittelalt.)	1840-70	1880	1891-1900	1909-13	1926-30	1936-38
Holland	7	15,5	17,7	19,4	22,5	29,8	31,8
Belgien	7	15,0	15,3	19,3	25,3	25,5	28,5
Deutschland	7	13,0	14,0	17,4	22,7	(19,9)	24,3

Anmerkung: Die Ertragshöhe von 7 dz bezieht sich in Deutschland auf die Jahre 1780/90; in Belgien und in Holland nahmen die Erträge unter dem Einfluß des Kleebaus schon früher zu.

Hieraus sieht man, daß allein der Übergang vom dreifeldrigen Getreidebau zum Fruchtwechsel mit Klee und Hackfrüchten zu einer allmählichen, einige Jahrzehnte dauernden *Verdoppelung der Erträge* führte: 13–17 dz gegenüber 6–7 dz im Mittelalter. Aber auf dieser Höhe stabilisieren sich die Erträge für längere Zeit, und erst viel später, nach Einführung der mineralischen Düngung, folgte eine neue Welle noch gewaltigeren und schnelleren Aufstiegs bis zur drei- bis vierfachen Höhe des Ausgangsertrages (7 dz). Diese Bewegung setzte in den 80er Jahren ein und ging crescendo weiter mit einer Unterbrechung während des ersten Weltkrieges insbesondere in Deutschland[1].

Das ist es gerade, was *Malthus* in seiner Annahme, daß die Bodenproduktion hinter der Zunahme der Bevölkerung zurückbleiben würde, nicht vorausgesehen hat. Es ist hinzuzufügen, daß die Zunahme der Getreideerträge den gesamten durch den Übergang zum Fruchtwechsel hervorgerufenen Anstieg der Produktion noch nicht kennzeichnet. Der Anbau der Hackfrüchte auf 25% der Fläche wirkte in derselben Richtung, da die Kartoffel eine dreifache Trockensubstanz je Hektar im Vergleich zum Getreide hervorbringt und die Wurzelfrüchte bei hoher Fruchtbarkeit des Bodens auch noch mehr geben können. Außerdem ist durch die Abschaffung der Brache, die in der Zeit der Dreifelderwirtschaft 33% der Ackerfläche einnahm, die Anbaufläche um 50% gestiegen. Wenn man das alles berücksichtigt und die Erträge aller Kulturen in Getreideäquivalente[2] umrechnet, dann kommt man zu folgender Produktionszunahme je Hektar Anbaufläche für Belgien und Holland (in dz je ha):

[1] Wir sehen, daß Belgien und Holland bei der Zunahme der Erträge bis 15 dz „Schritt hielten", während dann ein Unterschied zugunsten Hollands eintritt. Dieses ist eine Folge der Tatsache, daß Holland als Teilhaber Englands in der Beherrschung der Meere früher als Belgien reinen Chilesalpeter anwandte und außerdem durch Schaffung eines Netzes von Deichen und Kanälen zu einem billigen Wassertransport gekommen ist, um die Fäkalien aus den Städten auf die Felder zu befördern. Deutschland dagegen blieb mit der Einführung des Futteranbaus gegen die westlichen Nachbarn zurück und erreichte daher erst gegen Mitte der 80er Jahre jene Höhe der Erträge, die Belgien schon in den 40er Jahren des vergangenen Jahrhunderts gehabt hat.

[2] Bei dieser Umrechnung wird der Doppelzentner Weizen und Roggen für 1 angenommen; Hafer teilt man durch 1,2, Kartoffel durch 4, Wurzelfrüchte durch 5, Kleeheu durch 2,5, Haferstroh durch 4 und Roggenstroh durch 5.

	Getreideäquivalente für Ernährungszwecke	Das gleiche einschließlich des Futters
Dreifelderwirtschaft	4,3	5,9
Fruchtwechsel (vor Einführung mineralischer Düngemittel)	19,0	29,0
Fruchtwechsel (nach Einführung mineralischer Düngemittel)	38,0	52,0

Somit stieg die Produktion in einem Tempo nahe dem Verhältnis der Potenzen $1^2 : 2^2 : 3^2$ an, d.h. sie nahm um das Vier- und um das Neunfache zu und nicht, wie *Malthus* glaubte, in der arithmetischen Progression. Bei seiner Berechnung der Schnelligkeit der Bevölkerungsvermehrung beging *Malthus* den umgekehrten Fehler[1], indem er diese Schnelligkeit bei weitem überschätzte.

Daß die schnelle Zunahme der Erträge Ende des 19. Jahrhunderts vor allen Dingen durch die Anwendung künstlicher Düngemittel hervorgerufen ist, folgt schon daraus, daß in anderer Beziehung währenddessen keinerlei beachtenswerte Veränderungen stattgefunden haben[2]. Die gute Bodenbearbeitung hat sich in Belgien und Holland schon viel früher eingebürgert; die Einführung der Hackfrüchte trug dazu bei, die Felder vom Unkraut zu befreien (trotz Verkleinerung und später völliger Abschaffung der Brache), und gleichzeitig verbesserten sich die physikalischen Eigenschaften des Bodens unter dem Einfluß von Klee und organischer Düngung. Der deutsche Landwirt *Schwerz* beschreibt in seinen Briefen über die belgische Landwirtschaft zu Beginn des 19. Jahrhunderts das hohe Niveau der dort herrschenden Agrotechnik und sagt, daß man den Boden genau so sorgfältig bearbeite wie in Deutschland die Gärten. Allgemein diente zu jener Zeit die Wirtschaftsweise Englands und Belgiens für Deutschland als Vorbild.

---

[1] Zur Zeit *Malthus'* betrug der Bevölkerungszuwachs in England 13 je 1000, d. h. etwa so wie in Rußland in den Jahren 1860–1914. Dieses entspricht einer Verdoppelung der Bevölkerungszahl in 50 Jahren, während die Bevölkerung in Amerika, allerdings unter Einrechnung der Emigration, sich in 25 Jahren verdoppelte. Sogar Frankreich hatte einen Zuwachs von 9 je Tausend. Aber 100 Jahre nach *Malthus* sank die Bevölkerungszunahme in Frankreich auf 0,6, d.h. daß eine Bevölkerungsvermehrung kaum noch stattfand (dabei sind es nicht die Armen gewesen, sondern die bürgerlichen Kreise, die als Urheber des „Zweikindersystems" anzusehen sind). Jedoch konnte die landwirtschaftliche Produktion in Frankreich noch wesentlich gehoben werden und das Deutschland der Jahre 1885–1915 bot ein Beispiel schnelleren Anstiegs der Produktion als der Bevölkerung. In den USA, wo man nicht wußte, wohin mit dem Überfluß an Weizen und Mais, nahm der Bevölkerungszuwachs allmählich ab und war halb so groß als in Polen, Jugoslawien und Bulgarien. Nach Berechnung der Statistiker muß die Zahl der Geburten im Jahre 1970 der Zahl der Sterbefälle gleich sein, d.h. daß die USA in bezug auf die Bevölkerungszunahme sich in der gleichen Lage wie Frankreich befinden werden, obwohl die Nahrungsmittelmengen viel größer sind als in einem beliebigen anderen Lande.

[2] In der Zeit, als Europa den Weg der Chemisierung beschritt, ist Amerika den Weg der Mechanisierung gegangen, ohne daß die Erträge dabei den früheren Stand verlassen hätten.

Am Ende des 19. Jahrhunderts ist aber nichts Neues in Belgien und in Holland weder auf dem Gebiete der Bodenbearbeitung noch in der Züchtung aufgekommen, und die Fruchtfolgen haben gleichfalls keine Änderung erfahren. *Der einzige neue Faktor, der auf die Erträge einwirkte, war zu jener Zeit die mineralische Düngung, die ihrerseits natürlich auch die Bedeutung der früheren Faktoren, des Klees und des Düngers, beeinflußt hat.*

Eben auf jene Zeit beziehen sich die Worte *K. A. Timirjasews*, daß die europäische Landwirtschaft nur dank der agronomischen Chemie und der Pflanzenphysiologie das wurde, was sie jetzt ist.

Die Mechanisierung in der Landwirtschaft Europas war damals bis auf die Einführung der Erntemaschinen unbedeutend, und Erntemaschinen können die Erträge nicht steigern. Das Zentrum der Mechanisierung waren die Vereinigten Staaten, aber in ihnen hat eine Zunahme der Erträge, wie sie für Europa charakteristisch ist, nicht stattgefunden. Überhaupt ist die Mechanisierung vor allen Dingen ein Mittel zur Erfassung großer Räume in Ländern mit teurer menschlicher Arbeitskraft – sie setzt die Arbeitsmenge bei der Erzeugung unmittelbar herab. Die Chemisierung aber senkt diese Aufwendungen dadurch, daß sie bei gleichem Aufwand je Hektar die Höhe der Ernten heraufsetzt. Diese Beziehungen zwischen der Chemisierung und der Mechanisierung können durch folgende Zahlen ausgedrückt werden:

	Ernte dz/ha	Merkmal der Chemisierung[1]	Merkmal der Mechanisierung[2]	Bevölkerungsdichte qkm
Holland	30	109	< 1	217
Belgien	27,5	89	< 1	257
Japan	27	75	< 1	157
Deutschland	22	67	< 1	138
Frankreich	15	22	< 1	75
USA	9	12	10	13
Usbekistan	17	106	8	—

Wenn wir uns den Verhältnissen in der eigenen Heimat zuwenden, sehen wir, daß das Stickstoffproblem gleichfalls eine große Bedeutung in der Entwicklung der Landwirtschaft hatte und daß die Praxis unbewußt danach trachtete, es auf die billigste Weise zu lösen, daß aber die Hauptrolle nicht der Stickstoff im Klee, sondern der Stickstoff in der Schwarzerde gespielt hat.

Sobald die südlichen Steppen durch die Einfälle der Nomaden nicht mehr gefährdet waren, richtete sich die bäuerliche Kolonisation instinktiv dorthin, angelockt durch die Möglichkeit, ohne Rodung und ohne Mist, nur mit Hilfe des Schwarzerdestickstoffs gute Erträge zu erzielen, Erträge, die im Durchschnitt allerdings nicht be-

[1] $N + P_2O_5 + K_2O$ in Kilogramm je Hektar.
[2] Zahl der Traktoren auf 1000 ha Saatfläche.

sonders hoch und recht unbeständig[1] waren, immerhin aber ein billiges Brot lieferten. Dabei nahm nicht nur die Ackerfläche im Süden zu, sondern die Ackerfläche im Norden sank auch, je mehr sich der Eisenbahnverkehr nach dem Süden entwickelte.

Wenn man von der Abnahme des Ackerlandes im Norden auf dem privaten Grundbesitz als Folge der Aufhebung der Leibeigenschaft absieht und nur die nachfolgende Periode, als auf der Nichtschwarzerde die bäuerliche Wirtschaft vorherrschte, ins Auge faßt, so muß man doch eine systematische Verringerung der bestellten Fläche feststellen. So nahm beispielsweise im Gouvernement Moskau die Anbaufläche des Roggens im Jahre 1864 etwa 400000 ha ein, im Jahre 1900 waren es nur noch 220000 ha und 1916 150000 ha (die gesamte Fläche des Ackerlandes ist von 1200000 ha auf 460000 ha zurückgegangen). Währenddessen wurde das Schwarzerdegebiet immer mehr und mehr umgebrochen; das Wolgagebiet gab gute Erträge an eiweißreichen harten Weizen, und Jahrhunderte hindurch herrschte die düngerlose Wirtschaft. Noch 1830 hielt man die Anwendung des Düngers in der Gegend von Charkow für schädlich, und als man schließlich zu düngen begann, wirkte der Dünger vor allen Dingen durch seinen Gehalt an Phosphor und nicht an Stickstoff. So beobachtete man zu Beginn des 20. Jahrhunderts in der Charkower Station eine gleich 50 Pud starke Ertragszunahme bei Winterroggen unter der Wirkung des Superphosphats und des Mistes und keinerlei Zunahme nach der Anwendung von Salpeter. Allerdings bezog sich das nur auf Getreide und zwar auf Wintergetreide nach einer mit Nitraten angereicherten Schwarzbrache, während die Zuckerrüben bereits ihre Ansprüche auf Stickstoff geltend machten. Den Stickstoffbedarf der Zuckerrüben befriedigte man zunächst dadurch, daß man sie nach Schwarzbrache stellte (eine nie aufgetretene Erscheinung auf den nicht schwarzerdigen Böden Westeuropas), aber dann begann man sie auch mit Salpeter zu düngen (schon am Ende des 19. Jahrhunderts), und im 20. Jahrhundert reagierte das Getreide auch schon auf Stickstoff. So zeigte sich der Klee wie in Westeuropa als eine ausgezeichnete Vorfrucht für Getreide (Versuche der Nossowsker und Sumsker Stationen). In späterer Zeit sah man an direkten Versuchen der Stationen des NIUIF[2], unter der Leitung von *Lebedjanzew*, daß Sommergetreide auf Schwarzerde stark auf stickstoffhaltige Düngemittel reagiert. So ist die Periode des „Stickstoff-Eldorado" zu Ende gegangen, und auf den Schwarzerden, zum mindesten in ihrem westlichen Teil, wurden dieselben Maßnahmen zur Lösung des Stickstoffproblems notwendig wie auf dem nördlichen Nichtschwarzerdestreifen. (Klee und Mist für Getreide und für technische Kulturen auch noch bedeutende Mengen stickstoffhaltiger Düngemittel.)

---

[1] Der häufige Wechsel der Jahre hoher Ernten mit ertragsarmen Trockenjahren führte dazu, daß die höchsten Durchschnittserträge im Baltikum und im Norden (Kreis Schenkursk) zu finden waren, während die Gouvernements Orenburg, Samara, Taurien und das Gebiet des Donheeres geringe Erträge aufzuweisen hatten. Nichtsdestoweniger ist der Süden infolge seiner großen Ackerflächen und dünnen Besiedlung zum Brotlieferanten für den Norden geworden.

[2] Wissenschaftliches Institut für Düngemittel und Insektenfungizide des Volkskommissariats für chemische Industrie der UdSSR.

Sonderbarerweise ist die Rolle des Stickstoffs in der Landwirtschaft des Nichtschwarzerdegebietes von vornherein nicht voll eingeschätzt worden. Die Ursache liegt darin, daß man bei der Versuchsanlage von der Wirtschaftlichkeit der bestehenden Produktion ausging, statt an die Rolle des Staates bei der Organisierung der Produktion in der Zukunft zu denken. Als unter dem Einfluß von *Timirjasew* und *Tschuprow* die Agronomen der Moskauer landwirtschaftlichen Selbstverwaltung 1908 mit ihren Versuchen, bäuerlichen Böden mineralische Düngemittel zuzuführen, begannen, konnten sie sich absolut nicht entschließen, Salpeter anzuwenden oder wählten nur ganz geringe Mengen gleichsam als irgendein stimulierendes Mittel und motivierten dieses Verhalten damit, daß der aus Chile importierte Salpeter viel zu teuer sei und von den Bauern nicht gekauft werden könne, d. h. sie verwechselten die Forschungsziele mit der Propaganda der Salpeteranwendung. Infolgedessen haben die mineralischen Düngemittel die erwartete Wirkung nicht gehabt, was irrtümlich durch die schlechten physikalischen Eigenschaften unserer Böden erklärt wurde unter dem Hinweis auf England, wo zwischen der Einführung des Gräseranbaus und der Anwendung mineralischer Düngemittel über 100 Jahre vergangen waren. Die Einführung der künstlichen Düngemittel sei, so sagte man, noch viel zu früh. Ein gleicher Fehler wiederholte sich auch später, und zwar in den 20er Jahren. Die damalige Leitung des Volkskommissariats für Landwirtschaft lehnte die Bewilligung von Mitteln für die Versuchsstationen zur Anlage von Versuchen mit mineralischen Düngemitteln ab, weil „der Bauer diese Düngemittel nicht beansprucht".

Aber auch in jenen Einzelfällen, wo die Versuchsstationen ihre Versuche doch nach dem Achterschema durchführten, folgten sie dem Beispiel der Moskauer landwirtschaftlichen Selbstverwaltung in ihren ersten Versuchen (1908–1912) und gaben nur 15 kg Stickstoff[1] bei 40–50 kg Phosphor und Kali. Davon habe ich mich bei meiner Rundreise durch die Versuchsstationen des Ural- und Wolgagebietes im Herbst 1926 überzeugen können; natürlich war die Wirkung der mineralischen Düngemittel im Vergleich zum Mist, in dem man dem Boden 150–200 kg Stickstoff zuführte, gering[2]. Das veranlaßte mich, im Frühjahr 1927 einen Artikel „Chronische Sünden bei der Bewertung der Wirkung mineralischer Düngemittel" zu schreiben, und dieses Jahr wurde zum Wendepunkt bei der Durchführung von Düngeversuchen. Gerade damals wurde seitens der agrochemischen Abteilung des NIUIF, die mir unterstand, das sog. „geographische Versuchsnetz" ins Leben gerufen. Die Er-

[1] Gerade diese Dosen erwiesen sich auf den armen Böden besonders unvorteilhaft (siehe S. 171).

[2] Unter anderem teilte man mir auf der Versuchsstation von Kasan folgendes kurz mit über die Ergebnisse der Versuche: „Bei uns kommt nichts heraus, weder nach *Prjanischnikow* noch nach *Dojarenko*", d. h. weder die mineralischen Düngemittel noch das Brachen können dabei helfen, „es wirkt nur der Mist allein". Nachdem ich die Mengen der Düngung erfuhr, erteilte ich den Rat, das Stickstoffquantum heraufzusetzen. Nach zwei Jahren, 1928, als in Kasan die ordentliche Mendelejew-Tagung stattfand, figurierten in den Vorträgen der agrochemischen Sektion Zahlen der Station Kasan, in denen die Wirkung der mineralischen Düngemittel sich nicht mehr von der Wirkung des Mistes unterschied.

gebnisse dieses Netzes zeigten sofort, daß, wenn man im Bezirk der Podsolböden und auf den Grauerden Mittelasiens dieselben Stickstoffmengen wie im Westen anwendet, auch die gleiche Wirkung zu beobachten ist (Versuche mit Baumwolle, Lein und Kartoffeln). Mehr noch, es zeigte sich, daß auch auf den Schwarzerdeböden die technischen Kulturen (wie Zuckerrüben und Hanf) auf Stickstoff deutlich reagieren, daß aber auch beim Getreide eine gute Wirkung zu beobachten ist, falls es nicht nach reiner Brache folgt. Alles das ermöglichte, einen Plan für die chemische Industrie im großen Maßstabe zu entwerfen und mit seiner Verwirklichung im ersten Fünfjahrplan zu beginnen. Im zweiten Jahrfünft kamen zu den Angaben vom NIUIF noch die Angaben des WIUAA[1] hinzu, die zeigten, daß nicht nur auf den Versuchsfeldern des NIUIF, sondern auch auf den Feldern der Kolchosen und Sowchosen bei der Agrotechnik, die in den Jahren 1932–1934 schon erreichbar war, die Anwendung künstlicher Düngemittel gute Erfolge hat. Ferner hat die mit solcher Kraft aufgetretene Stachanowbewegung derart deutlich die Wirkung der Düngemittel unter Beweis gestellt, daß nunmehr niemand behaupten wird, wir müßten zuvor noch irgendwelche anderen Stadien passieren, um den Zeitpunkt der Anwendung künstlicher Düngemittel zu erreichen. Es ist charakteristisch, daß die Rekordernten der Stachanowarbeiter gerade in die Zeit fallen, als die Herstellung künstlicher Düngemittel bei uns einen großen Umfang angenommen hat.

Die historische Erfahrung bei der Entwicklung des Ackerbaus in Westeuropa mußten wir selbstverständlich berücksichtigen, aber damit ist noch keinesfalls gesagt, daß wir, wie es einige glaubten, der Reihe nach alle jene Stadien passieren müssen, die der Westen durchlaufen hat[2]. Unsere Aufgabe besteht darin, in kurzer Frist die in ökonomischer Hinsicht führenden kapitalistischen Länder einzuholen und zu überholen. Wir müssen und wir können dieses tun, wenn wir gleichzeitig alle Möglichkeiten, die in der sich planmäßig entwickelnden sozialistischen Landwirtschaft gelegen sind, ausnutzen, und sind nicht darauf angewiesen, irgendwelche fertigen Muster ohne weiteres zu übernehmen.

Die Struktur der Stickstoffbilanz in verschiedenen Ländern Der „technische" und der „biologische" Stickstoff

Die schnelle Entwicklung der Stickstoffindustrie nach dem ersten Weltkrieg hat in nichtlandwirtschaftlichen Kreisen häufig die Vorstellung geweckt, als ob dieser Faktor alle übrigen zurückgedrängt habe und als ob die hohen Erträge in Ländern

[1] Wissenschaftliches Forschungsinstitut für Düngemittel, Agrotechnik und Agrobodenkunde des Volkskommissariats für Landwirtschaft der UdSSR.

[2] Es wurde behauptet, daß wir zuvor den Futterpflanzenanbau einführen, dann das Stadium der reinen Düngerwirtschaft zurücklegen müßten, um die physikalischen Eigenschaften der Böden zu verbessern, und erst dann daran denken könnten, die mineralischen Düngemittel anzuwenden („ist doch in England die mineralische Düngung erst 100 Jahre nach der Einführung des Futterpflanzenanbaues zur Anwendung gekommen"). Dabei ist die Geschichte des Acker-

mit stark entwickelter Stickstoffindustrie ausschließlich auf ihn zurückzuführen seien. Tatsächlich haben aber die neuen Quellen (synthetischer Ammoniak, „Luft"-Salpeter und andere) nirgendwo den Klee- und den Düngerstickstoff ersetzt. Immer ergänzten sie nur die früher bekannten Verfahren, vergrößerten die Gesamtsumme des Stickstoffs im Kreislauf der Wirtschaft und steigerten die Erträge, die in Westeuropa dank dem Kleebau und der Anwendung von Phosphaten und Kalisalzen schon recht hoch waren, noch mehr.

In allen Ländern des Westens bedient man sich auch jetzt dieser beiden Wege der Stickstoffbindung gleichzeitig und zwar: *des technischen Weges*, der mit einer teuren Apparatur verbunden und auf bestimmte Produktionsstätten, in denen die Energiequellen (Kohle, Wasserfälle) vorkommen, beschränkt ist, und *des biologischen Weges*, den man überall gehen kann, weil bei ihm die Sonnenenergie genutzt wird und keinerlei Apparatur erforderlich ist. Sie wird ersetzt durch den Klee, die Luzerne und andere Stickstoffsammler, die den Stickstoff der Luft mit Hilfe derselben Energiequelle binden, mit der sie auch den Kohlenstoff fixieren.

Beide Wege zur Lösung der Stickstofffrage haben ihre Vorzüge und ihre Schwierigkeiten, *sie ergänzen sich gegenseitig, können aber niemals einander ganz ersetzen.* Für den technischen Stickstoff sind charakteristisch: 1. die schnelle Wirkung im Zusammenhang mit der Löslichkeit und leichter Aufnehmbarkeit (daher die Möglichkeit der schnellen Ertragshebung); 2. die leichte Beförderung verbunden mit hohem Stickstoffgehalt (der synthetische Harnstoff enthält z.B. 100mal mehr N als der Mist) und die Möglichkeit, den Dünger mit der Bahn jedem beliebigen Bezirk zuzuführen; 3. die Möglichkeit viel mehr technische Kulturen in die Fruchtfolge aufzunehmen (so könnten wir beispielsweise nicht so viel Baumwolle in Mittelasien anbauen, wenn wir die Baumwollbezirke nicht so ausgiebig mit stickstoffhaltigen Düngemitteln versorgten); 4. die Entwicklung einer großen Stickstoffindustrie gleichzeitig auch aus anderem Grunde als dem rein landwirtschaftlichen, und zwar vorwiegend dem militärischen.

Aber der technische Stickstoff ist immer teurer als der Klee- und der Miststickstoff. Deswegen spielt auch in Ländern mit hochentwickelter Industrie nicht er die Hauptrolle bei der Versorgung der Landwirtschaft, sondern der biologische Stickstoff, zu dem auch der Stickstoff des Mistes zählt, weil der Kleestickstoff durch das Kleeheu in den Mist übergeht. Im Grunde genommen ist der biologische Weg der Stickstoffbindung kostenlos, wenn alle Ausgaben beim Anbau von Klee und Luzerne durch die Tierhaltung aufgewogen werden. Und doch hat der biologische Stickstoff, trotzdem er den unzweifelhaften Vorzug besitzt, billiger zu sein, auch seine Nachteile im Vergleich zum technischen Stickstoff – er ist nicht transportabel, wirkt langsamer

---

baues in Westeuropa nicht selten falsch ausgelegt und die Tatsache verschwiegen worden, daß nicht die Feldgras-, sondern die reinen fruchtwechselnden Saatfolgen mit einem Nutzungsjahr des Klees ohne Timothe zur Verdoppelung der Erträge im Westen und dann zu ihrer weiteren Zunahme nach Einführung der mineralischen Düngung geführt haben.

und kann natürlich für Zwecke der Landesverteidigung nicht unmittelbar verwandt werden. Wir wollen aber nicht unerwähnt lassen, daß ein Land, falls ein Krieg sich in die Länge zieht, um so weniger in Ernährungsschwierigkeiten gerät infolge Mangels an technischem Stickstoff, je mehr Klee angebaut wird und je größer die Viehhaltung und dadurch der Mistanfall ist.

Quantitativ ist das Verhältnis zwischen diesen beiden Stickstoffquellen in den einzelnen Ländern natürlich verschieden und sollte grundsätzlich, wenn man vom militärisch-politischen Gesichtspunkte absieht, nur von der Dichte der Bevölkerung abhängen, und zwar: je größer die Bevölkerungsdichte, um so größer der mit Kulturen zur direkten Ernährung bestellte Bodenanteil und um so kleiner der Anteil der Futterpflanzen (und die Hauptrolle unter diesen spielen gerade die Stickstoffsammler). In dieser Beziehung haben wir die größte Möglichkeit, die Fläche der Stickstoffsammler (durch Vergrößerung des Ackerlandes) auszudehnen, aber auch in Westeuropa kann man einen weitgehenden Unterschied bei zwei nebeneinanderliegenden Ländern beobachten. Vergleichen wir beispielsweise das industrielle Deutschland mit dem landwirtschaftlichen Dänemark. Nicht nur die Industrie, sondern auch die Landwirtschaft (vor *Hitler*) waren in Deutschland sehr hoch entwickelt, viel höher als in Frankreich; Dänemark besitzt aber keine Rohstoffe zur Entwicklung der eigenen Industrie, und in seinem Export spielen die Erzeugnisse der Tierhaltung die Hauptrolle; aus diesem Grunde gilt Dänemark als ein Agrarland, obwohl die bäuerliche Bevölkerung nur den dritten Teil der Gesamtbevölkerung ausmacht. Der Hauptunterschied, der uns in diesem Falle interessiert, liegt darin, daß in Deutschland 133 Menschen auf 1 qkm und in Dänemark 80 je qkm entfielen, und wenn wir berücksichtigen, daß die Anbaufläche in Dänemark 1 ha je Einwohner beträgt und in Deutschland nur $^1/_3$ ha (siehe S. 150), dann wird dieser Unterschied noch augenfälliger. Demzufolge sehen wir in Dänemark einen viel größeren Bodenanteil mit Kleemischungen als in Deutschland, infolgedessen mehr Dünger je Hektar Ackerfläche und zwar Dünger, der infolge ausgiebiger Anwendung konzentrierter Importfuttermittel besonders stickstoffreich ist. Deutschland dagegen besaß eine hochentwickelte chemische Industrie und benutzte als Stickstoffquelle mehr synthetische Produkte (Ammoniumsalze, Zyanamid, Kalziumnitrat). Trotz der hohen Leistungsfähigkeit der Stickstoffwerke spielte diese Stickstoffquelle nicht die Hauptrolle, sondern die organischen Substanzen im Klee und im Mist, wie aus folgender Zusammenstellung zu ersehen[1].

---

[1] Für Deutschland bedienen wir uns vor allen Dingen der Berechnungen von *Löhnis*, jedoch mit einigen Korrekturen zwecks besserer Annäherung an die Verhältnisse nach dem ersten Weltkrieg und zwar: Die Düngermenge ist berechnet nach dem Stand der Tierhaltung in der Zeit vor der Krisis (Statistisches Jahrbuch für das Deutsche Reich); auch für die Menge der stickstoffhaltigen Düngemittel haben wir neuere Zahlen als bei *Löhnis* angenommen; beim Stickstoffentzug und für den Stickstoff in den Wurzelresten des Klees legten wir die Zahlen von *Löhnis* ohne Änderung zugrunde.

Für Dänemark bedienten wir uns bei der Berechnung der Angaben des Sammelheftes

Stickstoffbilanz	in 1000 t		in %			
	Deutschland	Dänemark	Deutschland		Dänemark	
Entzug durch die Ernten	1775	270	100		100	
Zugang: „technischer N“	400	27,0	22,5		10,0	
N des Düngers einschl. eines Teiles des Klee-N	750	150,0	42,2	56,7	55,5	81,1
N in den Wurzelresten der Leguminosen	256	69,1	14,5		25,6	
Defizit	369	24,0	20,8		8,9	

Folglich hat sogar in einem so industriellen Land wie Deutschland die Stickstoffindustrie nicht einmal den 4. Teil des Bedarfes gedeckt, und in dem landreicheren Dänemark, das viel mehr Klee anbaut und infolgedessen viel mehr Dünger besitzt, entfallen auf den technischen Stickstoff nur 10% von dem gesamten durch die Ernten entzogenen Stickstoff. Ein umgekehrtes Verhältnis besteht natürlich beim Stickstoff der Kleefelder, die in Dänemark eine viel größere Rolle spielen. Über allem dominiert aber in dem einen und in dem anderen Lande der Stickstoff des Mistes; mit ihm wird mehr als die Hälfte des Stickstoffentzuges in Dänemark und 42% in Deutschland gedeckt. Diese Berechnungen sind natürlich nur Anhaltspunkte[1], was sich insbesondere auf die Defizitzahlen bezieht, weil diese nur die Differenz darstellen und jede Ungenauigkeit bei den vorhergehenden Zahlen sich bei ihnen besonders bemerkbar macht. Man könnte sagen, daß das Defizit von 8,9% für Dänemark innerhalb der Fehlergrenze liegt. Es würde schon genügen, die Tatsache in Zahlen auszudrücken, daß in Dänemark der Dünger mehr Stickstoff enthält, als man im Durchschnitt annimmt, z. B. 0,57% (was für Dänemark aus vielen Gründen sehr wahrscheinlich ist) statt wie üblich 0,5%, um das Defizit sofort aufzuheben.

Auch die in der Literatur vorkommenden Berechnungen der Stickstoffbilanz in der Landwirtschaft der USA weisen auf die große Rolle des biologischen Stickstoffs hin. Eine derartige Berechnung stammt von Dr. *Lipman*, der versuchte, alle Details zu berücksichtigen. In der Abgangsspalte sind neben dem Entzug durch die Ernten auch die Stickstoffverluste durch Auswaschung und Erosion berücksichtigt und beim Zugang auch solche Quellen wie der Stickstoff von Niederschlägen und der Bewässerung.

„L'agriculture en Danemark“ (1930); für den Dünger nahmen wir den mittleren Stickstoffgehalt, weil es sehr schwer ist, eine Ergänzung einzusetzen als Folge der Anwendung konzentrierter Futtermittel. Der Stickstoff der Niederschläge ist nirgends berücksichtigt in der Voraussetzung, daß die Auswaschung der Nitrate aus dem Boden diesen Zugang wieder aufhebt.

[1] Trotz ihrer Bedingtheit spiegeln sie dennoch die Hauptmerkmale beim Unterschied in der Bilanzstruktur wider.

Stickstoffbilanz im Ackerbau der USA (nach Lipman [in 1000 t])

Abgang		Zugang	
Entzug durch die Ernten (auf einer Fläche von 146 Mill. ha)	4600	Durch Mist	2600
Auswaschung durch Niederschläge	4000	Durch mineralische Düngemittel	300
Erosion (auf derselben Fläche)	2500	Durch Niederschläge	2750
N-Entzug auf Wiesen und Weiden (400 Mill. ha)	3000	Durch Bewässerung	30
Auswaschung auf dieser Fläche	1000	N-Speicherung durch Leguminosen	900
Erosion	1000	N-Fixierung auf anderen Wegen	6800
insgesamt	16100	insgesamt	13380

Das Defizit, das sich auf die Ausnutzung des Stickstoffs aus dem Grundkapital des Bodens bezieht, beträgt 2720000 t oder 16,9%. Da Dr. *Lipman* in seinem Artikel („The Stuff of Life“, Abdruck aus Industrial and Engineering Chemistry vol. 27, S. 103, 1935) nicht mitteilt, wie die einzelnen Posten errechnet worden sind, können wir diese Zahlen nicht unmittelbar mit den obigen Angaben für Deutschland und Dänemark vergleichen. Insbesondere fallen zwei Zahlen auf – die hohe Bewertung des Miststickstoffs in der gesamten Bilanz (er beträgt 56,5% vom Entzug durch die Feldkulturen) und der noch höhere Anteil der Stickstoffixierung auf anderen Wegen (außer durch Leguminosen). Wenn aber diese Zahl im allgemeinen sehr schwer festzustellen ist, so ist die Stickstoffsammlung durch die Leguminosen viel leichter zu berechnen, und es ist interessant, daß wir hier die Zahl von 900000 t, also fast 20% des Entzuges durch die Ernten finden.

Wenn man einen Vergleich der Zu- und Abgänge dieser Berechnung für die USA mit den obigen Angaben für Dänemark und Deutschland bedingt zuläßt und nur die entsprechenden Rubriken gegenüberstellt, dann erhält man folgende vereinfachte Bilanz der USA:

Stickstoffentzug	4600000 t oder	100%
Zugang im Mist	2600000 t oder	56,5%
Zugang mit mineralischen Düngemitteln	300000 t oder	6,5%
Fixierung durch Leguminosen	900000 t oder	19,6%
Defizit	800000 t oder	17,4%

Wie man sieht, ist der Anteil des technischen Stickstoffs in der Gesamtbilanz der USA etwas geringer als in Dänemark und Deutschland, denn er beträgt nur etwa 6,5% von der Entnahme des Stickstoffs durch die Ernten. Die Rückgabe des Stickstoffs an den Boden in den Düngemitteln übersteigt im ganzen genommen 80% der Beanspruchung durch die Pflanzen.

Ein völlig anderes Bild zeigen die unsererseits vorgenommenen Berechnungen der Stickstoffbilanz im Ackerbau der UdSSR. Wir wollen uns zunächst bei der allgemeinen Charakterisierung dieser Bilanz, so wie sie uns in den Vorkriegsjahren entgegentritt, aufhalten.

Der gesamte Stickstoffentzug durch die Ernten betrug bei uns nach den Feststellungen des WIUAA für 1937 etwa 4,9 Millionen t (unter Zugrundelegung eines Ertrages von rund 10 dz/ha für Getreide, für Zuckerrüben 200 dz/ha, für Kartoffeln 115 dz/ha usw.).

Die Rückgabe des Stickstoffs an den Boden spielte sich bei uns nicht nur und nicht so sehr durch mineralische Düngemittel als durch den Mist ab, durch die organische Masse der Stickstoffsammler, durch Abfälle (Fäkalien), Torf usw. Wieviel von diesen entzogenen 4,9 Millionen t Stickstoff wurden mit dem Mist zurückgegeben?

Wenn wir annehmen, daß 1937 annähernd 200 Millionen t Mist ausgefahren wurden, dann kommen wir zu einer Million t Stickstoff. Für die Wurzelrückstände des Klees und der Luzerne können wir rechnen, daß sie im Boden etwa 200000 t Stickstoff zurücklassen (der Stickstoff der oberirdischen Teile wird hier nicht besonders berücksichtigt, da er sich im Bestand des Mistes befindet).

Die Industrie lieferte im Jahre 1937 gleichfalls etwa 200000 t Stickstoff. Mit den Abfällen (Torf – Fäkalmassen) sind dem Boden nochmals rund 100000 t Stickstoff zugeführt worden. Somit beträgt die gesamte Stickstoffrückgabe 1,5 Millionen t und entspricht 30,65 % des ganzen Entzuges von 4,9 Millionen t. Das Defizit ist gleich 3,4 Millionen t oder 69,35 %.

Dieses Defizit wurde bei uns vor allen Dingen durch die Stickstoffvorräte im Boden (Nitrate der Brachefelder, der Äcker nach der Winterfurche usw.) gedeckt.

Vergleichen wir nun unsere Stickstoffbilanz mit dem, was wir in den westeuropäischen Ländern bei der Steigerung der Erträge vom Mittelalter (7 dz) bis zur Neuzeit (22–28 dz/ha) und in den USA gesehen haben (siehe Tabelle).

Stickstoffbilanz in verschiedenen Ländern

Stickstoffbilanz	UdSSR (1937) in Mill. t	UdSSR (1937) in %	Dänemark in %	Deutschland in %	USA in %
N-Entzug durch die Ernten	4,9	100	100	100	100
Rückgabe:					
Mist (u. Abfälle)	1,1	22,45	55,5	42,2	56,5
Industrie	0,2	4,1	10,0	22,5	6,5
Kleefelder	0,2	4,1	25,6	14,5	19,6
Insges. Rückgabe	1,5	30,65	91,1	79,2	82,6
Defizit	3,4	69,35	8,9	20,8	17,4

Aus dieser Gegenüberstellung sieht man, daß für unsere Stickstoffbilanz das besonders große Defizit, das die Grenze von fast 70 % erreicht, charakteristisch ist, während dieses Defizit in den Ländern des Westens nur bei 9–21 % liegt.

Wie wurde nun dieses relative Defizit beim Stickstoff im Westen gedeckt, wo die Brache verschwunden ist und eine zur Erschöpfung des Bodens führende Inanspruchnahme weiterer Vorräte mit der Aufgabe ständiger Ertragssteigeung unvereinbar ist? Der deutsche Mikrobiologe *Löhnis* war geneigt, hier die Hauptrolle den frei im Boden lebenden (an die Wurzeln nicht gebundenen) Bakterien zuzuschreiben, unter denen Azotobacter die größte Verbreitung in den Kulturböden hat. Es ist aber nicht leicht festzustellen, wie groß die Stickstoffixierung auf diesem Wege tatsächlich ist. Zum Teil gelangen in diese Rubrik noch einige nicht ganz berücksichtigte Stickstoffquellen, wie z.B. der Stickstoff der Abfälle, des Komposts usw. oder der Stickstoff, den die atmosphärischen Niederschläge dem Boden zuführen (wenn man voraussetzt, daß die Auswaschung der Nitrate durch dieselben Niederschläge diesen Zugang nicht ganz aufhebt, falls der Boden mit Pflanzen bestanden ist, deren Wurzeln die Nitrate energisch festhalten).

Auf jeden Fall ist es eine Tatsache, daß bei diesem Umfang des Defizits, wie wir ihn in Deutschland und Dänemark antreffen, er nicht durch die weitere Erschöpfung des Bodens gedeckt worden ist, weil die Erträge in diesen Ländern nicht geringer, sondern im Gegenteil viel größer geworden sind als vor 40–50 Jahren.

Daraus schließen wir, daß das Stickstoffdefizit in den Grenzen von 20–21 % (oder in absoluten Zahlen für Deutschland 13–14 kg/ha) bei dieser Berechnung nichts Gefährliches darstellt. Wir werden das später berücksichtigen bei der Aufstellung unserer Stickstoffbilanz für die Zukunft.

Wir sagten bereits, daß sogar in Ländern mit einer so stark entwickelten Industrie wie in Deutschland die technische Stickstofferzeugung bei der Versorgung der Böden keineswegs die Hauptrolle gespielt hat. Die Hauptrolle spielte der „biologische“ Stickstoff, d.h. der Stickstoff im Mist, zu dem der Stickstoff der oberirdischen Teile des Klees gehört und der Stickstoff in den Wurzelresten vom Klee. In Dänemark betrugen diese beiden Quellen zusammen 81 % vom Stickstoffentzug durch die Ernten und in Deutschland 56,7 %. Wir haben dagegen, obwohl uns die größten Landflächen zur Verfügung stehen, die Anbaumöglichkeiten des Klees und der Luzerne, wie aus der folgenden Zusammenstellung zu ersehen ist, noch bei weitem nicht ausgenutzt:

Länder	Mit N-Sammlern bestellt in % der Ackerfläche	Gesamtfläche auf 1 Einwohner in ha	Anbaufläche je Kopf der Gesamtbevölkerung (in ha)	Anbaufläche je Kopf der ländlichen Bevölkerung (in ha)
Deutschland	10	0,74	0,30	1,3
Frankreich	20	1,35	0,53	1,3
Dänemark	32	1,25	0,90	3,0
UdSSR	4	14,00[1]	0,80	1,2

[1] Wenn man 50 % der Fläche zum Unland (Wüsten, Tundren, Bergketten, Gletscher) rechnet, dann entfallen immer noch 7,1 ha Nutzland auf den Kopf der Bevölkerung.

In einer Zeit, als sogar das industrielle Deutschland, dem es an Bodenfläche mangelte, zur Versorgung mit landwirtschaftlichen Rohstoffen immerhin 10% seiner Fläche mit Stickstoffsammlern bebaute, betrug diese Zahl bei uns 4% der gesamten Anbaufläche[1].

Die Industrie deckte, wie schon gesagt, in Dänemark 10% und in Deutschland 22,5% des gesamten Stickstoffentzuges. Das ist auch verständlich, wenn man in Betracht zieht, daß die deutsche Industrie, genau so wie die amerikanische und auch die unsere, 200000–400000 t Stickstoff erzeugte, während die Entnahme durch die Ernten mit Millionen Tonnen beziffert wird.

Wir kehren zur Stickstoffbilanz der UdSSR zurück. Wie wir gesehen haben, kommt es hier vor allem auf die Ausnutzung des Stickstoffs in den Tschernosemböden an, die im Südosten einstweilen eine Wirtschaft mit negativer Stickstoffbilanz ermöglichen, während aber in den Bezirken der alten Kultur (Nordteil der Ukraine, die Gebiete von Kursk und Woronesh) auch auf den Schwarzerdeböden eine Rückgabe der entzogenen Nährstoffe schon notwendig ist. Damit soll gesagt sein, daß man sich nicht mehr auf die Deckung des Defizits von 69% durch die Arbeit von Azotobacter verlassen darf, weil eine Struktur der Landwirtschaft, bei der nur 31% des Stickstoffs dem Boden zurückgegeben werden, keine Gewähr dafür bieten kann, daß die Ernten größer werden.

Selbst wenn man die unwahrscheinliche Annahme gelten läßt, daß unsere Ernten nicht auf der allmählichen Erschöpfung der Schwarzerde, sondern ausschließlich auf der Arbeit von Azotobacter beruhen, dann wäre das immer nur ein gewisses Gleichgewichtssystem, nicht aber ein Weg zur Ertragssteigerung. Wollen wir statt 5 Milliarden Pud Getreide 7–8 Milliarden ernten und dementsprechend die Erträge der technischen Kulturen heraufsetzen, dann ist dieses mit einer Zunahme des Stickstoffentzuges um 50–60% verbunden; wenn also die Entnahme des Stickstoffs aus dem Boden um 2,5 Millionen t ansteigt, dann muß mit den Düngemitteln und mit dem Klee wesentlich mehr wieder zurückgegeben werden.

Gewiß ist es möglich, eine Zeitlang die Erträge der Winterungen dadurch zu steigern, daß auf der zeitigen Brache der Schwarzerden der Stickstoff mit Hilfe der Phosphatdüngung besser ausgenutzt wird, aber niemals ist es möglich, beim Boden systematisch Stickstoffanleihen zu machen, ohne dieselben zurückzugeben. Außerdem wird auf diese Weise das Problem für die Sommerkulturen und insbesondere die technischen nicht gelöst. *Infolgedessen ist es notwendig, den Stickstoffzugang sowohl von der Seite der Stickstoffindustrie als auch durch starke Ausdehnung des Anbaus von Stickstoffsammlern zu vergrößern.*

Das ausgesprochene Defizit bei der Entnahme der Nährstoffe durch die Ernten und ihre Rückgabe mit den Düngemitteln ist so lange mit den Aufgaben der regu-

[1] Wir betonen, daß diese Zahl nicht stabil ist; in einzelnen Jahren sank die Anbaufläche des Klees noch mehr, aber mit Einführung der richtigen Fruchtfolgen wird sie bedeutend zunehmen.

lären Hebung unserer Erträge unvereinbar, als der größte Teil der Entnahme nicht durch die Düngemittel gedeckt wird, sondern auf Rechnung der Bodenvorräte geht.

Es wird bei uns nicht genügend berücksichtigt, wie sehr unsere Landwirtschaft im Tempo ihrer Reorganisation hinter der Industrie zurückbleibt. Geändert haben sich nur die äußeren mechanischen Prozesse, während der innere Kreislauf der Stoffe noch seine alten vorrevolutionären Merkmale bewahrt hat: nach wie vor wird der größte Teil der von den Pflanzen beanspruchten und dem Boden entzogenen Nährstoffe nicht durch die Düngung zurückgegeben, so daß die Erträge hauptsächlich auf Kosten des Bodens gehen, während man in den Ländern des Westens schon lange gezwungen war, die Stickstoffbilanz zu ändern und bis zu 80 % des Stickstoffs (100 und mehr % des Phosphors) dem Boden zurückzugeben, damit die Erträge das 3- und das 4 fache im Vergleich zum Mittelalter erreichen konnten.

Aus der Betrachtung der Stickstoffbilanz entnimmt man jedenfalls deutlich, daß eine radikale Änderung im Sinne der Rückgabe der Nährstoffe notwendig ist, damit die Erträge systematisch steigen, die Ertragszunahmen beständig werden und die Fruchtbarkeit unserer Böden zunimmt. Das ist erforderlich sowohl zur Senkung des gegenwärtigen Defizits in der Stickstoffbilanz als auch zur Deckung der noch größeren Stickstoffbeanspruchung durch die künftigen Ernten.

Die Aufgaben und die Verbesserungsaussichten der Stickstoffbilanz im Ackerbau der UdSSR

Beim Übergang von der Betrachtung des tatsächlichen Zustandes der Stickstoffbilanz zur Frage nach seinen Verbesserungsaussichten in der Zukunft müssen wir vor allen Dingen den Versuch machen, die Entnahmen der Stickstoffmengen durch solche Ernten wenigstens annähernd festzustellen, mit denen wir alle in ökonomischer Hinsicht führenden kapitalistischen Länder einholen bzw. überholen.

Dazu müssen wir präzisieren, was wir unter der Aufgabe, den Westen in landwirtschaftlicher Hinsicht einzuholen und zu überholen, verstehen wollen. Kann man die Frage etwa so stellen, daß es darauf ankommt, einen Durchschnittsertrag zu erreichen, der genau so hoch oder noch höher gelegen ist als in den Ländern Westeuropas?

Diese Frage ist zu verneinen. Man kann die Aufgabe nicht durch mechanische Gegenüberstellung der Erträge lösen und etwa versuchen, Holland und Dänemark mit ihren Durchschnittserträgen von 30 dz/ha einzuholen.

Wir müssen bei der Bestimmung der Ertragshöhe im Zusammenhang mit dem Umfang der Anbaufläche auf *eigene Weise* vorgehen.

Nicht nur der Hektarertrag, sondern auch die bestellte Fläche sind natürlich Faktoren, von denen die Versorgung eines Landes mit landwirtschaftlichen Produkten abhängt. Es genügt die folgende Gegenüberstellung, um zu zeigen, daß der

Hektarertrag noch sehr wenig über den Umfang dieser Versorgung aussagen kann:

Länder mit Brotmangel	Weizenerträge (in dz/ha)	Länder mit Brotüberschuß	Erträge beim Getreide (in dz/ha)
Holland	29,1	Argentinien	8,7
England	22,5	Kanada	11,8
Deutschland	21,1	USA	10,9

(mittlere Erträge der Jahre 1930–1934)

Allgemein ist zu sagen, daß die höheren Flächenerträge dichtbevölkerten, bodenarmen Ländern entsprechen, die Brotgetreide importieren, während andere Länder, die einen Überfluß haben und exportieren, wesentlich geringere Hektarerträge aufweisen. Diesen Ländern steht aber ein größerer Bodenraum zur Verfügung mit einer höheren Anbaufläche je Kopf der Bevölkerung.

Uns stehen beide Wege zur Hebung der Gesamtproduktion weit offen, und wir sind im Gegensatz zu Westeuropa in der Lage, ungehindert mit dem einen oder dem anderen Faktor der Produktionssteigerung zu manövrieren, da unsere Anbaufläche nur 7–8 % der Gesamtfläche der UdSSR ausmacht, oder etwa 15 % der Nutzfläche, sofern man 50 % abzieht, die von Tundren, Wüsten, Felsen und Gletschern eingenommen werden.

Die Berechnung der Gesamterzeugung, die ein Produkt von Ertragshöhe mal bebaute Fläche ist, muß immer auf eine Feststellung des Verhältnisses dieser Erzeugung zur Bevölkerungszahl hinauslaufen. Man vergaß dieses oft, insbesondere früher, in der Zeit vor der Revolution, als man sich von der großen Zahl der Gesamtproduktion hinreißen ließ („wir werfen Europa mit unseren Mützen zu"), statt auszurechnen, wieviel letzten Endes auf jeden Einwohner entfällt. Indessen zeigt diese Berechnung aber, daß in den sogenannten günstigen Jahren, als Rußland Brotgetreide exportierte, es tatsächlich nicht mehr als viele Länder des Westens, die auf Einfuhr angewiesen waren, erzeugte, wie eine Zusammenstellung aus den Jahren 1908–1913 erkennen läßt:

Produktion an Körnerfrüchten aller Art je Kopf der Bevölkerung (in dz)

Rußland	4,0	Ausfuhrland
Frankreich	4,3	Einfuhrländer
Deutschland	4,6	
Schweden	5,0	
Dänemark	7,0	
USA	10,3	Ausfuhrländer
Argentinien	10,0	
Kanada	19,0	

Es ist bekannt, daß der Export aus Rußland nur dadurch möglich war, daß die russische bäuerliche Bevölkerung unfreiwillig eine vegetarische Lebensweise führte und keine Schweine mästete, während man in Deutschland und Dänemark mit unserem Futtergetreide eine ausgedehnte Mast betrieb.

Wie groß soll nun die Produktion auf einen Einwohner bei uns sein? Bleiben wir bei der Getreideproduktion.

Wir werden davon ausgehen, daß die zunehmende Bevölkerung in der UdSSR weitgehend mit Brot- und Futtergetreide versorgt werden muß unter Berücksichtigung der Ertragsabweichungen vom Mittel in Abhängigkeit von der Unbeständigkeit der klimatischen Faktoren, daß aber der Ausbau des Getreideexportes nicht zu unserer direkten Aufgabe gehört[1]. Deshalb stellen wir die Aufgabe, durchschnittlich 8 dz Körnerfrüchte jeder Art auf den Kopf der Bevölkerung zu erzeugen. Dann stehen uns in normalen Jahren 4 dz für Futterzwecke zur Verfügung außer dem fest garantierten Minimum von 4 dz Brotgetreide je Einwohner. Natürlich sind die Grenzen zwischen Brot- und Futtergetreide nicht streng zu nehmen: Brotgetreide, wie beispielsweise Roggen, kann bei Überfluß zu Futtergetreide werden und Futtergetreide im Falle einer Mißernte zu Brotgetreide (Hafer, Mais, Gerste) – es kommt immer nur auf die Mengen an. Aber die Zahl von 8 dz übersteigt um das Doppelte den Stand unserer vorrevolutionären Produktion und liegt zwischen der Produktionszahl Dänemarks (der höchsten in Europa) von 7 dz je Einwohner und der in den USA. Wenn Dänemark auch zu den Importländern zählt, muß es doch als Exporteur angesehen werden. Früher hat Dänemark einfach Getreide ausgeführt, fand dann aber, daß es nicht lohnend ist, mit billiger Ware zu handeln, und ist dazu übergegangen, Getreide in Bacon, Butter und Eier umzusetzen und schließlich fremdes Getreide für diesen Zweck zu erwerben. Deshalb ist der dänische Ertragsmaßstab je Kopf der Bevölkerung als gut anzusprechen. Aber Dänemark hat ein sehr beständiges Klima, während wir uns sichern müssen für den Fall der Mißernte als Folge von Klimaschwankungen. Andererseits konnten die USA mit ihrer Produktion von 9–10 dz je Einwohner sowohl umfangreiche Mast betreiben als auch Getreide nach Europa exportieren. Der von uns angenommene Durchschnittsertrag von 8 dz je Kopf[2] enthält die Versicherung für Jahre ausgesprochener Trockenheit, in denen die Schweinemast eingeschränkt werden muß; andererseits ermöglicht er, in mittleren und noch mehr in günstigen Jahren ent-

[1] Die Erfahrung in Dänemark und Amerika zeigte, daß es bei Getreideüberfluß im Lande vorteilhafter ist, nicht das Getreide selbst, sondern die mit Hilfe des Getreides erzeugten Produkte der Tierhaltung, wie Butter, Eier und Bacon zu exportieren.

[2] Dieser Stand entspricht (unter Zugrundelegung unserer Bevölkerung von 1939) der Aufgabe, 8 Milliarden Pud Getreide zu erzeugen, wie sie Genosse *Stalin* in seinem Bericht auf dem XVIII. Parteitag der KPdSU (B) gestellt hat. Natürlich ist dieses nur die nächste Aufgabe, und anschließend müssen wir, unter Berücksichtigung nicht nur des zunehmenden Getreideverzehrs, sondern auch eines größeren Bedarfs für die Mast, die Produktion des Getreides weiter steigern.

weder den Getreideexport heraufsetzen[1], falls dieser notwendig ist, oder diese Überschüsse der technischen Verarbeitung und größeren Erzeugung von Produkten der Tierhaltung, die längere Zeit haltbar sind (Käse, Schinken, Rauchwurst usw.), zuzuführen.

Wenn man annimmt, daß statt 185 Millionen, nach der Zählung von 1939, die Sowjetunion eine Bevölkerungszahl von 230 Millionen aufweisen wird, dann beträgt der Bedarf nach dem zugrunde gelegten Maßstab insgesamt 184 Millionen Tonnen Getreide. Welchem Hektarertrag entspricht diese Menge? Zur Beantwortung dieser Frage muß man folgendes im Auge behalten.

Man kann die Gesamtproduktion bis 184 Millionen Tonnen auf dreierlei Wegen steigern:

A. Man erreicht auf der bisherigen Getreidefläche (etwa 110 Millionen Hektar) den höheren Ertrag von durchschnittlich 16 dz/ha ohne Vergrößerung der Anbaufläche.

B. Man dehnt die Anbaufläche des Getreides aus, z. B. bis 130 Millionen Hektar, und begnügt sich mit einem geringeren Hektarertrag von nur 14 dz.

C. Man benutzt die vergrößerte Anbaufläche nicht zur Bestellung mit Getreide, sondern mit Klee und anderen Stickstoffsammlern, damit mit Hilfe größerer Tierhaltung mehr Dünger erzeugt und die Getreideernte bei gleichbleibender Fläche (etwa 110 Millionen Hektar) gesteigert wird.

Wir wollen diese drei Fälle einzeln untersuchen.

Infolge kleiner Fläche der Stickstoffsammler und dementsprechend zu geringer Mistversorgung für die Aufgabe, einen mittleren Getreideertrag von 16 dz/ha auf der alten Fläche (Variante A) zu erzielen, müßten wir eine große Menge mineralischer Düngemittel dem Getreide zuführen, um den Mangel an Stickstoff und anderen Nährstoffen zu kompensieren, der durch unzureichende Mistausfuhr und viel zu geringe Rolle des Klees und anderer Leguminosen in der Stickstoffbilanz bedingt ist. Aber die Projektierung, mineralische Düngemittel in größerem Umfang dem Getreide zu geben, ist aus *zwei Gründen* schwierig: a) die Fläche der technischen und anderen Intensivkulturen bei uns übersteigt die gesamte Anbaufläche in Deutschland (etwa 20 Millionen Hektar), und solange diese Kulturen von der chemischen Industrie nicht bedient werden, kann das Getreide keine größeren Mengen künstlicher Düngemittel erhalten; b) die mineralischen Düngemittel (zum mindesten die aktivsten unter ihnen, die Stickstoff enthaltenden) sind in größerem Maßstab bei Getreide nur unter der Bedingung anwendbar, daß die Preise für Getreide und Düngemittel entsprechend koordiniert werden.

Infolgedessen ist die erste der drei eben genannten Varianten (A) am wenigsten anwendbar; diesen Weg können wir nicht einschlagen.

Der zweite Weg (B) gäbe die Möglichkeit, ohne mineralische Düngemittel, zum

[1] Wenn in einem ertragreichen Jahr 2 dz Getreide je Einwohner exportiert werden, dann sind es über 40 Millionen Tonnen, d. h. viermal mehr als der Maximalexport in der Zarenzeit.

mindesten ohne stickstoffhaltige, für Getreide auszukommen. Bei der früheren Arbeitsweise mit Pferden oder Ochsen würde es weniger auf Widerspruch stoßen als bei der Einstellung auf Schlepper, die einen jährlichen Mehrverbrauch an Brennstoff und einen größeren Brennstofftransport voraussetzen, gerade in jenen Bezirken, die am ehesten eine Ausdehnung der Anbauflächen ermöglichen (Sibirien).

Die dritte Variante (C) beansprucht eine geringe Zunahme der Schlepperarbeit, da die Ausdehnung der Fläche um 25–35% zum Anbau der Gräser nur eine *einmalige* Arbeit (bei Umbruch neuer Flächen) voraussetzt, nicht aber die Pflugarbeit in jedem Jahr. Der weitere Ausbau dieser Variante muß mit dem *Problem der erweiterten Tierhaltung* verbunden werden. Diese Variante verdient die größte Aufmerksamkeit, es sind aber auch Kombinationen dieser Variante mit teilweiser Ausnutzung der Variante B möglich.

Fassen wir das Gesagte zusammen, dann kommen wir zu dem Ergebnis, daß die Getreideproduktion in der Hauptsache auf dem Wege der Ertragssteigerung bis auf etwa 16 dz/ha und weniger, zum mindesten in der nächsten Zeit, durch Ausweitung der Anbaufläche mit Getreide anzustreben ist. *Die gesamte Ausdehnung der Ackerflächen muß bei uns vor allen Dingen dem Anbau des Klees und anderer Stickstoffsammler ohne Beeinträchtigung der Getreidefläche dienen*, dessen Gesamtproduktion wesentlich gesteigert werden soll in der Hauptsache durch Steigerung des Flächenertrages.

Was die technischen Kulturen, Kartoffeln, Gemüse und Obst betrifft, so sind hier selbstverständlich beide Wege zu beschreiten – sowohl die Ausdehnung der Anbauflächen als auch die bedeutende Ertragssteigerung, wobei den organischen als auch den mineralischen Düngemitteln eine besondere Rolle zukommt[1].

Wie nimmt nun *bei dieser Entwicklungsrichtung unseres Ackerbaues* der gesamte Entzug an Nährstoffen durch die Ernten zu? Selbstverständlich wird dabei der Entzug des Stickstoffs einerseits, des Phosphors und des Kalis andererseits verschieden sein, da der Phosphor- und Kalientzug sowohl infolge der Ertragszunahme als auch der Ausdehnung der Anbaufläche ansteigt. Die Vergrößerung der mit Klee, Luzerne und anderen Leguminosen bestandenen Flächen wird ihrerseits den Phosphor-

[1] Die Notwendigkeit, die Erträge zu steigern, ist auch noch dadurch bedingt, daß bei geringen Ernten zum mindesten eine doppelte Arbeit bei der mechanischen Bodenbearbeitung, der Vorbereitung des Saatbettes und der Pflege während des Pflanzenwachstums (wenn man diese Arbeiten nicht je Hektar, sondern je Einheit der Produktion berechnet) zu leisten ist. So bearbeiten und behäufeln wir z.B., um dieselbe Kartoffelmenge wie in Westeuropa zu ernten, eine doppelte oder dreifache Fläche, weil die Kartoffelerträge bei uns nur halb so groß sind. Je größer der Arbeitsaufwand bei der Bodenbearbeitung und Pflege während des Wachstums der Pflanzen (beispielsweise beim Anbau von Zuckerrüben, Baumwolle und Tabak), um so unvorteilhafter ist es, bei niedrigen Erträgen wie bisher zu bleiben und um so lohnender machen die künstlichen Düngemittel jede bei der mechanischen Bearbeitung verwandte Arbeitseinheit.

Infolgedessen ist die Ertragshebung unsere erste Aufgabe, während die Ausdehnung der Anbauflächen, die mit einer gewissen Verlagerung des Getreides nach Norden verbunden ist, als unsere zweite Reserve in Frage kommt.

und Kalientzug ansteigen lassen, weil diese Pflanzen dem Boden mehr Aschensubstanzen entziehen als das Getreide. Der Hauptfaktor, der den Stickstoffverbrauch beeinflußt, sind die höheren Ernten bei Getreide und technischen Kulturen, vorausgesetzt, daß die neu hinzukommenden Flächen von Stickstoffsammlern eingenommen werden, die keine Ansprüche an den Bodenstickstoff stellen.

Gehen wir von der Zahl von 4,9 Millionen Tonnen Stickstoff aus, die der Gesamtentnahme durch die Ernten im Jahre 1937 entspricht,und setzen wir eine proportionale Zunahme der Stickstoffbeanspruchung bei Zunahme der durchschnittlichen Getreideerträge bis zu 16 dz/ha voraus, dann kommen wir zu 7,84 Millionen Tonnen jährlichen Stickstoffbedarfs. Genauere Berechnungen, die im WIUAA die wissenschaftliche Mitarbeiterin *M. Kuraschewa* durchführte, ergeben die höhere Zahl von 8,2 Millionen Tonnen Stickstoff. Bei diesen Berechnungen wurde angenommen, daß die Getreidefläche bis 115 Millionen Hektar bei einem Durchschnittsertrag von 16 dz/ha zunimmt, die Zuckerrübenfläche bis 1,7 Millionen Hektar bei einem Ertrag von 270 dz/ha und die Kartoffelfläche bis 10,7 Millionen Hektar ansteigt bei einem Ertrag von 150 dz/ha. Bei anderen Kulturen werden folgende Erträge vorausgesetzt: Baumwolle – 22 dz/ha (Rohbaumwolle), Lein 5–6 dz Faser, Sonnenblume – 15 dz/ha, Tabak – 14 dz/ha, Kok-Saghys – 10 dz/ha usw.

Um die landwirtschaftliche Produktion so zu heben, daß die Aufgabe gelöst wird, die führenden kapitalistischen Länder in der Produktion auf den Kopf der Bevölkerung einzuholen und zu überholen, *muß die Möglichkeit der jährlichen Stickstoffentnahme durch die Ernten bis 8,2 Millionen t,* d. h. über 3 Millionen t mehr als im Jahre 1937 *gesichert sein.* Selbstverständlich können wir diese Aufgabe nur dann befriedigend lösen, *wenn bei der Stickstoffbilanz alle Zugangsmöglichkeiten bis zur äußersten Grenze ausgenutzt werden,* weil keine Zugangsspalte für sich allein der Beanspruchung derart großer Stickstoffmengen gerecht werden kann.

Jetzt wenden wir uns der Betrachtung jener Wege zu, die wir beschreiten müssen bei der Lösung dieser gewaltigen Aufgabe.

Bleiben wir zunächst beim technischen Stickstoff. Diese Position der Stickstoffbilanz ist am meisten mit dem technischen Niveau eines Landes, mit seiner Industrialisierung und gleichfalls mit dem militärischen Potential verbunden. Die Chemisierung des Ackerbaus und auch seine Mechanisierung hängen mit den Aufgaben der Landesverteidigung aufs engste zusammen. Schlepper und Panzer, Ammoniumsalpeter und Ammonal, Nitrate und Nitroglyzerin haben dieselben Produktionsprozesse als Grundlage. Nur ein Land, das im Frieden diese Industriezweige auf wirtschaftlicher Basis zu entwickeln verstanden hat, kann zu seiner Verteidigung immer bereit sein.

In dieser Hinsicht besteht der größte Gegensatz zwischen dem alten Rußland, das 1914 ganz unvorbereitet in den Krieg gegangen ist, und der gegenwärtigen Lage der UdSSR. Erst die Stalinschen Fünfjahrpläne haben bei uns die Chemisierung des Ackerbaus begründet.

Um das bei der Intensivierung des Ackerbaus in der UdSSR durch die Fünfjahrpläne Erreichte ermessen zu können, müssen wir uns, wenn auch ganz kurz, bei der vorrevolutionären Vergangenheit unseres Landes aufhalten.

Wenn man das frühere Rußland in Europa auch ein „Agrarland“ genannt hat, so war es tatsächlich doch nur das Land einer sehr schlechten Landwirtschaft. Eine Rechtfertigung für diese Bezeichnung kann nur darin erblickt werden, daß es um die Industrie noch schlechter bestellt war – es gab fast gar keine Industrie, und infolgedessen nannte man Rußland ein Agrarland. Das frühere Rußland hatte sehr geringe Erträge — 7 dz/ha, was dem Stande des 18. Jahrhunderts für Deutschland und einer noch weiter zurückliegenden Zeit für Belgien und Holland entspricht. Außerdem entfielen infolge geringer Ackerfläche und sehr dichter ländlicher Bevölkerung auf einen Dorfbewohner nur 0,9 ha Acker gegenüber 3 ha in Dänemark und 5 ha in USA. Die Gesamtproduktion des Landes war gering. Wie wir sahen, betrug sie in der Periode 1908/13 nur 4 dz je Einwohner, während Deutschland 4,6 dz, Dänemark 7 dz, die USA 10,3 dz und Kanada 19 dz aller Getreidearten je Kopf der Bevölkerung erzeugten.

Hinzu kommt die große Unbeständigkeit der Erträge, weil der Ackerbau weniger in der Waldzone mit beständigerem Klima, sondern in der Steppe mit großen Klimaschwankungen verbreitet war. Daher die periodischen Hungersnöte in Jahren der Dürre. Aber als halbkoloniales Land, das infolge Fehlens eigener Industrie von Westeuropa abhing, mußte Rußland Brot exportieren, was, wie gesagt, nur dadurch möglich war, daß der russische Bauer sich gezwungenermaßen vegetarisch ernährte. Es ist leicht auszurechnen, daß, falls der Bauer jener Zeit die Absicht gehabt hätte, auch nur ein Pfund Schweinefleisch je Familienmitglied und Woche zu verbrauchen, es notwendig gewesen wäre, bei der Zahl von 125 Millionen bäuerlicher Bevölkerung, 12 Millionen Tonnen Getreide an die Schweine zu verfüttern und damit den ganzen vorrevolutionären Export aufzubrauchen. Das konnte der Bauer nicht tun, und deshalb haben Dänemark und Deutschland und nicht Rußland mit russischem Roggen, russischer Gerste und Kleie ihre Schweine gemästet.

Ohne uns bei der Periode des Verfalls als Folge des ersten Weltkrieges, der anschließenden Zeit des Bürgerkrieges, der Intervention und gleichfalls der Periode des Wiederaufbaus aufzuhalten, wenden wir uns der Periode der Umgestaltung und der Industrialisierung in der Landwirtschaft zu.

Auf dem XV. Parteitag der KPdSU im Jahre 1927 schilderte Genosse *Stalin* die aussichtslose Lage der kleinbäuerlichen Wirtschaft und fragte: „Wo ist der Ausweg?“ Er zeigte, daß der Ausweg „im Übergang zur kollektiven Bodenbearbeitung auf der Grundlage einer neuen, höheren Technik .. unter Anwendung wissenschaftlicher Methoden zur Intensivierung der Landwirtschaft“ zu finden ist[1].

Wiederholt auf diese Frage zurückkommend, betonte er besonders die Notwendig-

[1] In „Lenin und Stalin“, Band III, Partisdat 1936, S. 235.

keit, die Metall- und die chemische Industrie zu fördern. Er sagte: „Mit aller Kraft muß man die Versorgung der Landwirtschaft mit Maschinen, Traktoren, Düngemitteln usw. anstreben“ (1929)[1].

Schon vorher sind die Geologen besonders bemüht gewesen, das Vorkommen nicht nur von Kohle und Metallen, sondern auch von Rohstoffen für die Düngemittelindustrie festzustellen, und kamen dabei zu zwei Entdeckungen von ungewöhnlicher Wichtigkeit: 1925 fand man in Solikamsk Kalilager von einer Mächtigkeit, die, wie die Forschungen der nächsten Jahre zeigten, in der ganzen Welt nicht ihresgleichen haben; 1926 fand man die Apatitlager in den Bergen von Chibiny auf der Kolahalbinsel, die, wie sich gleichfalls in den folgenden Jahren gezeigt hat, von außerordentlicher Mächtigkeit sind. Desgleichen entdeckte man Steinkohlenlager in viel größerem Umfange, als es früher bekannt war. So zeigte sich, daß die Kohlenvorräte allein im Becken von Kusnezk genau so groß sind wie die Vorräte Deutschlands, Englands und Frankreichs; ebenso groß erwiesen sich die Reserven der Hydroenergie, denn allein schon das System der Angara und des Baikals ist z. B. imstande, 20 mal soviel Energie zu liefern wie Dneproges (Wasserkraftwerk am Dnepr).

So wurden die Reserven an Rohstoffen und Energie sichergestellt, die zur Begründung der Phosphat-, Kali- und Stickstoffindustrie erforderlich sind. Der erste Fünfjahrplan (1928–1932) sah die gründlicheren bergtechnischen Erkundungen vor, dann folgte der Ausbau der Schächte unter den besonders schwierigen Verhältnissen von Solikamsk und schließlich die Anlage des Bergwerks und die Ausrüstung des Kombinats; im zweiten Stalinschen Fünfjahrplan setzte die verstärkte Düngemittelproduktion ein, die von Jahr zu Jahr größer wurde.

Auf das Jahr 1932 beziehen sich die bekannten Worte des Genossen *Stalin*: „Wir hatten keine ernst zu nehmende und moderne chemische Industrie. Jetzt haben wir sie“[2].

Die Zunahme der Düngemittelproduktion im zweiten Fünfjahrplan kann man mit folgenden Zahlen kennzeichnen (in 1000 t):

	N-haltige Düngemittel (20,5 %)	Kalisalze (41 % K_2O)	Superphosphat (18 %)	Phosphoritmehl[3]	insgesamt
1932 (I)	22,2	27,0	477,6	396,0	922,8
1937 (II)	659,0	407,6	1454,1	634,2	3154,9
Verhältnis (II/I)	29,7	15,1	3,05	1.6	3,4

Wenn man in Betracht zieht, daß das in der UdSSR hergestellte Superphosphat einen größeren Prozentgehalt an P_2O_5 als in anderen Ländern aufweist und eine

[1] In „Lenin und Stalin“, Band III. (Russ.)
[2] In „Lenin und Stalin“, Band III, S. 547. (Russ.)
[3] Darunter ist der Teil des Phosphoritmehls (neben einem anderen Teil des Phosphoritmehls und des Apatits, der zur Superphosphatbereitung dient) zu verstehen, der unmittelbar zur Düngung saurer Böden Verwendung findet.

dementsprechende Umrechnung vornimmt, dann zeigt sich, daß die UdSSR in der Superphosphatfabrikation (1 897 000 t im Jahre 1938) den ersten Platz in Europa und den zweiten in der Welt (nach den USA) erreicht hat. In der Gesamtproduktion der Düngemittel nehmen wir statt des letzten Platzes, wie vor den Fünfjahrplänen *Stalins*, den dritten Platz in Europa und den vierten in der Welt ein.

(in Millionen t)

Deutschland	USA	Frankreich	UdSSR	Italien	England
7,66	4,78	4,35	3,86	2,05	2,00

Schon im zweiten Fünfjahrplan hat die Anwendung mineralischer Düngemittel auf die Ertragszunahme jener Kulturen, die man in ausreichendem Maße düngte, den größten Einfluß gehabt. So sehen wir für Baumwolle bei Bewässerung in Usbekistan folgendes Bild der stufenweisen Ertragssteigerung parallel zur Anwendung der Düngemittel[1]:

Jahre	1933	1934	1935	1936	1937	1938	1939
Menge der mineralischen Düngemittel (dz/ha)	0,15	1,66	2,7	5,1	5,64	5,32	5,66
Mittl. Baumwollertrag (dz/ha)	8,9	7,9	11,6	16,2	16,1	16,8	17,0

Wir sehen somit, daß in der ganzen Republik die Erträge in 5 Jahren (1934/39) *sich verdoppelt haben;* einzelne Kolchosen kamen zu Erträgen bis 35 dz/ha, was eine Verfünffachung des ursprünglichen Ertrages bedeutet; die Zahlen, die in Einzelfällen die Stachanowarbeiter erreichten, liegen noch wesentlich höher.

Ein gleiches Bild beobachten wir in Grusien bei der Ernte des Teeblattes. Hier haben sich die Erträge mehr als verdoppelt infolge der mineralischen Düngemittel, unter denen den stickstoffhaltigen die größte Wirkung zukommt (Durchschnitt von 3 Jahren):

	1932-34	1935-37	1938-40
Düngung (in 1000 t)	1,3	28	51
Ernte an Teeblättern (in kg/ha)	891	1681	2252

[1] Vorwiegend stickstoff- und phosphorsäurehaltige Düngemittel, Kalisalze sind weniger angewandt worden.

Außer bei Baumwolle und Tee sind auch die Erträge bei Zuckerrüben und Lein (Faser) gestiegen, wenn auch nicht in diesem Grade, weil die Menge der mineralischen Düngemittel je Hektar hier geringer ist und der Klee in der Fruchtfolge sowie der Mist bei der Düngung eine größere Rolle spielen als in den Fruchtfolgen mit Baumwolle.

Ein interessantes Bild zeigt die Bewegung der Erträge bei Zuckerrüben in Kirgisien, wo die Anwendung der mineralischen Düngemittel einen größeren Effekt hat als in der Ukraine, weil dank der Bewässerung die Niederschläge nicht als begrenzender Faktor auftreten. Hier sind die Durchschnittserträge für den Bezirk von Kant, dem führenden in Kirgisien:

Jahre	1934	1936	1938	1940
Menge der Düngemittel (in dz/ha)	3,5	8,2	11,9	14,5
Zuckerrübenertrag (dz/ha)	166	345	349	471

Zur Beurteilung der Bedeutung, die den künstlichen Düngemitteln zu Beginn des dritten Fünfjahrplans zukommt, kann folgende Berechnung von Prof. *P. A. Baranow* dienen: Geht man nur von der Ertragszunahme bei Baumwolle, Zucker, Tee und Faserlein vom Jahre 1939 aus, dann ist die Zunahme allein bei diesen genannten Kulturen nach dem Marktpreis = 4 Milliarden Rubel; der Preis aller mineralischen Düngemittel beträgt aber nur 600 Millionen Rubel.

Nach dem Plan für das Jahr 1945 sollte die gesamte Produktion an künstlichen Düngemitteln im Vergleich zu 1937 verdoppelt werden. Dann müßte auch der Wert des Ertragszuwachses bei allen Kulturen auf 9 Milliarden Rubel ansteigen.

Da es bis zur völligen Sättigung mit künstlichen Düngemitteln derjenigen Flächen, die mit technischen Kulturen bestellt werden, noch sehr weit ist, kann mit einem bedeutenden Ertragszuwachs dieser Kulturen als Folge der Düngung noch für eine Reihe von Fünfjahrplänen gerechnet werden.

Bei der Hektardüngung für technische Kulturen reichen wir bereits in einer Reihe von Fällen an die Länder Westeuropas und überholen sie. Das bezieht sich auf die Bewässerungswirtschaft Mittelasiens und auf die feuchten tropischen Gebiete, wo die Fläche begrenzt und die Ertragshöhe von entscheidender Bedeutung ist.

In Usbekistan, wo vorwiegend Baumwolle auf bewässerten Flächen angebaut wird, beträgt die Düngemittelmenge je Hektar für Baumwolle[1] 106 kg NPK, was wesentlich höher ist als die Durchschnittsnorm in Deutschland und dem holländischen Gesamtdurchschnitt nahe kommt (109 kg), der der größte in der Welt ist. Die Teeplantagen in Grusien erhalten etwa 1 t Düngemittel je Hektar (196 kg NPK), was den Durchschnitt von Holland bereits übersteigt. Aber für Grusien nehmen wir

[1] Gemeint ist hier die in den Vorkriegsjahren erreichte Höhe.

dabei natürlich nur die mit Tee bestellte Fläche außerhalb der Fruchtfolge, während die Vergleichszahl von Holland den Durchschnitt der gesamten bestellten Fläche betrifft. Mit der gleichen Einschränkung können wir darauf hinweisen, daß die Zuckerrübenplantagen in der Ukraine 8 dz/ha (oder 150 kg $N + P_2O_5 + K_2O$) Düngemittel erhalten, was anderthalbmal soviel ist wie der gesamte deutsche Durchschnitt.

Also wenden wir bei den technischen Pflanzen die intensive Kultur an, erreichen und überholen dabei sogar Belgien und Holland in bezug auf die Anwendung mineralischer Düngemittel je Hektar. Das bedeutet aber nicht, daß wir dieselbe Methode auch bei der Kultur des Getreides anwenden müssen. Hier sind wir in der Fläche nicht beschränkt und müssen ganz anders an das Problem herangehen.

Das, was zu den ausgesuchten Kulturen paßt, bezieht sich keineswegs auf alle Kulturen, auf die ganze bestellte Fläche der UdSSR; hier sollen wir keineswegs zu der holländischen Norm bei der Anwendung mineralischer Düngemittel je Hektar streben, sondern an der Spitze aller Länder des Westens in der Produktion von Getreide und anderer landwirtschaftlicher Erzeugnisse je Kopf der Bevölkerung stehen, indem wir das ausnutzen, was in Holland und in Belgien fehlt, d. h. unseren großen Landreichtum. Schließlich kann man nicht die UdSSR mit Holland vergleichen, das nur eine Klima- und eine Bodenzone besitzt, gleiche ökonomische Bedingungen aufweist, dicht bevölkert ist und keine Möglichkeit der Bodenausdehnung hat, abgesehen von der sehr kostspieligen und geringen Landgewinnung vom Meer. Die Sowjetunion umfaßt dagegen die verschiedensten Zonen, die sich durch Klima und Boden unterscheiden, verschieden dicht bevölkert sind, und verfügt vor allen Dingen über eine große Reserve noch ungenutzter Flächen. Deshalb können wir außer Steigerung des Flächenertrages (ohne uns allerdings das Ziel zu setzen, Holland einzuholen) die Gesamternte auch dadurch heraufsetzen, daß wir die Anbaufläche überhaupt vergrößern und im besonderen die Kleefläche. Durch den Klee wirken wir unmittelbar auf den Boden oder auf dem Wege über den Mist und heben die Erträge beim Getreide ohne Anwendung größerer Mengen mineralischer Düngemittel[1].

[1] Das Gesagte bezieht sich auf das allgemeine Schema der Verteilung mineralischer Düngemittel für technische Kulturen und Getreide. Aber bei der Vielseitigkeit der natürlichen und wirtschaftlichen Bedingungen, wie sie in unserem Lande gegeben sind, kann es natürlich niemals eine Schablone geben. Es ist im besonderen schon Zeit, die Frage nach dem allmählichen Übergang zur nächsten Intensitätsstufe bei der Chemisierung unseres Ackerbaus aufzuwerfen, d. h. der Anwendung mineralischer Düngemittel nicht nur bei technischen Kulturen, sondern auch bei einem Teil des Getreides und anderer Kulturen für menschliche und tierische Ernährung. Dabei ist es wichtig, jene Bedingungen auszuwählen, wo diese Maßnahme die größte technische und ökonomische Wirkung aufweist. Vor allen Dingen ist hier an die Bildung größerer, hoch chemisierter Ackerbauinseln zu denken in Gebieten und Bezirken von Industriezentren und in Zonen, die nahe den Verkehrsadern liegen. Die starke Ertragshebung bei allen Kulturen durch intensive Chemisierung in diesen Bezirken (unter Voraussetzung günstiger Boden- und Klimabedingungen) kann zu einer wichtigen Maßnahme bei der Versorgung der Industriezentren und gleichzeitig bei der Transportentlastung werden.

Über die Perspektiven der Produktion und der Anwendung mineralischer stickstoffhaltiger Düngemittel

Welche Möglichkeiten haben wir zur größeren Versorgung der Landwirtschaft mit mineralischen Stickstoffdüngemitteln? Es ist bemerkenswert, daß die Anstrengungen, die während des großen vaterländischen Krieges zur Sicherstellung der Kriegsindustrie (Verlagerung eines Teiles der Stickstoffindustrie nach Osten, Leistungssteigerung) unternommen worden sind, einen günstigen Einfluß auf die Produktionsmenge und die Versorgung der Landwirtschaft mit Stickstoffdüngemitteln ausüben werden.

Es ist anzunehmen, daß die Wiederherstellung der chemischen Werke auf dem Gebiet, das durch die deutsche Okkupation gelitten hat, nicht auf Kosten der während des Krieges im Osten errichteten Werke gehen wird, weil Gorlowka und Stalinogorsk ihre eigene Ausrüstung erhalten werden. Außerdem müssen aber auch Werke an anderen Stellen erbaut werden, wobei es notwendig ist, an eine rationelle Unterbringung zu denken und die Frage nach der Art der Stickstoffsynthese und des Sortiments der Produktion richtig zu lösen.

Bei der Auswahl der Produktionszentren der Stickstoffindustrie und bei der Bemessung ihrer Kapazität spielt die Frage nach dem Rohstoff keine Rolle. Der Stickstoffgehalt der Luft ist überall der gleiche; entscheidend ist die Energiequelle, d. h. die schwarze und die weiße Kohle (der Wind ist einstweilen für diese Zwecke noch nicht genutzt worden).

In bezug auf die Kohlenvorräte befindet sich die Sowjetunion in einer sehr günstigen Lage, wie in der Zeit nach der Revolution festgestellt worden ist. 1913 bewertete man unsere Vorräte auf 220 Milliarden Tonnen, während man jetzt auf 1654 Milliarden Tonnen kommt, d. h. zweieinhalbmal soviel wie die gesamten Kohlenvorräte in den Ländern Westeuropas (aber die USA haben 3795 Milliarden Tonnen).

Im europäischen Teil der Union kommen die größten Kohlenvorräte im Süden, im Donezbecken, vor und betragen etwa 90 Milliarden Tonnen, im Norden findet sich die Kohle im Becken des Flusses Petschora, wohin während des Krieges eine Bahn gelegt worden ist. Am reichsten an Kohle ist aber Sibirien (vom Ural bis zum Stillen Ozean), wo 90% unserer Kohlenvorräte gelegen sind. Allein das Becken von Kusnezk hat Vorräte von etwa 450 Milliarden Tonnen, übertrifft um das Fünffache die Vorräte im Donezbecken und kommt den Vorräten von Deutschland, England und Frankreich (480 Milliarden Tonnen) fast gleich. Es ist bekannt, daß neben der Versorgung der örtlichen Industrie, wie des Stickstoffwerkes in Kemerowo und einer Reihe anderer Unternehmungen, mit der Kohle des Kusnezker Beckens das größte metallurgische Werk im Südural (Magnitogorsk) beliefert wird. Auf dem Rückwege nehmen die Kohlenzüge das Eisenerz des Magnetberges mit und bringen es zu einem symmetrisch errichteten Kombinat im Kusbass (Kusnezker Becken). Da die Verkokung der Kusnezker Kohle teils am Ort, teils in Magnitogorsk stattfindet, gibt es hier und da weite Möglichkeiten zur Errichtung von Werken synthetischen Ammoniaks.

Trotz seiner gewaltigen Ausdehnung steht das Kusnezker Becken doch nicht an erster Stelle in Sibirien in bezug auf die Kohlenvorräte, denn noch größere Perspektiven zeichnen sich für das Tunguska-Becken ab, das eine kolossale Fläche (etwa 1 Million Quadratkilometer) zwischen den Flüssen Jenissei und Lena, der Krasnojarsker Eisenbahn und dem Nördlichen Eismeer einnimmt.

Aber die Nutzung dieser Kohlenreichtümer ist Sache der Zukunft. Dieses bezieht sich auch auf die Kohle in Taimyr, im Lenabecken, in Jakutien (nicht weniger als 200 Milliarden Tonnen) und im nordöstlichen Teil der Arktis. Zur Zeit werden Kohlevorkommen in südlicheren Bezirken Sibiriens wie in den Becken von Kansk, Tschulymo-Jenisseisk, Minussinsk und im Irkutsker Becken mit einem Kohlenlager von 73 Milliarden Tonnen (genutzt wird das Vorkommen von Tscheremchowo) abgebaut. Ferner ist von großer Bedeutung das Kohlenbecken von Bureia im Amurgebiet und der Sutschansker Bezirk, der Primorie mit Kohle versorgt. Schließlich haben wir Kohle in Sachalin und Kamtschatka. In Mittelasien verfügt Kasachstan über ein so gewaltiges Vorkommen wie Karaganda mit einem Vorrat von 52 Milliarden Tonnen; auch in Kirgisien, Usbekistan und in Turkmenien kommt Kohle vor, wenn auch in geringerem Umfang.

Die Vorräte an „weißer Kohle“ sind bei uns ebenfalls gewaltig: wenn jetzt die „Große Wolga“ an der Reihe ist, so müssen wir uns im weiteren die riesenhaften energetischen Reserven der Angara, des Jenissei und anderer sibirischer Flüsse dienstbar machen. Allein die Nutzbarmachung der Hydroenergie in diesen Maßstäben überschreitet die Grenzen des 4. Fünfjahrplanes; einstweilen müssen wir aber die Kohlenlager ausbeuten. Und auch hier, in gleicher Weise wie beim Phosphor und Kali, ist, neben der grandiosen Zahl der gesamten Vorräte, die Frage nach dem günstigsten geographischen Vorkommen zunächst jenes kleinen Teils von Wichtigkeit, der jetzt schon für die unmittelbare Nutzung zugänglich ist.

Vor kurzem noch hat die Unkenntnis über das Vorkommen und die teilweise noch ungenügende Nutzbarmachung bekannter Kohlenlager zu einer so unzweckmäßigen Maßnahme geführt wie dem Transport der Stickstoffdüngemittel auf Entfernungen von 3000–4000 km. Die Baumwollbezirke Mittelasiens beanspruchen in erster Linie diese Düngemittel, weil die Braunerden von Natur stickstoffarm sind und weil die Baumwollkultur an Temperaturvoraussetzungen und noch mehr an Bewässerungsmöglichkeiten in Mittelasien gebunden ist. Alles das bildet gleichsam einen Oasentypus dieser Kultur, wobei man auf größeren Flächen Futterpflanzen nicht anbauen, also auch keinen Dünger gewinnen kann und gezwungen ist, mehr Stickstoffdüngemittel anzuwenden als beim Anbau von Rüben und Lein. Aber die Stickstoffwerke waren weit von den Baumwollbezirken und arbeiteten mit der Kohle von Kiselow, Moskau und vom Donez. In Usbekistan kannte man bisher keine Vorräte an Kohle, die sich zur Verkokung eignete. So entstand das Tschirtschik-Kombinat (in der Nähe von Taschkent), das die Wasserenergie zur Stromgewinnung ausnutzt, um durch Elektrolyse des Wassers Wasserstoff zu gewinnen; den Stickstoff erhält man durch fraktioniertes Destillieren flüssiger Luft. Dieses Verfahren verwendet man notgedrungen nur in Ländern, die arm an Kohle und reich an Wasserfällen sind, weil der Energieverbrauch je Einheit des gebundenen Stickstoffs dabei sehr hoch ist. Nach Angaben von *Kazalé* braucht man wenigstens 18 Kilowattstunden für 1 kg gebundenen Stickstoff, während nach dem *Haber*-Verfahren mit Steinkohle nur 4–4,5 Kilowattstunden beansprucht werden.

Darum ist es verständlich, weshalb Deutschland, Frankreich und England, die reich an Kohle sind, die Methode *Kazalé* überhaupt nicht anwenden. Diese Methode ist nur in Italien und Norwegen gebräuchlich, wo es an eigener Kohle fehlt und wo man infolgedessen gezwungen ist, 4–5 mal mehr Energie zur Stickstoffbindung zu verwenden als in Ländern mit Kohle. Gewiß sagte man, warum an Hydroenergie sparen, wenn sie „nichts kostet"; tatsächlich ist sie aber immer teuer infolge großer und kostspieliger Anlagen (den Einfluß dieses Faktors kennt man auch am Tschirtschik).

Früher erschien der Verbrauch großer Wasserenergiemengen in der Stickstoffindustrie Mittelasiens unvermeidbar, aber bereits 1937 machten sich Anzeichen bemerkbar für eine Änderung der Kohlenlage. Nach Verbesserung der Verkehrswege in das verlassene Jagnob-Tal, das früher von aller Welt abgeschlossen war und sogar eine dem Persischen ähnliche und im ganzen übrigen Tadshikistan vergessene Mundart besessen hat, stießen die Geologen vor und entdeckten eine mächtige Schicht zur Verkokung geeigneter Kohle. Da die Entfernung von hier bis Taschkent wahrscheinlich nicht mehr als 300 km beträgt, kann diese Entdeckung das Tschirtschikproblem vollständig ändern. Sollte die Jagnobkohle zugänglich sein, dann ist es vorteilhafter, den elektrischen Strom der Industrie zuzuleiten und das Stickstoffkombinat auf das *Haber*-Verfahren umzustellen.

Außer der Jagnobkohle entdeckte man noch Kohlenlager in Fergana (Tal des Flusses Naryn). Es ist doch letzten Endes vorteilhafter, das Werk an die Kohle zu verlegen, als die Kohle zum Werk zu befördern, weil der Transport des fertigen Produktes (NH_4NO_3) wesentlich leichter ist als der Transport der Kohle[1].

Das, was am Tschirtschik geschah, kann sich auch in anderen Fällen wiederholen. Wenn beispielsweise auch nur einer der möglichen Staudämme auf der Angara errichtet wird, erhält man zunächst einen riesigen Überschuß an Elektroenergie. Es wäre natürlich, diesen Überschuß zur Stickstoffbindung zu verwenden, aber später, mit zunehmendem Wachstum der Industriezentren, würde diese Energie ihren Ab-

[1] Sollten die örtlichen Lager der Menge nach ungenügend oder der Qualität nach ungeeignet sein, dann wäre an die Ausnutzung der Karagandakohle zu denken nach demselben Prinzip „Mohammed geht zum Berg und nicht der Berg zu Mohammed", d. h. das Werk in Karaganda anzulegen und nach Taschkent Amsalpeter zu fahren. Als Hindernis tritt uns aber der Wassermangel in Karaganda entgegen. Hier könnte uns eine mittlere Lösung zu Hilfe kommen – man setzt das Werk in die Nähe des an Süßwasser so reichen Beckens wie den Balchasch (an die Westseite, weil die Ostseite versalzen ist) und befördert den Amsalpeter mit der zweiten Turkestanisch-Sibirischen Eisenbahn etwa 400–500 km. Diese Entfernung ist für ein derartiges Konzentrat kein Hindernis zum Vordringen in die Baumwollbezirke.

nehmer finden, und die Herstellung des synthetischen Ammoniaks müßte von der weißen auf die schwarze Kohle umgestellt werden. Und dennoch ist es vorteilhafter, diese einstweilige Reserve an Hydroenergie nicht zur Wasserelektrolyse und Ammoniaksynthese zu verwenden, sondern zur Herstellung von Zyanamid, weil bei diesem Verfahren anderthalbmal weniger Energie bei der Bindung der Stickstoffeinheit benötigt wird als nach der Mehode *Kazalé* – etwa 11,5 bis 12 Kilowattstunden statt 18, was eine Zunahme der Produktivität des Kombinats um 50 % bedeutet. Infolgedessen hat in Italien die Zyanamidfabrikation nicht nur absolut, sondern auch in Prozenten der gesamten Menge an gebundenem Stickstoff zugenommen, so daß Zyanamid und Ammoniumsulfat die führenden Stickstoffdüngemittel auf dem Markt waren[1].

Es stimmt allerdings, daß bei der Zyanamidfabrikation nicht alle 12 Kilowattstunden in Form von Elektroenergie gegeben werden müssen, denn auf 10,5 Kilowattstunden entfallen noch 1,5 kg Koks, aber eine derartige Kohlenmenge sollte man sogar aus Karaganda herbeischaffen können. Man muß hier eine andere Überlegenheit des Zyanamidprozesses gegenüber der Ammoniaksynthese im Auge haben: bei diesem Verfahren spielt sich die Stickstoffbindung unter normalem Druck ab, während bei der Ammoniaksynthese zum mindesten 200–250 Atmosphären erforderlich sind. Es entfällt also der Bedarf an einer kostspieligen Apparatur, deren Beschaffung einen begrenzenden Faktor beim Bau der Stickstoffwerke darstellt. Überhaupt ist die Azotierung des Karbids (mit Wärmeaustritt) ein sehr einfacher Prozeß; größere Energiemengen sind nur bei der Karbidherstellung erforderlich, wobei es noch darauf ankommt, Elektroden großen Ausmaßes richtig herzustellen.

Aber diesen Prozeß beherrscht man bei uns bereits, und die Karbidherstellung in größerem Umfange steht uns auch deswegen noch bevor, weil es ein wichtiges Zwischenprodukt bei der Synthese des Kautschuks aus Azetylen ist. Dieser Weg der Kautschuksynthese aus Kohle und Wasser (Wasserstoff) gibt eine große Menge Kartoffeln frei, auf die man für Zwecke der Ernährung und bei der Entwicklung der Tierhaltung (Schweinemast) nicht verzichten kann.

Neben der Leichtigkeit der Azotierung führt die Zyanamidherstellung sofort zu einem fertigen Düngemittel, während man Ammoniak an Schwefelsäure binden oder die halbe Menge des Ammoniaks durch Oxydationsanlagen leiten muß, um Ammoniumsalpeter zu erhalten; die Oxydation des Ammoniaks ist kostspielig und mit einigem Stickstoffverlust verbunden.

Wenn die früheren Zyanamidwerke gesundheitsschädlich für die Arbeiter waren (Einatmung des Zyanamidstaubes), so ermöglichen die neuesten Vermahlungsanlagen, die Luft in den Arbeitsräumen völlig frei von Zyanamidstaub zu halten.

[1] Die Zunahme der Stickstoffdüngemittel in Italien in 1000 dz:

	$CaCN_2$	$(NH_4)_2SO_4$	$Ca(NO_3)_2$	$NaNO_3$	NH_4NO_3
1930	762	1046	281	640	158
1934	1396	1312	857	553	284

Wenn man auch vom Zyanamid schwerer zur Salpetersäure kommt als vom Ammoniak, so ist dem entgegenzuhalten, daß wir die Zyanamidwerke nicht *an Stelle*, sondern *neben* den Ammoniakwerken errichten werden, von denen wir in der Nähe der Kohle (nicht nur im Donbecken, sondern auch in Prokopiewsk, in Kemerowo, Tscheremchowo usw.) so viele haben können, wie wir nur wollen. Dabei beansprucht die Herstellung des Ammoniaks mit Kohle nur den vierten Teil der Energie wie z. B. am Tschirtschik.

Da der Bedarf unserer Landwirtschaft bei der Größe der Anbaufläche jede sonstige Nachfrage nach Stickstoff bedeutend übersteigt, haben wir nach ausgiebiger Befriedigung aller anderen Aufgaben noch ein großes Intervall zur Entwicklung einer zusätzlichen Stickstoffindustrie ausschließlich für Zwecke des Ackerbaus. In diesem Intervall kann man sich frei jene Methoden der Stickstoffbindung aussuchen, bei denen die Energie produktiver genutzt wird als bei der elektrolytischen Methode.

Es ist im übrigen charakteristisch, daß auch im Westen die Zyanamidproduktion sich keineswegs nur dort entwickelt, wo Hydroenergie vorhanden ist, sondern auch dort, wo die Kohle ihrer Qualität nach zur Ammoniaksynthese nicht geeignet ist. So benutzte in Deutschland das größte Zyanamidwerk Piesteritz Elektroenergie von einer Nachbarstation, die mit Braunkohle arbeitete. Die Braunkohle liegt dort sehr günstig in mächtiger Schicht nahe der Oberfläche, sie wird im Tagebau gewonnen, automatisch ausgeschöpft und nach oben befördert so wie Torf (nur die Stärke des Lagers ist wesentlich größer als beim Torf). Es ist charakteristisch, daß man diesen billigen Strom nicht zur Elektrolyse des Wassers verwandte, sondern zur Karbid- und anschließender Zyanamidgewinnung. Haben wir nicht auch genügend ausgiebige Braunkohlenlager z. B. bei Tscheljabinsk und an verschiedenen Stellen des Kusnezker Beckens!

Bemerkenswert ist folgendes: sobald man von den fliegenden Feldversuchen ohne Fortsetzung zu stationären Versuchen mit Berücksichtigung der Nachwirkung überging, zeigte sich das Zyanamid als bestes Stickstoffdüngemittel für Podsolböden. So zeigt auf dem Ljuberetzker Versuchsfeld des NIUIF, auf armem podsolierten Sandboden, die häufige Anwendung des Zyanamids an ein und derselben Stelle mit den Jahren progressiv zunehmende Ertragssteigerungen, während alle Ammoniumsalze nicht nur einen Rückgang in den Erträgen mit der Zeit verursachten, sondern sogar eine schädliche Wirkung aufwiesen, wenn die Kalkung unterblieb (siehe Tabelle).

Stufenweise Ertragsänderungen bei wiederholter Verwendung von Stickstoffdüngemitteln (in Prozenten vom Ertrag auf d. KP-Parz.)

Jahre	Zyanamid	$NaNO_3$	$Ca(NO_3)_2$	NH_4NO_3	$(NH_4)_2SO_4$	NH_4Cl
2	188	156	145	163	149	156
4	182	198	153	109	88	79
6	225	212	192	67	38	30

Somit spielt das Zyanamid nicht nur die Rolle eines Stickstoff-, sondern auch eines Kalkdüngemittels, wobei der Kalk als kostenlose Beigabe zum Stickstoff erscheint. Damit soll natürlich nicht gesagt sein, daß man Zyanamid überall herstellen muß, denn immerhin beansprucht dieses Verfahren mehr Energie als das Verfahren nach *Haber*. Wo aber gute Kohle selten ist und die Braunkohle überwiegt, dort ist die Zyanamidfabrikation am Platz. In anderen Fällen muß man die Ammonsalze mit Kalzium versehen, man muß „wenn nicht den Boden, dann das Düngemittel kalken". Zu diesem Zweck kann man dem NH_4NO_3 für Podsolböden gemahlenen Kalk beigeben in dem Verhältnis, wie es in England üblich ist (40 %). Zum weiten Transport in Mittelasien, wo die Böden kalkreich sind, muß das Prinzip der Kalkzugabe ein anderes sein (ein Minimum von $CaCO_3$, das notwendig ist, um die physikalischen Eigenschaften des Ammoniumsalpeters zu verbessern). Der interessanteste Bestandteil für Mischungen mit Ammoniumsalpeter ist das Präzipitat; dieses lehrt das Beispiel von Frankreich. Aber solange die Präzipitatherstellung bei uns wenig entwickelt ist, wäre es wünschenswert, die Beigabe des Phosphoritmehls zum Ammoniumsalpeter zu erproben, um einesteils die physikalischen Eigenschaften zu verbessern und anderenteils wegen der Lösung des Phosphorits bei gleichzeitiger Einbringung in den Boden (das NIU[1] hat schon lange die günstige Wirkung der Mischung von Ammoniumsalzen mit Phosphorit, wodurch sie im Boden eng miteinander in Berührung kommen, festgestellt).

In England setzt man dem Ammoniumsalpeter zwecks Verbesserung seiner physikalischen Eigenschaften kohlensaures Kalzium hinzu. Dabei ist aber das Risiko eines gewissen Ammoniakverlustes nicht ausgeschlossen. Als bessere Komponente zeigte sich hier der Lehm, mit dessen Hilfe man granulierten Ammoniumsalpeter erhält. Der Verfasser hatte Gelegenheit, einen derartigen granulierten Ammoniumsalpeter bei der Besichtigung des Werkes Ude in Dortmund im Jahre 1932 zu sehen. Diese Mischung enthielt 30 % Stickstoff, aber es ist denkbar, daß man den Lehmanteil (natürlich nicht jeden beliebigen, sondern besonders ausgesuchten Lehm) noch weiter herabsetzt. Jedenfalls hält man im Westen den Ammoniumsalpeter nicht so sehr für ein fertiges Düngemittel als für ein gutes Material zu seiner Herstellung (durch Mischung mit Präzipitat oder Phosphorit und Kalisalzen).

Unter Berücksichtigung dessen, was wir über die Planungsmöglichkeiten bei den mineralischen Düngemitteln zu Getreide und technischen Kulturen oben gesagt haben, müssen wir bei der Bestimmung des Umfangs der Versorgung der Landwirtschaft mit Industriestickstoff vor allen Dingen von der Befriedigung der technischen Kulturen, des Gemüses und des Obstes ausgehen und viel weniger von der Versorgung des Getreides (von Getreide kann nur gesprochen werden unter Voraussetzung der Bewässerung). Die Stickstoffversorgung des Getreides muß neben dem Mist auf den in größerem Umfang anzubauenden Stickstoffsammlern beruhen, denn

---

[1] Wissenschaftliches Institut für Düngemittel.

nur auf diesem Wege kann der große, bei Steigerung der Durchschnittserträge auf 15–16 dz/ha in Frage kommende Stickstoffbedarf gedeckt werden.

Zu den ersten Prätendenten auf die mineralischen Düngemittel müssen neben den technischen Kulturen auch die Kartoffeln und die Futterhackfrüchte gerechnet werden, weil diese Kulturen die Düngung, gemessen am Zuwachs an Trockensubstanz, etwa dreimal so hoch bezahlt machen.

Es ist verständlich, daß die Feststellung des Bedarfs an mineralischen Düngemitteln für die Landwirtschaft unseres Landes eine recht komplizierte Aufgabe darstellt. Es handelt sich darum, daß die Aufnahmefähigkeit unserer Landwirtschaft und die Verwendungsmöglichkeit für mineralische Düngemittel gewaltig sind. Deswegen müssen die Aufträge, die wir unserer Stickstoffindustrie erteilen, immer einerseits von der realen Ausdehnungsmöglichkeit dieser Industrie selbst bestimmt werden und andererseits von der Nachfrage nach technischem Stickstoff bei der in Aussicht genommenen Ertragshebung. Dabei dürfen die anderen Zugangsspalten der Stickstoffbilanz, mit Hilfe derer der technische Stickstoff kompensiert werden kann, niemals außer acht gelassen werden.

Wir wiesen schon darauf hin, daß wir zu absurden Zahlen kommen würden, wenn es uns einfiele, sämtliche Kulturen in dem Umfang mit mineralischen Düngemitteln zu versorgen, wie man sie in Holland, Belgien und Deutschland anwendet. Unsere Anbaufläche erreichte vor dem Kriege 150 Millionen Hektar. Wollten wir auf dieser Fläche genau so düngen wie in Holland, d.h. $^2/_3$ t je Hektar, dann würde unser Bedarf 100 Millionen Tonnen Düngemittel betragen, d.h. 30 mal mehr, als wir zur Zeit produzieren und 2 mal mehr als die ganze Düngemittelerzeugung in der Welt. Außerdem wendet Holland sechsmal mehr organischen Dünger an als wir, bestellt zu diesem Zweck die Hälfte seiner Äcker mit Futterkulturen und hat darüber hinaus noch gute Wiesen, so groß wie die ganze bestellte Fläche.

Wir dürfen unsere chemischen Industrien mit übermäßigen Aufträgen nicht überlasten, wir dürfen unsere Anbaufläche nicht nach dem holländischen Muster nutzen, weil dort die Tierhaltung den Getreidebau verdrängte, weil viel Mist für die geringe Getreidefläche gewonnen wird und weil Holland sich schon lange auf Importgetreide umgestellt hat. Der Übergang auf 100 Millionen Tonnen mineralischer Düngemittel und die Nachahmung Hollands durch Übersteigerung der Viehhaltung sind bei uns nicht erforderlich, weil die Gewinnung durchschnittlicher holländischer Erträge von 30 dz/ha keineswegs die Aufgabe für die gesamte Fläche der Union ist. Bei einer Anbaufläche der Körnerfrüchte von 110 Millionen Hektar (einschließlich der westlichen Republiken) würde die Ernte 330 Millionen Tonnen oder 20 Milliarden Pud betragen, worauf es z. Zabei uns gar nicht ankommt. Es genügt für uns etwa die Hälfte dieser Menge, selbst unter Berücksichtigung des Exports.

Es ist überhaupt unrichtig, ein an das Meer gedrücktes Holland oder das landarme Belgien, wo schon alles umgepflügt ist, als Beispiel zu nehmen. Diese kleinen Länder sind sowohl in natürlich-historischer als auch in ökonomischer Hinsicht gleichartig. In unserer Union aber, die ein Sechstel der Landoberfläche der Erde einnimmt, aus einer Reihe von Republiken und Gauen mit verschiedenartigen Bedingungen besteht, muß die Aufgabe der Ertragssteigerung in jedem Falle anders gelöst werden. Das statistische Mittel für die ganze Union besteht bei uns (und muß auch bestehen) aus viel mehr verschiedenen Komponenten als in den genannten kleinen und einheitlichen Staaten.

Deswegen muß, nicht nur jetzt, sondern auch später, bei der Anwendung mineralischer Düngemittel grundsätzlich von den technischen Kulturen ausgegangen werden, weil sie die Düngung besser bezahlt machen und weil es bei größerer Sättigung der Fruchtfolge, z. B. mit Baumwolle (dazu zwingt die Begrenzung der Anbaubezirke durch klimatische Verhältnisse) nicht möglich ist, den Anbau der Stickstoffsammler[1] und die Mistgewinnung so auszudehnen wie z. B. in den Gebieten von Moskau und Smolensk. In einigen Fällen ist es sogar notwendig, zur Monokultur überzugehen, wie bei den Teeplantagen in Grusien. In anderen Fällen wird eine Überlastung der Fruchtfolge mit technischen Kulturen durch die Notwendigkeit bedingt, den Anbau z. B. von Zuckerrüben, Lein oder Kartoffeln in die Nähe der Fabriken oder des Gemüses nahe an bewohnte Zentren zu verlegen. Aber die Sättigung der Fruchtfolge mit diesen besonders anspruchsvollen Kulturen senkt zur gleichen Zeit die Fläche der düngererzeugenden Pflanzen (Futterpflanzen) und macht die mineralische Düngung unentbehrlich. *Aus diesem Grunde müssen die Ansprüche der technischen Kulturen an mineralischen Düngemitteln in erster Linie befriedigt werden.* Allerdings ist bei unseren Maßstäben die Gesamtfläche dieser wertvolleren Kulturen immerhin sehr bedeutend. Die technischen Kulturen nehmen 11 Millionen Hektar ein, das Gemüse (einschließlich Kartoffeln auf dem Felde) 9,5 Millionen Hektar, Gärten und Weingärten 2 Millionen Hektar, d. h. insgesamt 22,5 Millionen Hektar.

Bei der Beurteilung der Ansprüche dieser Kulturen an mineralischen Düngemitteln kann man mehr oder weniger ins einzelne gehen. Legt man für diese ganze Fläche im Durchschnitt eine Norm von 50–60 kg Stickstoff je Hektar zugrunde, dann kommt man zu einem Gesamtbedarf von 1,2–1,3 Millionen Tonnen Stickstoff. Selbstverständlich sind die Ansprüche der einzelnen technischen Kulturen in bezug auf den mineralischen Dünger nicht gleich. Sowohl die einzelnen Düngergaben als auch der Prozentsatz der gedüngten Fläche können naturgemäß sehr verschieden sein infolge Besonderheit der Pflanzen selbst, wie beispielsweise Lein oder Baumwolle, als auch infolge verschiedener Beschaffenheit der Böden, auf denen diese Pflanzen angebaut werden. Wir haben daher im Rahmen der allgemeinen Durchschnittsnorm immer noch eine gewisse Bewegungsfreiheit, um den günstigsten Wirkungsgrad bei der Anwendung der Düngemittel zu erreichen.

[1] Siehe S. 173 über die Bedingungen, die den „Stickstoffhunger“ in den Baumwollwirtschaften Mittelasiens hervorrufen.

Wir bemerken, daß die Abhängigkeit zwischen der Düngungsdosis und der Größe des Ertragszuwachses keineswegs so einfach ist, wie es manchmal dargestellt wird. So beobachtet man z.B. häufig, daß bei geringen Stickstoffgaben insbesondere auf armen Böden die Heraufsetzung der Dosen eine Steigerung der Wirkung des Düngemittels zur Folge hat (im Gegensatz zur bekannten „Kurve von *Mitscherlich*"). Schon in den alten Versuchen von *Wagner* bei der Düngung des Winterroggens mit verschiedenen Dosen von Ammoniumsulfat (als Frühjahrskopfdüngung) ist folgender Ertragszuwachs beobachtet worden:

Größe der einzelnen Gaben (dz/ha)	1,6	2,0	2,4
Ertragszuwachs in Körnern (dz/ha).....	4,34	6,87	9,33

Bei Umrechnung des durchschnittlichen Zuwachses auf 1 dz Düngemittel:

Einzelne Gaben (dz/ha)	1,6	2,0	2,4
Ertragszunahme in Körnern je 1 dz Düngemittel	2,71	3,44	3,89

Folglich wird in diesen Versuchen der erste Doppelzentner schlechter bezahlt als die nächstfolgenden. *Wagner* hat diese Tatsache nicht nur konstatiert, sondern gab ihr auch seinerzeit eine bekannte Erklärung.

Die Ursache für den nicht vollen Effekt kleiner Düngemittelgaben auf armen Böden erblickte er in folgendem:

1. Pflanzen, die Stickstoffhunger leiden, sind unnormal zusammengesetzt: ihr Stickstoffgehalt ist gesenkt; bei der Düngung mit begrenzter Stickstoffmenge wird ein Teil des Stickstoffs zur Korrektur der unnormalen Zusammensetzung verwandt, und erst ein weiterer Teil dient der Hebung des Ertrages – daher die nicht volle Bezahlung bei geringen Dosen.

2. Bei hungernden Pflanzen ist das Verhältnis bei der Entwicklung der Organe nicht normal, und zwar: die Wurzelmasse ist größer als gewöhnlich und die Masse der oberirdischen Organe kleiner; die ersten Stickstoffdosen dienen dazu, dieses Verhältnis zu berichtigen (stärkere Entwicklung der vegetativen Organe, der Stengel und Blätter), und erst die folgenden Dosen wirken sich vorwiegend bei der Ausbildung des Korns aus. So entfielen beim Hafer ohne Düngung 42 % des Gesamtgewichts der Pflanzen auf die oberirdischen Organe und 58 % auf die Wurzeln; schon bei der ersten Stickstoffdosis änderte sich dieses Verhältnis in 65 und 35 % und bei den nächstfolgenden in 81 bzw. 19 %. Mit einem Wort, die Pflanze hat gewissermaßen ihre notwendigen allgemeinen Aufwendungen und kann erst nach Deckung derselben die weiteren Stickstoffmengen produktiv verwerten.

Daraus schließt *Wagner* folgendes: Auf armen Böden, die nur einen Ertrag von 10–12 dz Körner bringen, aber nicht schlechte physikalische Eigenschaften aufweisen, darf nicht weniger als 2,5–3 dz/ha (bezogen auf Salpeter) gedüngt werden;

falls Düngemittel nicht ausreichend vorhanden sind, ist es vorteilhafter, auf kleinerer Fläche diese Norm zu geben, als die ganze Fläche mit geringen Dosen abzudüngen. Und umgekehrt, ist der Boden „gut in Ordnung" und gibt bei Kali-Phosphat-Düngung einen Ertrag von 20–25 dz Körner, dann kann man auch weniger düngen (20–30 kg N) mit der Aussicht, je Doppelzentner aufgewandten Düngers den entsprechenden Ertragszuwachs zu erhalten.

Der erste Fall, wo es nicht richtig war, kleine Dosen anzuwenden, spielte sich bei uns in Versuchen vor der Revolution ab, als man die mageren bäuerlichen Böden mit 1 dz Salpeter je Hektar düngte und keinen genügend hohen Effekt beobachtete.

Als aber das NIU 1926 Massenversuche mit solchen Düngemittelgaben, wie sie in der Praxis des Westens üblich sind, d. h. mit 45 kg N je Hektar, durchführte, zeigte es sich, daß die Düngemittel bei uns nicht schlechter wirken als in andern Ländern. Diese Tatsache hat eine wesentliche praktische Bedeutung, denn sie deutet darauf hin, daß bei Mangel an Düngemitteln die Verteilung nicht nach dem Prinzip der Erfassung großer Flächen erfolgen soll. Es ist vielmehr richtig, die vorhandenen Düngemittel auf einer geringen Fläche anzuwenden, aber in solchen Dosen, die die höchste Rentabilität je Einheit des aufgewandten Düngers gewährleisten. Hier haben wir es natürlich mit einer großen Mannigfaltigkeit der Bedingungen zu tun (bewässerter, nicht bewässerter Ackerbau, Arten der Kultur usw.), aber trotzdem ist es wichtig, immer den Grundsatz im Auge zu behalten, *daß bei zu geringen Dosen der erwartete Erfolg häufig ausbleibt.*

Auf der anderen Seite darf man nicht vergessen, daß die Steigerung der Düngerdosen über eine bestimmte Grenze hinaus (je nach den konkreten Bedingungen ist diese Grenze verschieden) zu einer Minderbezahlung der Düngung durch den Erntezuwachs führt. Wenn wir die Stickstoffdosen über jene Menge hinaus steigern, die unter den gegebenen Verhältnissen noch ausgenutzt werden kann, dann steigern wir vergebens den Divisor bei gleichbleibendem Dividend, d. h. wir senken den Bezahlungskoeffizient; und genau so kann der Koeffizient sein Optimum nicht erreichen, wenn die Dosen zu gering sind. Diese Abhängigkeit beobachtete *Wagner* sowohl bei den kollektiven Versuchen der Deutschen Landwirtschaftsgesellschaft als auch bei Versuchen unter verschiedenen Bedingungen. Im Durchschnitt ist folgende Abhängigkeit zwischen den Stickstoffdosen und der Ertragshöhe bei Winterroggen mit (PK-Düngung) beobachtet worden:

	Ammoniumsulfat in dz/ha						
	1	2	3	4	5	6	7
Körnerzuwachs dz/ha	2,5	7	13	16	19	20	20
Kornertrag je dz Dünger	2,5	3,5	4,3	4,0	3,8	3,3	2,9
Ertragszuwachs (dz Korn) durch den letzten dz Dünger	2,5	4,5	6,0	3,0	3,0	1,0	0

Wie wir sehen, gibt es eine bestimmte optimale Dosis für jede Kultur, bei der jeder Doppelzentner Düngemittel am höchsten durch den Durchschnittsertrag bezahlt wird; in Abhängigkeit von den sonstigen Bedingungen, unter denen der Versuch stattfindet, kann sich die Lage des Optimums natürlich ändern.

Analoge Erscheinungen kann man auch in Versuchen mit technischen Kulturen beobachten. Wir führen das Beispiel an aus den Versuchen der Station von Kauntschinsk in Mittelasien mit steigenden Stickstoffdosen zu Baumwolle (30–60–90 kg Stickstoff usw. bis 300 kg N je Hektar) bei Bewässerung. Das Optimum der Rentabilität einer Düngemitteleinheit durch den Ertragszuwachs stellt sich hier bei wesentlich höheren Dosen ein. Interessant ist auch der Unterschied je nachdem, ob mit NH_4NO_3 oder $(NH_4)_2SO_4$ gedüngt wird. Betrachten wir diese zwei Versuche.

Hier die Ergebnisse des Versuches mit NH_4NO_3 unter summarischer Berücksichtigung der Wirkung im ersten und der Nachwirkung im zweiten Jahr nach der Düngung:

Stickstoffgabe (kg/ha)	30	90	120	180	300
Ertragszuwachs an Rohbaumwolle (in dz/ha)	3,5	10,3	19,8	22,9	24,5
je 1 kg N geerntete Rohbaumwolle (in kg)	11,6	11,4	16,5	12,7	8,2

Hier nimmt der Ertragszuwachs an Rohbaumwolle mit jedem Kilogramm Stickstoff bei steigenden Dosen in bestimmtem Intervall zunächst zu: die Verwertung des Stickstoffs ausgedrückt im Ertragszuwacks wächst progressiv mit dem Anstieg der Stickstoffdosen von 30–120 kg. Bei weiterer Steigerung der Dosis wird der Zuwachs langsamer, aber bis zur Depression des Ertrages infolge übermäßiger Düngung kommt es in diesem Falle nicht.

Im Versuch mit $(NH_4)_2SO_4$ sehen wir zunächst dieselbe Abhängigkeit, aber der höchste Zuwachs beträgt hier nur 17,9 dz (gegen 24,5 dz im Falle NH_4NO_3), und im rechten Teil der Kurve beobachten wir eine Depression als Folge zu großer Düngergabe:

Stickstoffmenge (kg/ha)	30	90	120	180	240	300
Ertragszuwachs an Rohbaumwolle (dz/ha)	2,3	6,7	12,9	15,5	17,9	15,0

Zeichnet man die Kurve der Ertragszunahme in Abhängigkeit von den Düngemitteldosen, fügt dazu die Verwertungskurven jeder weiteren Düngemitteleinheit (im gegebenen Falle jedesmal 30 kg N) und auch die mittlere Verwertung bei zunehmender Anzahl dieser Einheiten, dann erhält man im Versuch mit NH_4NO_3 folgende graphische Darstellung (Abb. 34).

Die Kurve der Ertragszunahme zeigt in ihrem Anfangsstadium eine Wendung nicht links, sondern rechts[1] von der gerade aufsteigenden Linie. Die Verwertungs-

[1] Im Gegensatz zur *Mitscherlich*-Kurve.

kurve jeder neuen Düngemitteleinheit (30 kg N) hat ein deutlich sichtbares Optimum bei 120 kg N, während nach beiden Seiten von diesem Optimum die Verwertung durch den Ertragszuwachs abnimmt. Bei höheren Düngemittelgaben nähert sich diese Kurve der Abszissenachse, ohne jedoch dieselbe zu überschneiden. Die mittlere Verwertung einer Düngemitteleinheit ist bei 120 kg gleichfalls am höchsten, aber der Abfall nach beiden Seiten vom Optimum verläuft hier aus verständlichen Gründen nur allmählich.

Auf Abb. 35 sind die Ergebnisse des Versuchs mit $(NH_4)_2SO_4$ dargestellt.

Hier beobachtete man folgende Besonderheiten. Auf ihrer linken Seite zeigt die Kurve der Ertragszunahme wieder ein progressives Ansteigen bei Steigerung der Düngergabe; bei Zunahme der Düngung von 240–300 kg sehen wir jedoch eine deutliche Depression als Folge der Überdüngung. Die Verwertungsskurve jeder neuen Düngemitteleinheit hat ihr Optimum bei 120 kg, aber bei höheren Dosen findet, im Gegensatz zum Versuch mit NH_4NO_3, eine Überschneidung mit der Abszissenachse und der Übergang zu negativen Werten statt.

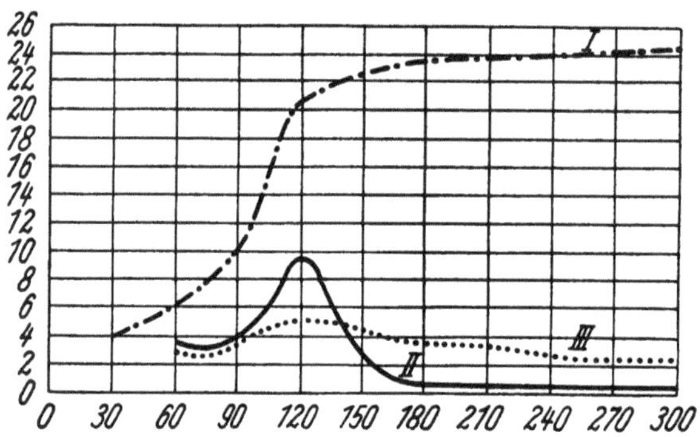

Abb. 34. Wirkung zunehmender NH_4NO_3-Gaben auf den Ertrag von Rohbaumwolle. I – Ertragszunahme an Rohbaumwolle, II – Verwertung durch den Ertrag jeder weiteren Düngemitteleinheit, III – mittlere Verwertung einer Düngemitteleinheit

In diesen Versuchen beobachtet man den gleichen Veränderungsablauf wie in den Versuchen *Wagners* mit Getreide. Während aber in diesem Fall ohne Bewässerung das Optimum bei 60 kg liegt, findet es sich bei der doppelten Düngergabe in den Versuchen mit bewässerter Baumwolle.

Somit ist die Höhe der optimalen Düngergabe eine relative Größe. Außer solchen Faktoren wie die Bewässerung kann man das Optimum durch die Technik der Düngung, den Stand der Agrotechnik, die Auswahl entsprechender Düngemittelformen usw. in Richtung höherer Gaben verschieben.

Beispiele von Rekordernten als Spitzenleistungen der sozialistischen Landwirtschaft illustrieren diese Abhängigkeit. Sie zeigen, daß mit dem Anstieg des allgemeinen Niveaus der Agrotechnik auch mit Erfolg wesentlich größere Düngemittelgaben angewandt werden können, als es im großen Maßstabe gewöhnlich üblich ist.

Allein auch in diesen Fällen sollte man sich nicht hinreißen lassen, zu viel zu düngen, weil ein bestimmtes Optimum auch hier besteht, obwohl es höher liegt.

Gleichzeitig ist hervorzuheben, daß bei der Sorge um die Verbesserung des ganzen

Komplexes der agrotechnischen Maßnahmen auch die Kombination mineralischer Düngemittel mit organischen zur Erreichung hoher Erträge notwendig ist. In diesen Fällen gelingt es sogar bei relativ geringer mineralischer Düngung, entsprechend dem oben Gesagten, recht gute Erfolge zu erzielen. Auf jeden Fall soll die *Grundeinstellung auf die maximale Rentabilität jeder verabfolgten Düngemitteleinheit* beibehalten werden und uns davor bewahren, zu wenig (um große Flächen zu erfassen) als auch zu viel zu düngen.

Am intensivsten und wesentlich über der durchschnittlichen statistischen Norm muß ein großer Teil der wertvollen technischen Kulturen gedüngt werden, weil diese die Düngung hoch verwerten und auch nach den Bedingungen ihres Anbaus (Boden, Klima, Agrotechnik, Bewässerung, Pflege usw.) größere Ansprüche an die Versorgung mit Nährstoffen stellen.

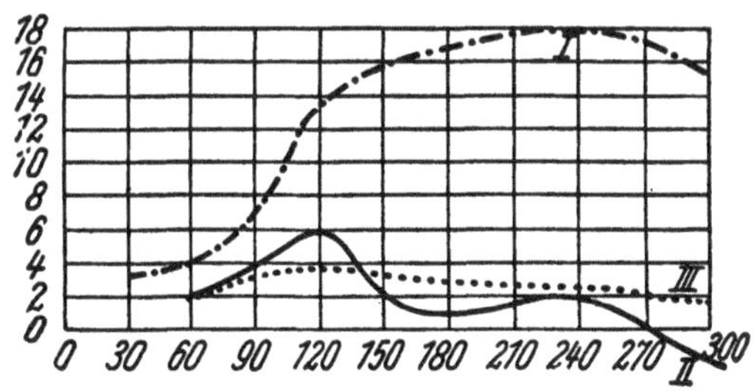

Abb. 35. Wirkung zunehmender $(NH_4)_2SO_4$-Gaben auf den Ertrag an Rohbaumwolle. I – Ertragszunahme, II – Verwertung durch die Ernten jeder weiteren Düngemitteleinheit, III – mittlere Verwertung einer Düngemitteleinheit

Dazu zählen z. B. die Tee- und Baumwollplantagen, die bei uns in den Jahren 1937–1941 eine höhere Düngung erhielten als die Durchschnittsnorm in Holland, wo die Chemisierung der Landwirtschaft unter allen Ländern Westeuropas am höchsten entwickelt ist. In den Rüben und Lein bauenden Wirtschaften waren die Düngemittelnormen bedeutend geringer, und es kann für diese Kulturen als nächste Aufgabe eine Düngung angestrebt werden wie in den westeuropäischen Ländern bis zum Kriege. Aber die Sonnenblume stellt z. B. bei ihrem Anbau auf den mächtigen Kubanschwarzerden einstweilen keine größeren Ansprüche an die Versorgung mit mineralischen Düngemitteln.

Es sind bei uns Versuche gemacht worden, diese differenzierte Berechnung[1] des Düngemittelbedarfs nach einzelnen technischen Kulturen unter Berücksichtigung teilweiser Versorgung auch des Getreides durchzuführen. Ohne auf die Einzelheiten dieser Berechnung einzugehen, weisen wir nur darauf hin, daß unter Beibehaltung des allgemeinen Grundsatzes vorwiegender Versorgung der technischen Kulturen der minimale Bedarf an mineralischen Stickstoffdüngemitteln etwa bei 1,3 Millionen Tonnen N liegt. Geht man bei der Zukunftsplanung der Stickstoffbilanz für die UdSSR von dieser Größe aus, dann ist es ganz offensichtlich, daß die Ertragssteigerung auf einem großen Teil dieser Böden nur erreicht werden kann, wenn außer der Anwendung der mineralischen Düngemittel auch noch andere weitgehende Anstrengungen gemacht werden, das Stickstoffproblem zu lösen.

[1] *M. L. Kuraschewa* (WIUAA); s. auch *W. P. Kotschetkow*, Chemisierung der sozialistischen Landwirtschaft, Nr. 7, 1937. (Russ.)

Über die Zunahme des „biologischen" Stickstoffs. Perspektiven der Stickstoffbilanz im Ackerbau der UdSSR

Um den Umfang der Anbaufläche in der Sowjetunion anschaulicher zu machen, genügt die Feststellung, daß sie noch vor den 1940 stattgefundenen Veränderungen mit 140 Millionen Hektar der Anbaufläche aller übrigen Länder Europas einschließlich der Türkei gleichkam. Nach Verschiebung der Westgrenze steigt diese Fläche sogar auf 150 Millionen Hektar. Einschließlich der Brachefelder betrug sie 175 Millionen Hektar und nach Hinzurechnung der ungenutzten Flächen sogar 205 Millionen Hektar.

Wir erinnern, daß der gesamte Stickstoffentzug durch die Ernten nahe an 5 Millionen Tonnen kam (nach Angaben von 1937) und bei dem Erreichen der geplanten durchschnittlichen Getreideerträge von 16 dz/ha auf etwa 8 Millionen Tonnen ansteigen muß, d.h. mehr als das Dreifache der jährlichen Stickstoffproduktion in der ganzen Welt.

Es ist klar, daß bei diesem Umfang der zu bestellenden Fläche und bei so gewaltigem Stickstoffentzug *gar nicht daran zu denken ist, das Stickstoffproblem nur auf dem Wege über die chemische Industrie lösen zu können*. In der Hauptsache kommt es auf den Anbau der Stickstoffsammler an, solange der Landreichtum es ermöglicht, ihren Anbau in der richtigen Proportion zum Getreide auszudehnen. Diese Stickstoffquelle können wir als kostenlos ansehen, weil alle Ausgaben beim Kleeanbau (und auch anderer Leguminosen) durch die Tierhaltung aufgewogen werden.

Um aber *den biologischen Stickstoff des Klees und anderer Futterleguminosen ausnutzen zu können*, muß neben der entschiedenen Ausdehnung der Fläche dieser Pflanzen *der Dünger wesentlich besser und rationeller verwertet werden*. Ohne Erfüllung dieser Bedingung ist es unmöglich, zu einer befriedigenden Stickstoffbilanz zu kommen und das erforderliche Tempo bei der Ertragssteigerung einzuhalten. Denn ein großer Teil des von den Leguminosen fixierten Stickstoffs befindet sich in den oberirdischen Pflanzenteilen, und dieser Stickstoff gelangt letzten Endes (sofern die Rede von den Futterleguminosen ist) in den Dünger.

Infolgedessen kann nur unter der Voraussetzung einer sparsamen Behandlung des Düngerstickstoffs bei gleichzeitiger Flächenvergrößerung der Stickstoffsammler eine radikale Verbesserung der Stickstoffbilanz erreicht werden.

Die ungenügende Versorgung mit Mist ist bei uns der Hauptgrund für die unbefriedigende Bilanz nicht nur des Stickstoffs, sondern auch anderer Nährstoffe der Pflanze. Leider fand in den letzten Jahrzehnten statt einer Verbesserung eine Verschlechterung bei der Ausnutzung des Mistes statt. Zu Beginn des ersten Fünfjahrplans sind jährlich 300 Millionen Tonnen Mist ausgefahren worden; im zweiten Fünfjahrplan sank diese Zahl auf 200 Millionen, und 1940 waren es nach Angaben des Volkskommissariats für Landwirtschaft der UdSSR nur 125 Millionen Tonnen, d.h. weniger als 1 Tonne je Hektar bestellter Fläche.

Gewiß ist in dieser Zeit die mit Leguminosen bebaute Fläche und dementsprechend auch die Stickstoffmenge in den Wurzelresten des Klees etwas gestiegen, aber immer noch beträgt das gesamte Stickstoffdefizit etwa 74% (siehe Tabelle).

Bilanz von 1940

Von den durch die Ernte entzogenen Nährstoffmengen (100 %) wurden ersetzt	Stickstoff in %	Phosphor in %	Kali in %
im Mist	14,8	16,1	19,1
in d. mineralischen Düngemitteln	3,2	15,6	4,8
in den Wurzeln der Leguminosen	8,2	—	—
insgesamt	26,2	31,7	23,9
Defizit	73,8	68,3	76,1

Die Erfahrung in Westeuropa zeigt aber, daß regelmäßige Erntezunahmen nur dann möglich sind, wenn Stickstoff und Kali zu etwa 80% und die Phosphorsäure zu 100% (und sogar zu 110%) dem Boden zurückgegeben werden.

Die bessere Ausnutzung des Düngers ist eine Aufgabe von höchster Wichtigkeit. Dabei wird es in einigen Fällen neben der rationellen Lagerung und Anwendung des Düngers noch darauf ankommen, die Organisation der ganzen Wirtschaft weitgehend umzubauen. Hier wie auch in vielen anderen Fragen der landwirtschaftlichen Produktion ist es nicht möglich, nach irgendeiner Schablone vorzugehen, sondern erforderlich, die Maßnahmen differenziert, unter Berücksichtigung der konkreten Verhältnisse zu entwickeln.

Bleiben wir bei einem Beispiel, der Baumwollwirtschaft in Usbekistan. Hier sieht man, wie ungenügend die innerwirtschaftlichen Stickstoffreserven, die bei einem 25%igen Luzerneanbau sehr groß sind, genutzt werden. Ein bedeutender Teil dieses Stickstoffs geht verloren, und zwar der in den oberirdischen Luzerneteilen enthaltene, der zahlenmäßig größer ist als der Stickstoff in den Wurzelresten.

Das kommt daher, daß es an Einstreu fehlt, weil das Getreide von der Bewässerungsfläche verdrängt worden ist. Nach Verdrängung des Getreides ist die Baumwolle fast ohne Mist geblieben, weil eine richtige Düngerbereitung und Aufnahme der flüssigen Ausscheidungen ohne Stroh nicht durchführbar ist. Die flüssigen Ausscheidungen fließen davon oder werden an Ort und Stelle zersetzt, und der größte Teil des Luzernestickstoffs entweicht in die Luft in Form von Ammoniak. Somit schmälert das Fehlen des Strohs in der Wirtschaft die Rolle der Luzerne als Stickstoffsammler sehr wesentlich. Wie groß diese Verluste sind, zeigt die folgende Berechnung: in Mittelasien muß die Luzerne 4 Schnitte geben, was mindestens 100 dz Heu oder in 3 Jahren 300 dz Heu entspricht; da die Luzerne 2,3% Stickstoff enthält, sind es in Summa 690 kg N; wenn nach der Luzerne Baumwolle folgt, die in einer neunfeldrigen Fruchtfolge sechs Felder einnimmt, müßte auf jedes Baumwollfeld in Form von Mist ein Sechstel des ganzen Luzernestickstoffs oder 115 kg jährlich entfallen. Die tatsächliche Düngerausfuhr zeigt aber, daß die Baumwollfelder je Hektar im Durchschnitt nicht 115, sondern nur 15 kg Stickstoff erhalten.

Den großen Verlust an Luzernestickstoff versucht man durch Düngung mit 40–50 kg kostspieligen Ammoniumsalpeters zu kompensieren, statt diesen mineralischen Dünger auf der Grundlage einer guten Mistgabe anzuwenden.

Die unnormale Stickstoffbilanz in der Baumwollwirtschaft erkennt man deutlich an folgender Gegenüberstellung: Während sogar in den am meisten industrialisierten Ländern Westeuropas von dem ganzen Stickstoffentzug (100%) durch mineralische Düngemittel[1] 20–25% und mit dem Mist über 40% dem Boden zurückgegeben werden, hatten wir in Usbekistan ein umgekehrtes Verhältnis – nur höchstens 17,5% des durch die Baumwolle entzogenen Stickstoffs kehrten im Mist zurück[2] und 48% in den mineralischen Düngemitteln. Das ist der Grund, weswegen Usbekistan in der Anwendung mineralischer Düngemittel die Hektarsätze von Frankreich, Deutschland und Belgien übertrifft und bei der Konkurrenz mit Holland um den 1. Platz in der Welt geringere Baumwollerträge (16 dz/ha) hatte, als sie bei der Anwendung mineralischer Düngemittel auf der Grundlage von Stallmist hätten sein können (32 dz/ha). Das ist die Quittung für das Fehlen der Einstreu, für das Fehlen einer richtig organisierten Düngerwirtschaft.

Ich habe im Jahre 1942 den Vorschlag gemacht, auf den bewässerten Flächen den Getreidebau einzuführen, um Stroh zu gewinnen, und zwar in einem Verhältnis, daß der Ertragszuwachs auf der restlichen Fläche die Landabgabe für Getreide mit Überschuß ausgleicht. Da ferner in Usbekistan während einer Vegetationsperiode zwei Ernten beim Getreide gewonnen werden können, während man Baumwolle nur einmal erntet, erhält man einen großen Gewinn nicht nur an Stroh, sondern auch an Körnern.

Die Frage der besseren Ausnutzung des Mistes und anderer örtlicher Reserven spielt in der Sowjetunion eine besonders große Rolle. Um eine Vorstellung von der wichtigen Rolle des Mistes in der gesamten Bilanz der Nährstoffe zu gewinnen, kann man darauf hinweisen, daß nach Berechnungen des Akademikers *E. F. Liskun* die jährliche Mistausfuhr in der UdSSR die Riesenzahl von 1 Milliarde Tonnen erreichen kann, wenn die Tierhaltung auf einen Umfang gebracht wird, welcher die volle Versorgung je Kopf der Bevölkerung mit tierischen Erzeugnissen sicherstellt. Nimmt man an, daß 70% dieser Menge (wir berücksichtigen die Verluste und die teilweise Verwendung des Düngers zu Heizzwecken) auf die Felder herausgebracht werden, dann kommt man zu einer denkbaren Zahl für die Zukunft von 700 Millionen Tonnen Mist oder = 3,5 Millionen Tonnen Stickstoff. Diese Menge würde schon 40% gegenüber 20%, wie das im Jahre 1937 der Fall war,

[1] Nach Angaben aus der Vorkriegszeit.

[2] Manchmal sank der Anteil des mit dem Mist zurückgegebenen Stickstoffs bis zu 5%, wie es Prof. *S. A. Kudrin* für das Gebiet Andishansk nachgewiesen hat.

vom gesamten Stickstoffentzug (8,2 Millionen Tonnen) betragen. Geht man von absoluten Zahlen aus, dann bedeutet die jährliche Ausfuhr von 700 Millionen Tonnen Mist eine Zunahme um das Dreieinhalbfache gegenüber 1937. Berücksichtigt man aber, daß noch vor dem Kriege die Ausfuhr des Mistes tatsächlich auf 125 Millionen Tonnen (wie im Jahre 1940) und noch weiter, aus natürlichen Gründen während des Krieges, gesunken war, dann wird es verständlich, welch ein Sinn in der Aufgabe liegt, die jährliche Mistgewinnung bis auf 700 Millionen Tonnen zu steigern[1].

Die Unterschätzung der großen Bedeutung, die dem Mist als dem wichtigsten Glied im richtigen System der Düngung zukommt, kann nicht länger geduldet werden.

Man muß folgendes begreifen: *Wenn die Versorgung unserer Felder mit Mist nicht radikal geändert wird, ist gar nicht daran zu denken, zu einem normalen Verhältnis zwischen Zugang und Abgang in der Bilanz des Stickstoffs* und anderer Nährstoffe in unserer Landwirtschaft und zur systematischen Hebung der Bodenfruchtbarkeit sowie der erforderlichen Steigerung unserer Erträge zu kommen.

Man muß aber gleichzeitig im Auge behalten, daß trotz der großen Bedeutung, die dem Mist zukommt, er nur dann den richtigen Platz in der Stickstoffbilanz unserer Landwirtschaft einnehmen kann, wenn wir den Stickstoffzugang durch stärkeren Anbau von Klee und anderen Stickstoffsammlern wesentlich steigern.

Man darf nicht vergessen, daß der Mist an sich keinen neuen Stickstoff liefert, daß er gar nichts besitzt, was nicht früher schon die Pflanzen enthalten haben, und daß seine Anwendung eine reine *Wiederholungsnutzung* wäre – wie in den Fabriken das Wasser der Kühlanlagen zum zweitenmal genutzt wird – wenn ihm nicht neue Stickstoffmengen durch den Klee zufließen würden. Zur gleichen Zeit ist aber der Mist auch eine sehr wesentliche Quelle für Verluste an Stickstoff, insbesondere bei unrichtiger Lagerung. Nur bei gleichzeitiger Vergrößerung der Stickstoffbindung durch die Stickstoffsammler und Verbesserung der Mistbehandlung können wir dazu kommen, das Defizit in unserer Stickstoffbilanz mit Hilfe des biologischen Stickstoffs, d. h. eines Stickstoffs, den die Knöllchenbakterien des Klees und anderer Leguminosen binden, zu beseitigen. Man kann annähernd sagen, daß von der ganzen, durch die Knöllchenbakterien des Klees gebundenen Stickstoffmenge die Hälfte (in den Wurzelrückständen) im Boden verbleibt und die andere Hälfte als Heu durch den tierischen Organismus wandert und in den Dünger gelangt. Aus diesem Grunde ist der Klee an der Stickstoffbilanz in doppelter Weise beteiligt: erstens als unmittelbare Stickstoffquelle im Boden in Gestalt von Wurzelresten und zweitens durch Vergrößerung der Stickstoffmenge im Dünger auf Kosten desjenigen Teiles

[1] Weiter wird noch die Rede davon sein, wie sehr dieser Düngertransport durch rationelle Anwendung der Gründüngung (in der neuen Form, die heute in Vorschlag gebracht wird) auf entfernt gelegenen Feldern und durch Konzentrierung des Mistes auf nähergelegene, mit intensiven Kulturen bestellte Schläge erleichtert werden kann.

an gebundenem Stickstoff, der sich in den oberirdischen Teilen des Klees (gleichfalls der Luzerne und anderer Futterleguminosen) befindet.

Auf diese Weise besteht in der Zugangsspalte der Bilanz der Miststickstoff seinerseits aus zwei Teilen – der neuen Stickstoffmenge aus der Leguminosenbindung und dem Stickstoff, der zum zweiten Male in den Boden gelangt und welcher der Einstreu sowie anderen Futtermitteln, außer Klee- und Luzerneheu, entstammt[1]. Bei der Aufstellung der Stickstoffbilanz für die Zukunft müssen wir deshalb *immer an eine Verquickung zweier Zugangspositionen, des Stickstoffs der Leguminosen und des Stickstoffs im Dünger, denken.*

Wie groß muß nun die Anbaufläche der Leguminosen sein, damit die Stickstoffbilanz bei der Zielsetzung eines Durchschnittsertrages von 16 dz/ha, verbunden mit dem sich daraus ergebenden Stickstoffentzug von 8–8,2 Millionen Tonnen, befriedigend abschließt? Um diese Frage zu beantworten, muß man wissen, wieviel Stickstoff durch Klee, Luzerne, Lupinen usw. auf 1 ha Fläche im Laufe eines Jahres gespeichert werden kann.

Natürlich hängt die Menge an Stickstoff, die der Klee sammeln kann, von seiner Entwicklung ab. Wir wollen aber sehen, was erreicht werden kann bei einem guten Wachstum des Klees (vorausgesetzt, daß der Klee mit Kali und Phosphor gedüngt ist).

Gehen wir davon aus, daß der Klee nur ein Jahr genutzt wird (sein Alter beträgt zwei Jahre), dann hinterläßt er nach zurückliegenden Angaben von *Schultze*[2] (Breslau) 177 kg und nach *Werner* und *Weiske* 152 kg Stickstoff in den Wurzelrückständen. Da die oberirdischen Organe bei gutem Schnitt etwa 100 kg Stickstoff enthalten können, muß die gesamte Ernte des Klees 250–280 kg Stickstoff einbringen. Rechnet man, daß $^2/_3$ dieses Stickstoffs aus der Luft stammen, dann kann ein Hektar guten Klees sich 160–180 kg N aneignen. Auf dieser Grundlage habe ich bei unseren Berechnungen der möglichen Zukunftsbilanz die Zahl von 150 bis 160 kg/ha angenommen.

In der Literatur findet man auch andere Angaben, wonach die Stickstoffbindung seitens der Leguminosen geringer war. Es ist aber charakteristisch, daß *Lyon* und *Bizzel* in den USA nach sorgfältigen 10jährigen Versuchen auch zu der Zahl von 182 kg/ha durch den Rotklee gebundenen Stickstoff gekommen sind.

Daher scheint es mir angebracht, bei Planungen davon auszugehen, daß der Klee in jedem Jahr 150–160 kg Stickstoff je Hektar bindet, vorausgesetzt, daß seine Versorgung mit Kali und Phosphor sichergestellt ist. Unter den gleichen Voraussetzungen kann man bei Lupinen die ähnliche Zahl von 160 kg zugrundelegen,

---

[1] Man kann hier an eine weitere Aufgliederung denken. So führen wir beispielsweise auch bei der Anwendung von Torf als Einstreu dem Boden neue Stickstoffmengen zu und übertragen ferner mit dem Dünger Stickstoff und andere Nährstoffe aus den Wiesenpflanzen auf den Acker. Wir wollen uns aber auf diese detaillierte Betrachtung nicht näher einlassen.

[2] Siehe Zusammenstellung früherer Angaben z.B. im Buch von *Roemer*, „Ackerbaulehre" (1933), S. 152, 202.

während die Luzerne in 4 Schnitten bei Bewässerung in Mittelasien imstande ist, wesentlich mehr Stickstoff zu binden.

Schon *Boussingault* hat in den Jahren 1836–38 festgestellt, daß die Luzerne in ihren oberirdischen Teilen jährlich 200 kg Stickstoff anreichern kann, ohne mit stickstoffhaltigen Düngemitteln versorgt zu werden; bei uns in Mittelasien beobachtete man sogar einen Entzug von 227 kg nach 4jährigen Angaben von *Joffe*; in den erwähnten Versuchen von *Lyon* und *Bizzel* finden wir die noch größere Zahl von 272 kg (10jähriger Durchschnitt), wobei der Boden zur selben Zeit noch mit Stickstoff angereichert wird. Der Umfang dieser Anreicherung wird von den einzelnen Autoren ganz verschieden bewertet. So hat die Luzerne nach Angaben der Station Akkawak auf Lehmboden in 3 Jahren 1200 kg Stickstoff in einer 40 cm starken Bodenschicht gespeichert, was einem jährlichen Durchschnitt von 400 kg gleichkommt[1]. Im Kolchos Bajaut konstatierte man für 3 Jahre die Speicherung von 527 kg allein im Pflughorizont. Nach Angaben der Station Schirabudinsk speicherte 3jährige Luzerne im Boden 943 kg Stickstoff und 5jährige Luzerne 1219 kg[2]. Auf der anderen Seite findet man aber in der amerikanischen Literatur nicht selten geringere Zahlen für die Stickstoffbildung durch die Wurzeln[3].

Deswegen nahmen wir als wahrscheinlich an, daß die Wurzelspeicherung der Luzerne 100 kg Stickstoff je Hektar beträgt und die Speicherung durch die oberirdischen Teile 200 kg, also 300 kg im Jahr[4].

Unter den Futterpflanzen kommt bei uns noch in Frage ein Gemenge von Wicken mit Hafer. Der Umfang der Stickstoffbindung kann aber hier nicht groß sein im Hinblick auf die Kurzlebigkeit der Wicken und die Verdünnung durch Hafer.

Häufig sind wir gezwungen, das Gemenge von Wicken und Hafer infolge Mangels an Kleesamen anzubauen. Hat man aber Kleesamen, dann ist es viel rationeller, reinen Klee bei einjähriger Nutzung anzubauen statt Wicken mit Hafer.

Die Überlegenheit des Klees im Vergleich zum Wicken-Hafergemenge liegt darin, daß er nach seiner Aussaat im Jahre zuvor bei der ersten Frühjahrssonne mit der Vegetation einsetzt und sofort an die Kohlenstoffassimilation geht, sich selbst mit Kohlenhydraten ernährt und auch die Knöllchenbakterien, die den Stickstoff

[1] Siehe die Broschüre von *Hölzer* und *Lassukowa*, „Einfluß der Kultur auf die Fruchtbarkeit des Bodens“, Taschkent 1934 (Russ.); dort finden sich auch die Angaben von *Joffe* und *Shorikow*.

[2] Es ist aber sehr schwer, den Stickstoffzuwachs genau festzustellen, weil man ihn nach geringer Gewichtszunahme ermittelt, nach der Differenz, angesichts sehr großer Stickstoffmengen im Boden selbst. Die gefundene Größe muß dann mit einer Unendlichen multipliziert werden (Verhältnis des Hektar-Bodengewichts zur Gewichtszunahme nach *Kjeldahl*).

[3] Siehe Übersicht im Artikel „Der biologische Stickstoff im Ackerbau“. Sozialistische Rekonstruktion der Landwirtschaft, 1935, Oktober, S. 126 (Russ.) und auch den Artikel von *Mischustin* und *Bernard*, „Chemisierung des sozialistischen Ackerbaus“, 1935, Nr. 11–12. (Russ.)

[4] Aber wie schon gesagt, muß man für Mittelasien mit der Tatsache rechnen, daß ein großer Teil des Stickstoffs in den oberirdischen Organen der Luzerne verloren geht und nur der Wurzelstickstoff von Verlusten bewahrt bleibt. In Zukunft, nach Einschaltung des Getreides in die Baumwollfruchtfolgen, müssen die Bedingungen der Düngergewinnung und -behandlung besser werden.

fixieren. Die Wicke mit Hafer braucht aber Zeit, bis der Boden abtrocknet und bearbeitet werden kann. Danach dauert es noch lange, bis die Saat aufgeht und mit einem Übergewicht der Assimilation über die Atmung der jungen Pflanzen gerechnet werden kann. Wenn andererseits die Wicke auch ein Stickstoffsammler ist, dann erscheint der Hafer als Stickstoffzehrer, was dazu führt, daß die Bereicherung des Bodens mit Stickstoff sehr zweifelhaft wird. Es gibt Beobachtungen, wobei der ganze Stickstoff, den die Wicken aus der Luft beziehen, in die oberirdischen Teile des Gemenges übergeht und in den Mist gelangt, mit dem man andere Pflanzen düngt, so daß die nach diesem Gemenge folgende Winterung unter Umständen einen an Stickstoff ärmeren Boden antrifft, nämlich dann, wenn der Hafer dem Boden mehr Stickstoff entzieht, als die Wicken durch ihre Wurzeln sammeln und im Boden ablagern können.

Es ist also möglich, daß der ganze Stickstoffzuwachs vom Anbau der Wicken in die oberirdischen Organe wandert und nicht im Boden zurückbleibt. Daher ist der reine Klee auch bei einjähriger Nutzung eine bessere Vorfrucht für Winterung als das Gemenge von Wicken mit Hafer. Ein derartiger Fall, wo die Kombination einjähriger Leguminosen mit Getreide zur Verbesserung der Stickstoffbilanz in der Wirtschaft zur Verarmung des Bodens an Stickstoff geführt hat, findet sich in der erwähnten Arbeit von *Lyon* und *Bizzel*.

Da die Ergebnisse dieser Arbeit in vieler Hinsicht interessant sind, ist es angebracht, sich näher mit ihr zu beschäftigen[1].

Die Versuchsanlage war folgende: 10 Jahre lang sind verschiedene Leguminosen abwechselnd mit Getreide angebaut worden nach dem Typus zweifeldriger Fruchtfolgen; man analysierte sämtliche Ernten und stellte den Stickstoffgehalt im Boden vor und nach dem Versuch fest. Die Durchschnittszahlen finden wir in folgender Tabelle (Kilogramm Stickstoff je Jahr und Hektar).

	Zu- oder Abgang an N im Boden	N in den oberirdischen Organen	gesamter N-Zugang
Rotklee	66,5	116,0	182,5
Schwedenklee	74,4	95,6	170,0
Luzerne	75,9	224,3	300,2
Steinklee	52,5	151,2	203,7
Wicken mit Weizen	12,1	69,1	81,2
Gemenge von Rotklee mit Schwedenklee	72,2	131,5	203,7
Steinklee mit Wicken	51,2	143,8	195,0
Soja	— 5,2	132,7	127,5
Erbsen mit Hafer	— 4,0	61,5	57,5
Bohnen	— 12,5	83,7	71,2
Luzerne bei ununterbrochenem Anbau	63,1	271,9	335,0

[1] Journal of American Society of Agronomy, 1934, Nr. 8.

Interessant ist hier die Feststellung, daß beim Wechsel der einjährigen Leguminosen mit Getreide der betreffende Boden letzten Endes einen Teil seines Stickstoffs verlieren kann und daß der ganze aus der Luft aufgenommene Stickstoff in die oberirdischen Pflanzenteile übergeht (gleichzeitig mit dem Stickstoff, der aus dem Boden stammt).

Wenn dieses die Bedeutung der Wicken als Vorfrucht für Winterungen auch herabsetzt, so muß in der Gesamtbilanz der Stickstoff der oberirdischen Wickenteile natürlich berücksichtigt werden. Man kann annehmen, daß die im Gemenge mit Hafer angebauten Wicken 50–80 kg Stickstoff aus der Luft aufnehmen.

Eine derartige Stickstoffbindung ist als Mindestsatz auch für Körnerhülsenfrüchte wahrscheinlich, deren Anbau wir wesentlich ausdehnen müssen, weil sie anderen Sommerungen in doppelter Hinsicht überlegen sind: ohne eine Düngung mit Stickstoff zu beanspruchen, enthalten sie in ihren Früchten doppelt soviel Eiweiß wie Getreide, und auch ihr Stroh ist wesentlich eiweißreicher als das Stroh der Getreidearten; daher können sie zu einer wichtigen Eiweißquelle werden, um den Mangel an Eiweiß in der Ernährungs- und Futterbilanz zu decken, der zur Zeit bei uns besteht (insbesondere in den Gauen, die unter deutscher Okkupation gelitten haben). Die Familie der Hülsenfrüchte hat so viele Arten, daß es leicht ist, eine zum Klima und zum Boden passende Form zu finden. So können wir im Süden Bohnen anbauen, Soja und Erdnuß; im Norden spielen Erbsen und Linsen eine große Rolle, und in der Waldsteppe kommen noch Pferdebohnen hinzu, während in der südöstlichen Trockenzone Kichererbsen und Platterbsen an erster Stelle stehen[1].

Wir bemerken, daß *Lyon* in seinen 10jährigen Versuchen über die Stickstoffbindung durch Klee zu Größen gekommen ist, die ähnlich denen sind, welche wir unseren annähernden Berechnungen der Stickstoffbindung durch diese Pflanze zugrunde gelegt haben. Wenn wir nun annehmen, daß 1 ha mit Kali und Phosphor gedüngten guten Klees im Jahr 150–160 kg Stickstoff im Kleeheu und in den Wurzelrückständen liefert, dann können wir bei einer Anbaufläche von 200 000 ha mit 30 000 t Stickstoff im Jahr rechnen oder mit so viel, wie ein recht großes Stickstoffkombinat zu erzeugen imstande ist. Was wir vom Klee sagten, bezieht sich in gleicher Weise auf die Lupinen, während die Luzerne bei 4 Schnitten im Sommer zweimal mehr als der Klee liefern kann. Damit aber der „biologische Stickstoff“ seine verdiente Bedeutung in der Stickstoffbilanz erhält, ist es natürlich notwendig, daß richtige Fruchtfolgen allenthalben zur Einführung gelangen. Wir sahen, wie

[1] Außer der Fläche für Sommerungen können einige Hülsenfrüchte auch auf der besetzten Brache untergebracht werden. Dazu gehören einerseits Linsen, die auf der Schwarzerde vor der Bestellung der Winterungen reifen und andererseits spätreife Pflanzen wie Bohnen, falls die Winterung in die gehackten Reihenzwischenräume (45–50 cm) vor der Bohnenernte eingesät wird. Dort, wo Bohnen infolge Trockenheit des Klimas nicht mehr anbaufähig sind, muß der Anbau der „süßen“ Lupine (zur Körnergewinnung) und der Kichererbse (hochwachsende Varietäten) geprüft werden. Im Gegensatz zu anderen Kulturen kompensieren diese Pflanzen teilweise die Stickstoffverarmung des Brachefeldes und auch den Feuchtigkeitsverlust, wenn nach der Ernte genügend hohe Stoppeln zurückbleiben, um den Schnee aufzuhalten.

in Westeuropa der Übergang zum Fruchtwechsel mit 25 % Klee zur Verdoppelung der Getreideerträge und zu noch größerer Steigerung der gesamten Feldproduktion geführt hat. Gewiß spielte dort die vierfeldrige Fruchtfolge (die Norfolker Fruchtfolge) die Hauptrolle, während bei uns die achtfeldrigen Fruchtfolgen überwiegen, aber bei der zweijährigen Nutzung, wie sie bei uns üblich ist, nimmt der Klee gleichfalls 25 % der Fläche ein. Um dem Klee eine größere Fläche einzuräumen, muß man ihn nicht nur in der Fruchtfolge auf Kosten der zu kürzenden Brachen (z. B. bis 12,5 %) anbauen, sondern auch auf ganz neuen Flächen in der Zone der Nichtschwarzerden (s. das auf S. 152 Gesagte). Würde die ganze Anbaufläche auf 160 Millionen Hektar ansteigen, dann könnten die Leguminosen in der achtfeldrigen Fruchtfolge[1] 40 Millionen Hektar einnehmen, was, bezogen auf Klee, einer Stickstoffbindung von 6,4 Millionen Tonnen gleichkäme, d. h. daß der biologische Stickstoff $^3/_4$ des gesamten Stickstoffbedarfs deckte. Im Südosten kann aber einstweilen nur an den Anbau einjähriger Körnerleguminosen gedacht werden und nicht an Klee und Luzerne, weshalb wir die Aufgabe etwas einschränken müssen – nur die Hälfte der künftigen Stickstoffentnahme, d. h. 4,1 Millionen Tonnen, soll durch den Anbau der Leguminosen dem Boden wieder zurückgegeben werden, und das ist möglich, wenn 27 Millionen Hektar mit Klee und Luzerne bestellt werden.

Vom gesamten durch die Leguminosen gebundenen Stickstoff (4,1 Millionen Tonnen) wird die Hälfte (2,05 Millionen Tonnen) mit den Wurzelrückständen unmittelbar im Boden zurückbleiben und die andere Hälfte auf dem Wege über den Dünger in den Boden gelangen.

Zusammenfassend können wir in allgemeinen Zügen folgendes Schema für die künftige Stickstoffbilanz im Ackerbau der UdSSR entwerfen, das von der bevorzugten Versorgung der wertvollsten Kulturen mit technischem Stickstoff ausgeht und die Ertragssteigerung auf der gesamten Anbaufläche bis durchschnittlich 16 dz/ha Getreide (und entsprechende Ertragssteigerung bei anderen Kulturen) anstrebt.

---

[1] Die achtfeldrigen Fruchtfolgen mit zwei Jahren Klee, je zwei Feldern Winter- und Sommergetreide, mit einem oder zwei Hackfruchtfeldern sind genetisch mit der klassischen fruchtwechselnden Fruchtfolge, und zwar der Norfolker Vierfelderfruchtfolge (Hackfrüchte, Sommerung, Klee, Winterung) verbunden. Als nächstes Glied diente die dänische Achtfelderfruchtfolge, in der zwecks Saatgutersparnissen eine zweijährige Kleenutzung vorgesehen ist. Dann ergab sich die Reihenfolge: Hackfrucht, Sommerung, Klee, Klee, Winterung, Hackfrucht, Winterung, Sommerung. Bei uns müssen wir infolge der klimatischen Verhältnisse statt eines Hackfruchtfeldes Brache halten, ohne im übrigen die Grundregeln des Fruchtwechsels zu ändern. Wenn die Ordnung der Felder sich teilweise dadurch ändert, ob der Klee in der Sommerung oder in der Winterung gesät wird, so übersteigt er doch in der Hauptfruchtfolge 25% nicht, was für die Fruchtfolgen vom Fruchtwechseltypus charakteristisch ist. Nur wenn im Betrieb eine zweite (eine zusätzliche) Fruchtfolge speziell zur Futtergewinnung vorhanden ist, kann die Gräserfläche 60% und mehr betragen, d.h. den Charakter der Trawopolnaja-(Feldgras-) Fruchtfolge annehmen. Aber für die Hauptfruchtfolgen ist der Fruchtwechseltypus mit Ausnahme des trockenen Südostens, wo Fruchtfolgen vom Hackfruchttypus (ohne mehrjährige Gräser) vorherrschen, meistenteils charakteristisch.

Voraussichtlicher Plan der Stickstoffbilanz im Ackerbau der UdSSR

Einzelposten der Bilanz	in 1000 t	in %	zur Gesamtzahl in 1000 t	zur Gesamtzahl in %
I. N-Entzug auf einer Fläche von 160 Millionen ha bei 16 dz/ha Getreide und entsprechender Ertragshöhe bei anderen Kulturen	8200	100,0	8200	100,0
II. Rückgabe:				
1. N mineralischer Düngemittel	1300	15,9	1300	15,9
2. Durch Leguminosen gebundener N (auf einer Fläche von 27 Mill. ha)	4100	50,0	—	—
Davon:				
a) in Wurzelrückständen	2050	25,0	2050	25,0
b) N der oberirdischen Pflanzenteile, der durch den Dünger in den Boden gelangt	2050	25,0	—	—
3. N im Mist (700 Mill. t)	3500	42,7	3500	42,7
Davon:				
a) N der oberirdischen Leguminosenteile	2050	25,0	—	—
b) N, den die Pflanzen dem Boden entnehmen und der mit dem Mist wieder zurückkehrt (Wiederholungsnutzg.)	1450	17,7	—	—
Insgesamt	—	—	6850	83,6
III. Fehlbetrag, gedeckt durch die frei im Boden lebenden N-Sammler	—	—	1350	16,4

Diese Zusammenstellung der wichtigsten Posten in der voraussichtlichen Bilanz des Stickstoffs zeigt nach unserer Ansicht, welchen Weg wir einschlagen müssen und in welcher Richtung wir uns zu bewegen haben, um der Aufgabe gerecht zu werden, unsere Landwirtschaft mit Stickstoff zu versorgen. Als Ziel erstreben wir dabei eine radikale Änderung beim Fehlbetrag in unserer Stickstoffbilanz, sowie die Sicherstellung weiterer Ertragszunahmen und die Steigerung der Bodenfruchtbarkeit. Diese Grundrichtung muß unseres Erachtens vor allen Dingen auf den biologischen Stickstoff abzielen, und zwar auf den Klee- und Luzernestickstoff in erster Linie. Gerade hier sehen wir den Schlüssel zur Lösung des Stickstoffproblems bei unseren Hauptkulturen, den Getreidearten. Neben dieser Hauptzielsetzung, die auf den biologischen Stickstoff gerichtet ist, und eng mit ihr verbunden spielt auch der Mist eine hervorragende Rolle, weil durch ihn etwa die Hälfte des gesamten durch den Klee und die Luzerne gebundenen Stickstoffs in den wirtschaftlichen Kreislauf wieder zurückgeleitet wird.

Um den Weg, den wir bei der Lösung der gestellten Aufgabe zu gehen haben, noch besonders zu charakterisieren, nehmen wir eine Gegenüberstellung des tatsächlichen Standes unserer Stickstoffbilanz vor dem Kriege, nach den Angaben von 1937, zu dem entworfenen Zukunftsplan vor (s. Tabelle).

In Millionen Tonnen Stickstoff

Bilanz	Entzug	Rückgabe				Defizit
		Mineralische Düngemittel	Klee	Dünger		
1	2	3	4	5[1]	6	7
1937	4,90	0,20	0,20	0,20	0,90	3,40
Voraussichtlicher Plan	8,2	1,30	2,05	2,05	1,45	1,35
Differenz	+ 3,30	+ 1,10	+ 1,85	+ 1,85	+ 0,55	− 2,05

Auf diese Weise beträgt nach diesem entworfenen Plan die Deckung durch den technischen Stickstoff des 3,3 Millionen Tonnen betragenden Mehrverbrauchs nur $^1/_3$; die übrigen $^2/_3$ des zusätzlichen Entzuges müssen durch die Steigerung anderer Stickstoffquellen, vor allen Dingen des „biologischen" und des Miststickstoffs, gedeckt werden. Diese zwei Stickstoffquellen müssen darüber hinaus noch 2 Millionen Tonnen Stickstoff liefern, um das Ausgangsdefizit in der Stickstoffbilanz zu senken.

Die Zunahme des Stickstoffs, den die Pflanzen aus dem Boden beziehen und der mit dem Mist wieder zurückkehrt (Spalte 6), muß erreicht werden durch bessere Einstreu und bessere Fütterung als Folge höherer Ernten bei Getreide und Nichtleguminosen und auch durch Minderung der Stickstoffverluste bei der Mistlagerung, sowie durch volle und rationelle Ausnutzung desselben.

Bei dem hier angeführten Plan der Stickstoffbilanz sind, wie wir bereits sagten, nur die wichtigsten Zugänge angeführt, nicht aber einige weitere zusätzliche Quellen, die gleichfalls ausgenutzt werden müssen. Wenn sie bisher bei der gesamten Lösung des Stickstoffproblems keine entscheidende Rolle gespielt haben, so verdienen diese zusätzlichen Quellen im weiteren eine ernsthafte Beachtung. Man muß das vor allem für die nächste Zukunft im Auge behalten, weil aus vielen durch

[1] Die Spalte 5 ist gemeinsam für Klee und Dünger, sie enthält den Stickstoff der oberirdischen Teile des Klees und anderer Leguminosen, der mit dem Mist in den Boden gelangt; in der 4. Spalte sieht man den Stickstoff aus den Wurzelrückständen von Klee (oder Luzerne). Die Spalte 6 bezeichnet jenen Teil des Düngerstickstoffs, der die Wiederholungsnutzung darstellt (Stickstoff, den die Pflanzen aus dem Boden beziehen und der mit dem Dünger wieder zurückkommt).

den Krieg hervorgerufenen Ursachen die Hauptquellen des „biologischen Stickstoffs“ im wesentlichen versagt haben. Zu diesen Ursachen gehören: Abnahme der Viehbestände (insbesondere in Bezirken, die unter deutscher Okkupation waren), Rückgang der damit verbundenen Düngererzeugung, Verlust der Kleebestände, Samenmangel und Einschränkung der mit Klee bestellten Flächen u. a. m. Dabei ist daran zu denken, daß die volle Wirksamkeit aller zur radikalen Verbesserung der Stickstoffbilanz mit Hilfe des Kleeanbaus ergriffenen Maßnahmen, auch wenn sie durchgeführt sind, nicht gleich in Erscheinung treten kann.

Wir denken dabei daran, daß bei unserer mehrjährigen Kleenutzung zwischen dem Anbaujahr des Klees und der Ernte jener Kultur, für die der Klee den Boden verbessern soll, eine Zeit von 4–5 Jahren liegt. Gewiß kann die Wirkung des an Stickstoff reicher gewordenen Düngers, infolge des Kleeanbaus, sich auch schon früher bemerkbar machen, aber immer erst im 3. Jahr nach der Aussaat. Außerdem kann der Klee nur allmählich, d. h. nachdem er durch sämtliche Felder der Fruchtfolge gegangen ist, einen allgemeinen Einfluß auf die Ertragssteigerung ausüben.

Deshalb kann beispielsweise die im Jahre 1946 erfolgte Ausdehnung des Kleeanbaus erst 1949–50 einen Ertragszuwachs bei den Kulturen zeigen, die nach Klee folgen. Um den Kleebau auszudehnen, müssen vor allen Dingen schnelle und energische Maßnahmen zur Samengewinnung in den Sowchosen und Kolchosen bestimmter Bezirke durchgeführt werden, weil gerade der Mangel an Samen und nicht an Fläche die weitere Entwicklung unseres Kleebaus zur Zeit begrenzt.

Selbstverständlich wird die Zunahme der Düngergewinnung und -nutzung trotz aller Aufmerksamkeit nur allmählich vor sich gehen und parallel zur Wiederherstellung und Entwicklung der Tierhaltung, der Ausdehnung der Futterbasis, d. h. vor allem parallel zur Zunahme desselben Kleeanbaues.

Im Zusammenhang mit dem Gesagten gewinnen zur Zeit alle zusätzlichen Reserven und Möglichkeiten, die nur mobilisiert werden können, um den Stickstoffzugang in der Bilanz aufzufüllen, eine besonders große Bedeutung. Wir wollen einige von ihnen einer kurzen Betrachtung unterziehen.

Neue Möglichkeiten auf dem Gebiete der Gründüngung

Neben dem Anbau von Futterleguminosen (Klee, Luzerne in der Hauptsache) muß die Fähigkeit der Hülsenfrüchte, Stickstoff aus der Luft festzulegen, noch dazu genutzt werden, daß man sie zu Gründüngungszwecken anbaut. In dieser Hinsicht spielt die Lupine die Hauptrolle, die bei guter Entwicklung bis zum Zeitpunkt ihrer Einbringung in den Boden zu Winterung bis 160 kg Stickstoff je Hektar, d. h. soviel wie 30–35 t Dünger enthalten, binden kann. Man nahm an, daß allein im europäischen Teil der UdSSR (Nichtschwarzerdegebiet) die Gründüngung in jedem Jahre auf 2,5 Millionen Hektar angewandt werden kann. Eine große Anwendungsmöglichkeit für Gründüngung bietet sich ferner in Sibirien, wo der Sommerweizen auf Brache folgt und es darum möglich ist, die grüne Masse später einzupflügen als zu Winterung. Auch in den subtropischen Bezirken gewinnt der Anbau der Leguminosen zur Gründüngung eine große Bedeutung.

Der Anbau der Leguminosen zur Gründüngung hat eine schnellere Wirkung als der Anbau von Klee und Luzerne[1]. Auf diese Maßnahmen muß jetzt besonders geachtet werden bei dem Neuaufbau der Landwirtschaft in den durch den Krieg betroffenen Gebieten, bei der Wiedergewinnung der Fruchtbarkeit der Felder trotz mangelnden Düngers.

Die Anwendung der Gründüngung war früher vorwiegend auf Sandböden beschränkt; jetzt aber sollte sie *weiteste Verbreitung finden*, weil auf diese Weise der fehlende Mist *auf allen Böden* (sogar auf den Schwarzerden, wenn die Gründüngung im Herbst zur Sommerung gegeben wird) ersetzt werden kann. Hier stoßen wir aber auf eine Schwierigkeit und zwar den *Mangel an Saatgut.*

Im Kampf mit diesem Übel gewinnt die Auswahl der Pflanzen eine besondere Bedeutung. Zu bevorzugen sind Leguminosen mit *kleinen Samen*, weil man dann weniger Saatgut benötigt und eher imstande ist, die Stickstoffsammler als Zwischenkultur anzubauen ohne Abgabe eines besonderen Feldes im Frühjahr (Einsaat in Getreide).

Leider spielte bei uns bisher die schmalblättrige Lupine mit sehr großen Samen die Hauptrolle. Das zwingt dazu, die Aussaatnorm auf 160–200 kg/ha zu heben, wobei diese Samenmenge nur einen Schnitt an Grünmasse gibt und jedes Jahr von neuem aufgewendet werden muß. Außerdem entstehen im Norden von Moskau, wo der Lupinensamen nicht mehr reif wird, neue Ausgaben und organisatorische Maßnahmen für den Transport des Saatgutes.

Deswegen müssen wir, ohne die Samenvermehrung der einjährigen Lupine zu vernachlässigen, auch die mehrjährige kleinsamige Lupine ausnutzen, bei der das Verhältnis zwischen der Samenmenge und der gewonnenen Grünmasse 35–45 mal vorteilhafter ist als bei der einjährigen Lupine, weil der Saatgutbedarf je Hektar 6 mal (30 kg/ha) geringer und die Nutzungszeit durch Schnitte 6–8 (manchmal sogar 10) mal größer ist. Wenn man weiter hinzufügt, daß die mehrjährige Lupine in einem Jahr zwei Schnitte (Tschernigow) geben kann, dann kann die mehrjährige Lupine bis 100 mal vorteilhafter als die einjährige sein.

Natürlich ist das erste Anbaujahr bei der mehrjährigen Lupine genau so wie beim Klee noch keineswegs das Nutzungsjahr. Im Frühjahr gesät, entwickelt sie nur die Rosette, die frühe Blüte aber tritt erst im nächsten Sommer ein. Trotzdem ist die *Versorgung mit eigenem Samen am schnellsten und leichtesten gerade mit Hilfe der mehrjährigen Lupine zu erreichen, um so mehr als bei ihr der Vermehrungskoeffizient wesentlich höher liegt* als bei der einjährigen. Nach Angaben des Versuchsfeldes von Wolokolamsk kann man bei weitreihiger Saat und Anwendung des Hackens 4 kg aussäen und 4–9 dz/ha ernten, d. h. daß der Vermehrungskoeffizient

[1] Siehe das auf S. 187 Gesagte.

bis 100 (in einigen Fällen bis 200) steigt. Außerdem kann das erste Anbaujahr in seinem ersten Teil (Vegetationsteil) stark gekürzt werden, weil es möglich ist, sogar bei Leningrad außer der Frühjahrs- auch die Juliaussaat dieser Lupine vorzunehmen. Da die Ernte vor dem Reifwerden der Winterung erfolgt, ist es beispielsweise im südlichen Weißrußland durchaus denkbar, den im selben Jahr geernteten Samen wieder auszusäen. Dann geht kein Sommer zur Vorbereitung des Lupinenfeldes im nächsten Jahr verloren, und die Anbaufläche der Lupine kann schneller ausgedehnt werden. Ferner kann bei dieser Lupine sogar *die Samenernte und die Nutzung der Hauptmasse für Zwecke der Gründüngung vereint werden.* Auf dem Teil des Feldes, wo die Lupine zur Samengewinnung stehenbleibt, kann man die hoch über die Blätter hinausragenden Blütenstengel (im Norden: Juli, im Süden: Juni) mit der Sichel abschneiden, anschließend die Hauptmasse abmähen und auf das zu düngende Feld fahren.

Da die mehrjährige Lupine dicht bis Archangelsk reifen Samen liefert, ist die Gewinnung des Saatgutes überall *an Ort und Stelle* möglich.

Abgesehen davon, daß die mehrjährige Lupine grüne Masse und Samen liefert, trägt sie auch wesentlich dazu bei, die armen Böden im Norden zu verbessern; nicht nur 7–8, sondern schon 3 Lupinenjahre genügen, um die Fruchtbarkeit wesentlich zu heben. So hat man auf dem Versuchsfeld von Sudogodsk, nachdem die Lupine zwei Jahre zur Düngung abgemäht wurde, 222 dz Kartoffeln geerntet auf einem Feld, das wegen geringer Ertragsfähigkeit früher nicht genutzt wurde. Keinerlei Düngemittel sind in diesem Falle angewandt worden. *Gibt man aber Phosphoritmehl und Kalisalze, dann kann man mit Hilfe der mehrjährigen Lupine nicht nur große Flächen stark podsolierter Böden (ungenutzte Heideflächen), sondern auch arme Sandböden nutzbar machen*, an denen wir so reich sind und die sich vom „Sandmeer", das einen großen Raum im Norden (Bezirk von Schenkursk) einnimmt, bis zu den berühmten Aleschkinsanden im Süden ausdehnen. Nach Befestigung dieser Böden mit Hilfe der Lupine kann man auf etwa 200000 ha Weingärten anlegen und ihre Fruchtbarkeit dadurch erhalten, daß man dieselbe Lupine zwischen den Reihen anbaut, genau so wie man im Ausland auf armen Sandböden „die Kiefer antreibt".

Einstweilen haben wir wenig Samen der mehrjährigen Lupine und gewinnen ihn hauptsächlich im Anbau außerhalb der Fruchtfolgen auf fernliegenden Schlägen, die sowohl Samen als auch Grünmasse liefern müssen zur Abdüngung benachbarter Felder. Sobald wir aber mehr Samen haben, können wir dazu übergehen, die Lupine in der Fruchtfolge zur einmaligen Nutzung anzubauen – Unterpflügen der blühenden Lupine im Brachefeld zu Winterroggen, wobei die Einsaat im Jahre zuvor in den Hafer vor der Brache stattfindet. Dieses Verfahren ist auf dem Versuchsfeld von Sudogodsk (im Iwanowsker Gebiet) mit Erfolg ausprobiert worden. Im Nordosten gelingt es nicht immer nach Angaben der Solikamsker Versuchsstation, aber westlich des Meridians von Moskau führt dieses Verfahren immer zu guten Erfolgen, und zwar: in 3jährigen Versuchen des Agronomen *Kondratow* im Gebiet von Smolensk war der Roggenertrag nach mehrjähriger Lupine höher als nach Düngung mit 18 t Mist und näherte sich dem Ertrag nach 36 t. Außerdem war die Nachwirkung auf Kartoffeln sehr bedeutend.

Durchschnittszahlen für 3 Jahre (1936, 1937, 1939):

	Winterroggen (in dz/ha)	Kartoffel (Nachwirkung) (in dz/ha)
Kontrolle	8,4	87,4
Mehrjährige Lupine	15,0	176,8
Dünger (36 t)	15,9	168,3
Dünger (18 t)	12,3	151,6

Noch bessere Erfolge sind in der zonalen Station im Ural (Molotow-Gebiet) erzielt worden, wo die Wirkung der Lupine sogar bei der 3. Kultur noch sehr bemerkbar war (in dz/ha):

	1. Roggen	2. Lein nach Roggen		3. Gerste nach Lein
		Stroh	Samen	
Kontrolle	7,0	11,0	2,5	6,0
Lupinen in der Blüte untergepflügt	19,1	21,2	5,3	12,1
Nur die Stoppelreste der Lupine untergepflügt	16,6	19,9	4,7	10,3

Gegenwärtig müssen wir eine verstärkte Samenvermehrung der mehrjährigen Lupine als nächste Aufgabe betrachten. Zu diesem Zweck habe ich vorgeschlagen, die auf kleinen Flächen im Juli und August 1944 im Norden (Gebiete Iwanowsk, Moskau, Smolensk, Kalinin) geernteten Samen am Kuban im August und September auszusäen; ich nahm an, daß davon eine neue Samenernte (das 100fache und mehr bei weitreihiger Aussaat von 4,5 kg) bereits zu Beginn des Sommers 1945 zu erwarten sei und daß im Herbst im Süden die Lupinen zum zweiten Male blühen und reif würden. Dann wäre es möglich, schon 1946 den aus dem Norden stammenden Samen um das 10000fache (oder bis 1947 1000000fach[1]) zu vermehren, um vor allen Dingen Gebiete, die während des Krieges ihre Viehbestände verloren haben,

[1] Dieser Plan wurde in Wirklichkeit dadurch etwas beeinträchtigt, daß bei dem trockenen Herbstwetter 1944 die Lupinen nicht aufgingen und die Hauptaufgänge in das Frühjahr 1945 fielen. Infolgedessen haben wir in diesem Jahr eine frühe Samenernte nicht gehabt. Außer weiteren Maßnahmen in dieser Beziehung muß man selbstverständlich die Samengewinnung der mehrjährigen Lupinen an Ort und Stelle, in den nördlichen Bezirken, mit allen Mitteln fördern. Als Beispiel einer erfolgreichen Lösung dieser Aufgabe kann der Versuch im Semenowsker Bezirk des Gebiets Gorki dienen.

zu beliefern und ferner dahin zu streben, auch in anderen Bezirken den Mist in der Brache durch Lupinen zu ersetzen und nur die Kartoffeln und andere Kulturen mit Stalldünger zu versorgen.

Es ist hervorzuheben, daß die Einführung der Lupinen auf den Brachefeldern des ganzen Nichtschwarzerdestreifens auch der Lösung noch einer sehr wichtigen Frage dient – sie wird eine Entlastung herbeiführen bei der sehr viel Arbeit beanspruchenden Düngerausfuhr. Wenn auf den weiter gelegenen Feldern Lupinen angebaut werden, dann können sie in Verbindung mit Phosphaten und Kalisalzen den Stallmist vollständig ersetzen, so daß er nur auf den nächstgelegenen Schlägen, insbesondere zu Gemüse, aber auch zu Getreide, verwandt wird. Sollte es sich herausstellen, daß die durchschnittliche Entfernung beim Misttransport nur um die Hälfte sinkt, dann kann man sich vorstellen, wie groß die Ersparnis an Brennstoff bei dieser zeitraubenden Beschäftigung sein wird. Natürlich eignet sich die Lupinenbrache nur in Bezirken mit ausreichender Feuchtigkeit[1], aber das Unterpflügen der abgemähten Lupinenmasse von einem abseits gelegenen Feld wird nicht mehr so austrocknend wirken wie der Anbau der Lupine selbst.

Als ausgiebige Samenquelle können in Zukunft Forstwirtschaften dienen, in denen die Kiefer auf Sandböden angebaut wird. Die Erfahrung im Westen zeigt deutlich genug, daß die 5–6 Jahre ohne weitere Pflege in den Zwischenreihen wachsende Lupine ein gutes Mittel zum Antrieb der Kiefer ist (eine 20jährige Kiefer erreicht dadurch dieselbe Wuchshöhe wie eine 30jährige ohne Lupinen). Der jährliche Samenertrag von den Zwischenreihen der jungen Schonungen ist eine zusätzliche Einnahme für die Waldwirtschaft und eine wichtige Quelle der Samenversorgung für die Landwirtschaft.

Außer der mehrjährigen Lupine gibt es natürlich noch andere kleinsamige Stickstoffsammler, darunter auch einjährige, aber keiner von ihnen verdient eine so große Verbreitung im Nordteil unserer Ebene. Dazu gehört z. B. die Serradella, deren Samenmenge bei Reihensaat auch bis zu 30 kg (bei breitwürfiger Saat 45 bis 50 kg) sinken kann. Auch sie kann in Getreide eingesät werden und liefert im Herbst einen guten Ertrag an grüner Masse, die ebenso zur Fütterung wie zur Düngung geeignet ist. Dieses gelingt bei Tschernigow und in Weißrußland, aber bei Moskau ist der Herbst schon zu kurz, um die eingesäte Serradella nach der Ernte noch zu nutzen. Auf jeden Fall verdient die Serradella größte Beachtung in einem sehr breiten Streifen und hat den Vorzug der schnellen Entwicklung. Eingesät in Getreide gibt sie im selben Herbst noch einen Schnitt (der 2. Schnitt kann zur Gründüngung untergepflügt werden), während der Klee und die mehrjährige Lupine erst im folgenden Jahr schnittreif sind.

Nach Berechnungen von *K. E. Alexejew* kann allein in der Polesje und in Süd-

[1] Nach Angaben des Versuchsfeldes von Sudogodsk muß nach dem Unterpflügen der mehrjährigen Lupine die Brache nochmals beackert werden zur Vermeidung einer Verunkrautung der Winterung.

weißrußland auf 1,5 Millionen Hektar (einschließlich der Einsaat in Getreide) die Serradella angebaut werden. Aber noch größere Flächen, auf denen sie in dieser oder jener Form anbauwürdig ist, liegen zwischen Weißrußland und dem Süden des Gebietes von Gorki. Es hat aber wenig Zweck, diese Flächen jetzt zusammenzurechnen im Hinblick darauf, daß die Samenversorgung bei weitem hinter der Nachfrage zurückbleibt. Die Samenvermehrung ist wichtig, aber hier gerade zeigt sich der Kontrast zwischen den einjährigen Pflanzen, bei denen die Düngungsnutzung im Gegensatz zur Samennutzung steht, und den mehrjährigen Lupinen, bei denen man Samen ernten und trotzdem Grünmasse zur Düngung haben kann.

Außerdem kann aus der Zahl der kleinsamigen einjährigen Leguminosen, die zur Einsaat in Getreide geeignet sind, noch interessieren: die Hopfenluzerne, häufig vorkommend in Deutschland; der Inkarnatklee, dessen Anbau in Frankreich und in der Schweiz anzutreffen ist; und eine einjährige, in den USA gezüchtete Varietät des Steinklees. Bei uns sind diese Pflanzen aber weniger geprüft als Lupinen und Serradella, und es wäre zweckmäßig, mehr Saatgut davon zu erzeugen.

Wenn wir die große Bedeutung der mehrjährigen Lupine und der Serradella so unterstreichen, dann soll es nicht heißen, daß die einjährige Lupine weniger Beachtung verdient – sie behält schon ihre Bedeutung, weil sie einige Vorzüge besitzt, die der mehrjährigen Lupine fehlen. So kann sie als Zwischenfrucht nach Roggen in Südweißrußland und bei Tschernigow angebaut werden; sie interessiert ferner als eine Körnerhülsenfrucht, insbesondere die „Süßlupine“, die ein wertvolles konzentriertes Futter liefert; gleichzeitig sichern die Wurzelreste im Boden nach der Körnerernte einen guten Kartoffelertrag im folgenden Jahr.

Wir müssen hervorheben, daß es bei der großen Ausdehnung unseres Landes ganz unzureichend ist, nur eine Vermehrungsstelle für Lupinen und Serradella im Westen zu haben; wir müssen neue derartige Vermehrungsorte im Zentrum und im Osten bilden. Vor allen Dingen scheint uns für diesen Zweck das große Gebiet der Sandböden geeignet, das sich südlich von Murom am rechten Ufer der Flüsse Oka und Zna bis Morschansk und Tambow erstreckt. Hier findet man die Voraussetzung zum Reifwerden nicht nur der blauen (schmalblättrigen), sondern auch der gelben Lupine, und von hier kann der Norden, wo eigener Samen nicht mehr ausreicht, versorgt werden und auch der äußerste Süden, wo man Samen braucht zur Wintersaat für Gründüngung, wo es aber nicht lohnend ist, den kostbaren Boden zur Samengewinnung herzugeben. Ferner ist wahrscheinlich, daß man mehr Samen gewinnen kann, wenn die Betriebe selbst daran interessiert werden. Als Beispiel eines derartigen Interesses können Wirtschaften auf Sandböden dienen, wenn sie auf den „drei Säulen“ – Lupinen, Kartoffeln und Schweinen – aufgebaut sind.

Ich hatte Gelegenheit, im Ausland im Jahre 1927 Betriebe auf Sandböden zu sehen, wo eine große Schweinemast ausschließlich mit Kartoffeln und Lupinen betrieben wurde. Zu jener Zeit war es aber notwendig, die Lupinen zu dämpfen und zu waschen, um sie von ihrem bitteren Geschmack zu befreien, während man jetzt die „Süßlupine“ hat, die ein wertvolles Eiweißfutter für die Ferkel darstellt und die lästige Entbitterung überflüssig macht. Andererseits bilden diese zwei genannten Pflanzen (Lupine und nach ihr die Kartoffel) ein sehr gut zusammenpassendes Paar in der Fruchtfolge. Die abgeernteten Lupinen hinterlassen im Boden nicht weniger Stickstoff als die in der Blüte untergepflügten (wie schon frühere Versuche von *Kudrin* gezeigt haben); wenn der Betrieb auch das Lupinenstroh verwertet, dann ist die Stickstoffmenge, die, abgesehen von den Körnern, in der Wirtschaft verbleibt, größer als beim Unterpflügen der blühenden Lupinen. Nebenbei gesagt hat ein Versuch auf dem Versuchsfeld von Sudogodsk gezeigt, daß das zerkleinerte Stroh der Süßlupinen gebrüht von den Tieren gerne aufgenommen wird. Da bei Tambow und Woronesh nach frühen Kartoffeln noch Roggen gesät werden kann, ist auf den humosen Sanden der Flußläufe z. B. die folgende intensive Vierfelderfruchtfolge denkbar: Lupinen zur Körnergewinnung, Kartoffeln, Roggen mit Serradellaeinsaat (Schnitt nach der Ernte), Sommerung. Im einzelnen kann es verschieden sein, wichtig ist aber, daß der Lupinensamen keine Seltenheit darstellt, sondern daß seine Erzeugung eine örtliche wirtschaftliche Bedeutung gewinnt. Dann wird es möglich sein, auch die Ablieferung der Saatlupinen – in gewissem Verhältnis auf die Abgabe des Roggens angerechnet – zu erreichen. Das ist außer in Weißrußland bisher leider noch nicht gemacht worden, und deswegen konnte beispielsweise die Station Sudogodsk den Anbau der einfachen Lupine zur Samengewinnung in den Betrieben des Gebiets Iwanow nicht durchsetzen, und nur die Süßlupine fand das Interesse der Kolchosbauern.

Verweilen wir noch bei ganz neuen Möglichkeiten für die Anwendung der Gründüngung in Mittelasien, wo die Bedingungen während des Krieges sich radikal geändert haben. Einerseits verloren die Baumwollwirtschaften ihre Stickstoffdüngemittel, die früher die Hauptrolle bei der Steigerung der Erträge gespielt haben, so daß die Erträge bis auf den Stand von 1930 gesunken sind, und andererseits öffneten sich seit 1943 außerordentliche Möglichkeiten zur Anwendung der Gründüngung infolge einer wesentlichen Umstellung der Fruchtfolgen. Bis dahin waren die Wirtschaften übersättigt mit Baumwolle, der Getreideanbau wurde auf der Bewässerungsfläche überhaupt nicht zugelassen; daher fehlte es an Stroh, und ohne Stroh ist es nicht möglich, die flüssigen Ausscheidungen der Tiere aufzufangen, in denen der ganze Stickstoff der verdaulichen Teile des Luzerneheues enthalten ist. Daher gab es wenig und stickstoffarmen Mist. Die Folge war der große Bedarf an mineralischem Stickstoff in der Vergangenheit und der Mangel daran in den Baumwollwirtschaften zur Zeit des Krieges.

Außerdem war bei den herrschenden Fruchtfolgen auf den Bewässerungsböden die Ausnutzung der Winterstickstoffsammler nicht möglich. Das System Baumwolle nach Baumwolle 6 Jahre nacheinander läßt für dieses Verfahren keinen Raum, denn die Baumwolle nimmt das Feld bis Dezember ein, wenn es zur Aussaat der

Wintererbsen schon zu spät ist; die Versuche, die Erbsen vor der Baumwollernte zwischen die Reihen zu säen, hatten keinen Erfolg. Als aber seit 1943 von den 900000 ha bewässerter Böden in Usbekistan, auf denen früher ausschließlich die Baumwolle wuchs, 300000 ha dem Anbau von Getreide und Zuckerrüben überlassen wurden, ergab sich die Möglichkeit, Winterstickstoffsammler in großem Umfang anzubauen, denn nicht nur das Getreide, sondern auch die Zuckerrüben verlassen das Feld wesentlich früher als die Baumwolle[1].

Die größte Möglichkeit zum Anbau der Winterstickstoffsammler bietet sich auf den Flächen, die vom Getreide verlassen werden, wobei man, wenn es sich um Winterungen handelt, sogar an den „dreirangigen Anbau" denken kann und die Hülsenfrucht als 3. Aussaat im Jahr vornimmt. Bei Samarkand beginnt die Ernte der Wintergerste am 1. Juni, in Tadshikistan und Turkmenien Mitte Mai, darauf kann noch die Ernte einer Kultur für Ernährungszwecke, wie Kartoffeln, schnellwüchsige Sorten von „Dshugara"[2] u. a. vorgenommen werden, und schließlich folgen im September oder Oktober, je nach dem Breitengrad, Wintererbsen. Man kann auch in Wintergetreide persischen Klee einsäen, den Sommerschnitt als Grünfutter oder Heu verwerten (wodurch zusätzliche Milch zu erwarten ist, auf die es in den Städten Mittelasiens sehr ankommt) und den zweiten Schnitt in den Winter gehen lassen, um ihn im Frühjahr als Gründüngung zu Baumwolle unterzupflügen. Schließlich liegen darüber Angaben vor *(Hölzer)*, daß bestimmte Erbsensorten, falls sie nach der Körnerernte künstlich bewässert werden, nachwachsen und nochmals eine Grünmasse liefern. In diesem Falle kann die Aussaat der Erbsen zur Körnergewinnung früh im Juni stattfinden; der zweite Schnitt bleibt als Gründüngung für Baumwolle und kann im Oktober, November oder im Frühjahr untergepflügt werden.

Wie groß die Wirkung der Gründüngung in Mittelasien ist, kann man zum Beispiel aus einem Versuch von Akad. *E. K. Alexejew* bei Samarkand aus dem Jahre 1942 ersehen. Er erhielt eine Verdoppelung der Rübenernte (384 dz gegen 182 dz bei der Kontrolle) nach Erbsen als Gründüngung. In Kasachstan betrug die Mehrernte bei Rüben 140–160 dz nach Gründüngung als Zwischensaat (Subrilin[3]). In gleicher Weise muß auch die Baumwolle auf Gründüngung reagieren. Ich habe die Frage nach der besonderen Bedeutung des Anbaues von Winterstickstoffsammlern für Mittelasien 1943, während des Krieges, so rechtzeitig gestellt, damit es nicht zu spät wird, Samen aus den USA zu beziehen. Es gelang nicht, diesen Samen im

---

[1] Teilweise muß die Rübenernte schon am 15. August einsetzen, da zu diesem Zeitpunkt der Zuckergehalt der im März gesäten Rüben 17% erreicht, und es viel vorteilhafter ist, die Zuckerfabriken früher in Gang zu bringen, als im März die Rüben mit 10–12% Zuckergehalt zu verarbeiten. (Im Süden hält sich die Rübe schlechter als in der Ukraine.)

[2] Das ist eine Abart von Sorghum.

[3] Wir erwähnen nicht die früheren Versuche, wo die Gründüngungspflanzen im Frühjahr an Stelle der Baumwolle gesät wurden; jetzt interessiert der Anbau der Stickstoffsammler nur als Einsaat oder Zwischenfrucht.

Herbst 1943 zu bekommen, aber im Jahre 1944 traf eine Ladung von 4000 t Wintererbsen und anderen Stickstoffsammlern ein, die wir sofort zur Vermehrung weitergaben. Wenn man diese Vorräte durch Vermehrung auf 30–45000 t bringt, dann ist es ausreichend, um eine Fläche von 2–300000 ha mit Stickstoffsammlern zu bestellen. Das wäre ein bedeutender Faktor zur Steigerung der Baumwollerträge in Usbekistan.

Mein Vorschlag von 1943 über den Anbau von Winterstickstoffsammlern nach Getreide und Rüben betraf trotz der Wichtigkeit dieser Maßnahme nur eines von 6 Baumwollfeldern in den üblichen Fruchtfolgen; 1944 stellte ich eine neue Frage: Ist es richtig, daß man sich mit der einmaligen Anwendung dieser Maßnahme begnügt, oder muß man einen Weg finden zu ihrer öfteren Wiederholung? Im Zusammenhang damit taucht auch die Frage auf, ob es möglich ist, die Baumwollfläche sogar zu 100% mit Stickstoffsammlern zu sättigen, ohne den Anbau der Baumwolle einzuschränken.

Veranlaßt wurde diese Fragestellung durch Erfahrungen, die man bei der Baumwollkultur in Ägypten gemacht hat. Gewiß kann man diese Erfahrungen aus Ägypten nicht ohne weiteres auf den ganzen Baumwollgürtel ausdehnen, aber aus einer Untersuchung dieser Erfahrungen können sich neue Fragen ergeben, die die Aufmerksamkeit unserer Versuchsleiter verdienen.

Die Grundfrage, die mich interessierte, war folgende: In einigen Teilen Ägyptens, insbesondere im Nildelta, wird Baumwolle nach Baumwolle gebaut, und trotzdem kann von einer Monokultur nicht gesprochen werden, weil die einzelnen Baumwollsaaten durch alexandrinischen Klee, der einige Schnitte im Laufe der „Winterperiode“ gibt, voneinander getrennt werden. Der letzte Schnitt wird nicht zur Heugewinnung verwandt, sondern als Gründüngung untergepflügt. Dieser Klee nimmt in Ägypten 520000 ha ein und die Baumwolle 770000 ha, d.h., daß beinahe die ganze Baumwolle nach Klee steht. Zum Teil wird dort bei diesem Wechsel noch ein anderes Pflanzenpaar angebaut – Mais und Weizen. Für uns ist aber wichtig festzustellen, daß die Baumwolle in der Regel nach eingepflügtem Klee folgt, der ihr als wichtigste Stickstoffquelle dient.

Ist etwas Ähnliches bei uns möglich? Können wir nicht wenigstens einen Leguminosenschnitt zwischen zwei Baumwollfolgen haben? Bis jetzt schien dieses nicht möglich, weil die Versuche, Wintererbsen unter Baumwolle einzusäen, zu keinem befriedigenden Ergebnis geführt haben. Man soll sich damit aber nicht zufrieden geben und die Frage als erschöpft betrachten; man muß verschiedene Stickstoffsammler erproben, verschiedene Anbaumethoden und verschiedene Aussaatzeiten. Daß eine Verschiebung in dieser Hinsicht möglich ist, erkennt man aus den Artikeln von *W. G. Petrow*[1] über die Einsaat von Winterweizen in Baumwolle, die früher auch erfolglos war, jetzt aber, um nach den Mitteilungen in den genannten Artikeln zu urteilen, schon gelingt, wenn man die passende Sorte nimmt (eine der Formen

[1] Siehe z.B. „Sowchosproduktion“, 1944, Nr. 7.

Graecum) und die Aussaatzeit ändert – man sät den Weizen zwischen die Baumwollreihen recht früh, im August.

Dieses gibt Anlaß zu der Vermutung, daß man auch in der artenreichen Familie der Leguminosen einjährige Formen finden kann, die sich zur Einsaat in Baumwolle eignen. Wenn der alexandrinische Klee nur für Tadshikistan und Turkmenien von Interesse ist, dann sollte man für Usbekistan die Aufmerksamkeit z. B. auf den griechischen Bockshornklee („Pashitnik“ = Trigonella foenum graecum) lenken, der in Aserbaidshan unter dem Namen „Schambola“ mit Erfolg zu Futterzwecken angebaut wird. Diese Kultur findet man konzentriert im Gau Nachitschewan, wo sie im Ackerbau einen recht bedeutenden Platz einnimmt. In der Literatur finden wir wenig über die Technik des Anbaus dieser Pflanze, immerhin kommen aber folgende charakteristische Zeilen in einem Artikel von *Serpuchowa* vor[1]: „... Infolge kurzer Vegetationsperiode kann sie in verdichteten Fruchtfolgen als Zwischenkultur zu Futter- und Gründüngungszwecken angebaut werden und ist eine gute Vorfrucht für wertvolle technische Kulturen (Baumwolle, Tabak). Als Winterzwischenfrucht trifft man die ‚Schambola‘ in Frankreich“.

Es ist klar, daß man diese Pflanze in Mittelasien durch Untersaat in Baumwolle und als Zwischenkultur prüfen sollte.

Ein weiteres Interesse bietet der Inkarnatklee, der in Südeuropa im Gemenge mit Winterroggen angebaut wird zur Gewinnung des ersten Futters im Frühjahr. Der persische Klee („Schabdar“ = Tr. resupinatum) ist zu prüfen, nicht einfach als „persischer Klee“, sondern in der ganzen Mannigfaltigkeit seiner Arten, wie sie im Iran und Afghanistan vorkommen; schließlich sind auch noch andere Formen von einjährigen Leguminosen zu prüfen, die man aus botanischen Gärten (bei uns und im Ausland) und als Wildformen kennt.

Die Einführung der Stickstoffsammler dieses Typus ist eine sehr wichtige Maßnahme beim Ersatz der fehlenden Stickstoffdüngemittel und des Mistes, wobei diese Methode frei von einigen Mängeln ist, die dem Mist anhaften und besonders in Mittelasien spürbar sind. Hier gelangt der ganze Stickstoff der Düngung in den Boden ohne jegliche Verluste und ohne Transport; das ist ein Dünger, der auf dem Felde selbst wächst, das gedüngt werden soll, und der zu seiner Bereitung keine Einstreu beansprucht.

Sollte es gelingen, eine Leguminosenart zu finden, die sich nach dem Verfahren von *W. G. Petrow* in die Baumwolle einsäen läßt, dann kann das allgemein geschehen und sichert gute Baumwollernten auch dann, wenn mineralische Stickstoffdüngemittel vorübergehend fehlen. Nehmen wir der Einfachheit halber an, daß dieser Stickstoffsammler der griechische Bockshornklee („Pashitnik“) ist, dann würde diese hypothetische Fruchtfolge so aussehen: 1. Gerste mit Luzerneeinsaat, 2. Luzerne, 3. Luzerne, 4. und 5. Baumwolle mit Bockshornklee, 6. Baumwolle + Winte-

[1] *W. N. Serpuchowa*, Pashitnik (Schambola). Pflanzenbau der UdSSR 1939, Ausg. WIR, Band II, S. 457–476. (Russ.)

rung, 7. Winterung + Sommerzwischenfrucht + Bockshornklee, 8. und 9. Baumwolle + Bockshornklee.

Man sollte annehmen, daß 5 Aussaaten Bockshornklee und 3 Jahre Luzerne, auch wenn man nur an die Wurzelrückstände denkt, ausreichen, um 5 Baumwollernten mit genügender Stickstoffmenge zu versorgen. Man kann noch weiter gehen und gelten lassen, daß das Paar „Baumwolle + Trigonella" ohne Nachteile nicht nur zweimal nacheinander, sondern öfter wiederholt werden kann, wodurch die Baumwollfläche steigen würde ohne Ertragsrückgang. Zu diesem Zweck muß man aber *eine Gründüngungspflanze in der Hand haben* (sei es Trigonella oder Inkarnatklee oder „Alexandriner"), die sich mit Erfolg im Herbst unter Baumwolle einsäen läßt und bis zum Frühjahr etwa 100 kg Stickstoff speichert.

Je erfolgreicher diese Aufgabe gelöst wird, um so besser sind wir gesichert gegen Ertragsrückgänge bei Baumwolle in Perioden, wenn es an mineralischen Düngemitteln fehlt. Aber nicht nur bei Mangel an Stickstoffdüngemitteln, sondern auch in Zukunft, wenn die mineralischen Düngemittel ausreichend vorhanden sein werden, *ist es erforderlich, den Anbau der Winterstickstoffsammler beizubehalten*, um so mehr als man sie nicht nur zu Gründüngungszwecken, sondern auch zur *Winterfütterung* hauptsächlich des Milchviehs verwenden kann, dessen Kopfzahl in Mittelasien gehoben werden muß und das an Eiweißfutter besonderen Mangel leidet. Überhaupt ist es wichtig, mit Hilfe der Wintersaat verschiedener Arten (Getreide, Futter- und Gründüngungspflanzen) die zusätzliche Sonnenenergie zu nutzen, die in Mittelasien nicht nur im Herbst, sondern auch im Frühjahr (vor der Aussaat der Baumwolle) reichlich fließt, die aber nur von der Pflanze eingefangen werden kann, wenn sie vom Herbst her ihre assimilierende Oberfläche vorbereitet hat. Deshalb ist es auch angebracht, die Felder niemals unbestellt in den Winter gehen zu lassen[1].

In Transkaukasien sind die Bedingungen für den Anbau der Winterleguminosen zu Düngungszwecken noch günstiger: in dieser feuchten subtropischen Lage gibt es im Winter keine Fröste, die in Usbekistan üblich sind. Wenn beispielsweise in Suchumi manchmal im Januar Schnee fällt, dann bedeckt er die blühenden Rosen, fügt ihnen aber keinen Schaden zu, weil er sofort wieder taut. Außerdem sind die Niederschläge in diesen Bezirken so reichlich, daß eine Bewässerung nicht erforderlich ist. Bis jetzt ist die Gründüngung hauptsächlich in den Tee- und Zitrusplantagen angewandt worden, jetzt aber lenkt man die Aufmerksamkeit *(Kulshinski)* auf größere Maisfelder, die von September oder Oktober bis Anfang Mai leer stehen; es wäre möglich, auf diesen Flächen 50–100 t Grünmasse je Hektar im Laufe des Winters zu gewinnen, insbesondere bei Anwendung von Phosphoritmehl und Kalisalz. Bei großen Ernten ist es sehr wohl möglich, einen Teil der Masse zu verfüttern

[1] Um eine präzise Antwort auf die gestellte Frage zu erhalten, ist eine ergänzende experimentelle Durcharbeitung natürlich erforderlich. Die positive Lösung ist aber derart verlockend und die Arbeit in dieser Richtung so dankbar, daß sie die Aufmerksamkeit der mittelasiatischen Versuchsleiter verdienen sollte.

und trotzdem durch Unterpflügen der restlichen Masse einen höheren Maisertrag zu erzielen. Außerdem hat man die Möglichkeit, wertvolle Nahrungsmittel als „grüne Schoten" im Frühjahr zu ernten und den Rest der Erbsen entweder zu Düngungszwecken unterzupflügen oder an das Vieh zu verfüttern. Neben den Wintererbsen verdienen feinsamige Leguminosen, bei denen weniger Saatgut erforderlich ist, und zwar einjährige Kleearten, wie Inkarnatklee, persischer und alexandrinischer Klee[1], besondere Aufmerksamkeit. Auf den sauren Böden Transkaukasiens kann man im Gegensatz zu den Karbonatböden Mittelasiens Serradella und Lupine anbauen; auch die mehrjährige Lupine kann ihren Platz finden z.B. zur Festigung steiler Hänge zwischen den Terrassen der Tee- und Zitrusplantagen.

Außer der Gewinnung von Grünmasse zur Fütterung und Düngung ist der Anbau von Stickstoffsammlern in Transkaukasien auch deswegen sehr wichtig, weil er dem Kampf gegen die Erosion dient, die besonders dort groß ist, wo die jährlichen Niederschläge 2000 mm erreichen.

Die Maisbezirke können sich mit Saatgut selbst bedienen, aber für die Zitrus- und Teeplantagen ist es zweckmäßiger, das erforderliche Saatgut an Lupinen, Serradella und Erbsen aus dem Norden einzuführen, damit den Südkulturen nicht wertvoller Boden verloren geht.

Wenn man also für den Anfang, um den eigenen Bedarf an Leguminosensamen zu decken, das Saatgut vom Ausland beziehen konnte, dann muß man im Interesse der nächsten Jahre sofort eine Reihe systematischer Maßnahmen treffen, um neue einheimische Samenbauzentren der wertvollen Stickstoffsammler einzurichten, die uns helfen, den Ackerbau im Norden auszudehnen, die Getreide- und Kartoffelerträge im Zentrum nicht absinken zu lassen und in den subtropischen Gebieten die Ernten so wichtiger technischer und Speisekulturen wie Baumwolle, Tee- und Zitruspflanzen sicherzustellen.

In den subtropischen Gebieten begünstigt das milde Klima die Zwischenkultur der Stickstoffsammler, und im kontinentalen Sibirien ist es eine andere Voraussetzung, die gleichfalls große Möglichkeiten zur Anwendung der Gründüngung bietet – das Brachefeld vor Sommerweizen. Hinzu kommt die Schwierigkeit der Düngerausfuhr infolge weiter Entfernung vom Gehöft und infolge hügeligen Charakters der Landschaft insbesondere in Ostsibirien. Was die Auswahl der Pflanzen für die Gründüngung betrifft, so sind jene Gründe, die der Ausdehnung der einjährigen Lupine im Norden des europäischen Teiles der UdSSR im Wege stehen und an den Anbau der mehrjährigen Lupine denken lassen, in Sibirien in noch stärkerem Maße vorhanden. Dazu gehört die Möglichkeit, eigenen Samen zu gewinnen und seine viel größere Transportfähigkeit. Natürlich kann man in den Gauen Altai und Minussinsk auch den Samen der einjährigen Lupine gewinnen, aber auch hier wird die Möglichkeit, mit 30 kg statt 180–200 kg bei der Saat auskommen zu können, häufig von entscheidender Bedeutung sein. In vielen Fällen wird sich der Steinklee bewähren, der

[1] Unter diesen Bedingungen ist die oben erwähnte „ägyptische Fruchtfolge" – im Winter Stickstoffsammler, im Sommer Mais – durchaus zu verwirklichen.

für saure Böden ungeeignet ist, aber zur Einsaat in Sommerungen und zum Unterpflügen in das nächstjährige Brachefeld auf Salz- und schwach-alkalischen Böden eher in Frage kommt als die Lupine (daß der Steinklee die Felder verunkrautet, ist nicht zu befürchten, wenn man die Samenbildung verhindert).

Man kann also unter den verschiedenen Boden- und Klimaverhältnissen die Gründüngung anwenden als eine Maßnahme, die es ermöglicht – in der Erwartung, daß der Kleebau und die Tierhaltung wiederhergestellt und ausgedehnt werden – gewaltige Stickstoffmengen schneller dem wirtschaftlichen Kreislauf zuzuleiten und die Erträge bei Getreide und einer Reihe technischer Kulturen heraufzusetzen. Man muß aber im Auge behalten, daß sogar dann, wenn die Kleefläche 25% der Anbaufläche im Podsolstreifen erreicht hat, es zweckmäßig ist, auf die Gründüngung zu Winterungen nicht zu verzichten, damit der Dünger aus der Verfütterung des Klees zu Kartoffeln, Zuckerrüben, Hanf, Tabak und anderen wertvollen Kulturen verwandt werden kann.

Aus der Zahl der Stickstoffquellen müssen wir noch auf die städtischen Abfälle und den Torf hinweisen, deren Stickstoff mehr ausgenutzt werden soll.

Die Gesamtmenge des Stickstoffs in den Ausscheidungen des menschlichen Organismus kann für die zukünftige Bevölkerung unserer Union von 230 Millionen mit 1100000 t angenommen werden. Das könnte eine bedeutende Stickstoffquelle sein, die um ein Mehrfaches die Leistung unserer Stickstoffindustrie vor dem Kriege übersteigt, wenn es nur nicht so schwer wäre, diese Abfälle zu sammeln. In den Städten verschwinden sie in der Kanalisation und in den Dörfern wird der größte Teil verstreut, wie es gerade kommt. Es ist sehr schwer zu sagen, welcher Teil von ihnen ausgenutzt werden kann. Klar ist nur das eine, daß, wenn es an Düngemitteln überhaupt mangelt, die großen Möglichkeiten, die diese Stickstoffquelle bietet, nicht ignoriert werden dürfen. Das gilt insbesondere, wenn gleichzeitig der Torf genutzt wird. Die verbreitete Bereitung der Torf-Fäkalien-Komposte in bewohnten Orten, die keine Kanalisation kennen, ist nicht nur vom Standpunkt der Stickstofferhaltung, sondern auch in sanitärer Hinsicht von Wichtigkeit. Wo es an Torf fehlt, sollen die Exkremente mit Erde kompostiert werden[1].

Vor der Kompostierung, die ein massiges Produkt abgibt, ist noch ein anderes Verfahren zu nennen, das nicht nur zur Unschädlichmachung der Abfälle führt, sondern auch zur Gewinnung eines wertvollen Konzentrats, reich an N und einer nicht geringen Menge Phosphor – die Behandlung der Fäkalien mit Chlor und anschließende Trocknung derselben auf einer Scheibentrockenanlage[2]. Dieses Verfahren ist aber

---

[1] Als ein gutes Beispiel dafür, wie Fäkalmassen für landwirtschaftliche Zwecke, bei gleichzeitiger Entfernung derselben aus den bewohnten Orten genutzt werden können, führen wir einen Fall an, der sich in einer Kleinstadt Mittelasiens zutrug. Die benachbarten Kolchosbauern übernahmen es, die städtischen Bedürfnisanstalten zu leeren; sobald eine Grube gefüllt war, hoben sie daneben eine zweite aus und übertrugen auf diese die Überdachung. In die erste Grube füllten sie Erde. Dieser Kompost wird in einigen Monaten reif und kann als eine schon völlig geruchlose Masse auf die Felder gefahren werden.

[2] *S. P. Gussew* (Dissertation). (Russ.)

nur dann anwendbar, wenn die Kosten für Brennmaterial nicht ganz in den Preis der Poudrette aufgenommen, sondern teilweise von der Stadt (Ausgaben für Unschädlichmachung und Beseitigung von Unrat) getragen werden. Es gibt aber Bedingungen, unter denen die Bereitung der Poudrette auf Kosten der Sonnenwärme geschehen kann. Das wäre zu verwirklichen z. B. in Mittelasien, wo die Städte in der Regel keine Kanalisation haben und die klimatischen Bedingungen Regenarmut und starke Sonnenstrahlung im Laufe des Sommerhalbjahres mit sich bringen. Man kann sogar an die Gewinnung von schwefelsaurem Ammonium denken. Zu diesem Zweck müßte man den Inhalt der öffentlichen Bedürfnisanstalten als dünne Schicht in flachen Behältern mit geschwärztem Boden sammeln, dorthin auch die sauren Abfälle (z. B. Schwefelsäure aus den Beizanlagen der Baumwollreinigungswerke oder Bisulfat) leiten und schließlich die konzentrierte Lösung in sonnengeschützte Reservoire ablassen, damit Ammoniumsulfat auskristallisiert. Genau so könnte die Sonnenwärme dazu dienen, aus gewöhnlichen Mischungen der Abfälle, nach Behandlung mit Chlor, Poudrette herzustellen. In diesem Falle würde man zugleich mehrere Ziele erreichen – die Erhaltung des Ammoniaks, die Unschädlichmachung der Abfälle und die Beseitigung des üblen Geruchs. Aber auch dort, wo die chemischen Methoden der Einwirkung nicht zugänglich sind, ermöglicht die Sonne in Mittelasien die Anwendung verschiedener Verfahren zur teilweisen oder vollen Ausnutzung der Fäkalmassen mit größerem Erfolg als an irgendeiner anderen Stelle[1].

Hinsichtlich des Torfes ist zu sagen, daß er zur Einstreu dient, den Dünger vermehrt und seinen Wert hebt. Wichtig ist die Bereitung von Torfkompost mit Zusatz verschiedener Stoffe außer den Fäkalien wie beispielsweise Jauche, Geflügeldünger, Unkräuter, Schlempe (wenn sie nicht ganz verfüttert wird) unter Zugabe von Asche, insbesondere wenn es sich um sauren Torf, Teichschlamm usw. handelt.

Bei der Bereitung der Torf-Fäkalien-Düngemittel spielt auch der Stickstoff des Torfes eine Rolle, und teilweise wird auch der Torf als solcher zur Düngung verwandt. Es muß aber gesagt werden, daß der Stickstoff des Torfes nicht mechanisch dem Stickstoff der Fäkalmassen zugerechnet werden kann, weil er viel schwerer der Mineralisierung unterliegt. Deswegen lohnt es kaum, den aufnehmbaren Teil des Torfstickstoffs zu berechnen; man kann aber ungefähr annehmen, daß die Fäkalien und der Torf etwa 500000 t zusätzlichen leicht mineralisierenden Stickstoff liefern.

Abschließend ist zu sagen, daß wir *über die größten Möglichkeiten verfügen, die Stickstoffbilanz in unserer Landwirtschaft radikal zu ändern und auch das vorübergehende Stickstoffdefizit als Folge der Kriegszeit zu beseitigen.*

---

[1] Hierher gehört vor allen Dingen die getrennte Sammlung der flüssigen und der festen Ausscheidungen in der Weise, daß die ersteren in eine Grube abfließen und die anderen ohne jede Beimengung austrocknen. Aber eine vollere Ausnutzung des einen und des anderen Teiles ist dann gewährleistet, wenn an Stelle der Gruben oberirdische Anlagen treten und die Ausscheidungen ständig mit Lößboden überstreut werden, der sich ausgezeichnet zerkleinern läßt und die Menge des zuzusetzenden Ballastes nicht unnötig vermehrt. *(P. J. Gurow)*.

SCHLUSSFOLGERUNG

Wie sich aus allem, was gesagt wurde, ergibt, muß die Lösung des Stickstoffproblems auf folgenden zwei Wegen angestrebt werden: 1. bessere Versorgung mit mineralischen Düngemitteln vor allem der technischen Kulturen und 2. maximale Ausnutzung des „biologischen Stickstoffs" durch ausgedehnteren Anbau von Stickstoffsammlern, bessere Düngergewinnung und Düngeranwendung, sowie Mobilisierung anderer örtlicher Düngerreserven (Torf, Fäkalien usw.). Dabei muß man den Unterschied im Düngungssystem bei technischen Kulturen und bei Getreide keineswegs als eine nur vorübergehende Erscheinung betrachten, die davon abhängt, daß unsere junge chemische Industrie noch nicht imstande ist, genau so viel Düngemittel für Getreide wie für Baumwolle oder Rüben zu liefern. Selbstverständlich wird auch künftig aus ökonomischen Gründen ein Unterschied in dieser Beziehung bestehen bleiben zwischen solchen Kulturen, deren Fläche begrenzt ist (Baumwolle, Tee) und bei denen nur ein Multiplikator (die Ertragshöhe) wesentlich geändert werden kann, und anderen Kulturen, wie Getreide und Klee, wo sich beide Multiplikatoren (Anbaufläche und Ertrag), die den Gesamtertrag bestimmen, ändern lassen.

Aber natürlich sprechen wir von zwei entgegengesetzten Düngungssystemen nur, um den Dingen einmal näher zu kommen, denn tatsächlich gibt es eine ganze Reihe von Übergängen. So wird an einem Ende dieses vielfarbigen Spektrums die mistlose Wirtschaft der Tee- und Zitrusplantagen stehen, bei der man zum Kampf gegen die Erosion und zwecks Speicherung der organischen Substanz natürlich zur Gründüngung greifen muß, wobei aber die Versorgung der Pflanzen mit mineralischer Nahrung in der Hauptsache auf der Anwendung industrieller Düngemittel beruht. In der Baumwollwirtschaft tritt schon neben der sehr wichtigen mineralischen Düngung die Luzerne in den Vordergrund, und es erscheinen Vieh- und organischer Dünger. Eine stärkere Verschiebung in Richtung des organischen Düngers finden wir in der Rübenwirtschaft, und noch stärker wird diese Verschiebung bei der Landwirtschaft im Norden, wo Getreide im Wechsel mit Klee und Kartoffeln angebaut wird. Hier treffen wir schon den Übergang zur „Überdüngerwirtschaft" (aber der Lein wird trotzdem mineralische Düngung bekommen müssen). Wenn aber die Teeplantagen im Süden und die Milchwirtschaft im Norden Kontraste bilden, dann kontrastiert mit beiden die Steppenwirtschaft des unbewässerten Teiles von Kasachstan, Kirgisien und Westsibirien im Osten, wo sogar der Mist noch unbefriedigend genutzt wird. In den waldlosen Steppenbezirken macht sich die Verwendung des Mistes zur Herstellung von Brennmaterial (Kisjak) störend bemerkbar, und in den bewaldeten und gebirgigen Gegenden von Ostsibirien tritt ein anderes Hindernis auf – die Schwierigkeit der Mistausfuhr auf die in der Taiga verstreuten Ackerflächen, was wieder an die Anwendung der Gründüngung denken läßt. So können sich in gewisser Beziehung Extreme berühren – feuchte subtropische Landstriche und das kontinentale Sibirien.

Zwischen den genannten Kontrasttypen wird natürlich eine ganze Reihe von Übergängen bei der Aufstellung der Düngungssysteme im Hinblick auf die Mannigfaltigkeit der Bedingungen in den einzelnen Teilen unserer Heimat zu finden sein. Wenn wir von dem erwünschten Durchschnittsertrag oder von der durchschnittlichen Bilanz der Düngung und des Nährstoffentzuges aus dem Boden sprechen, dann müssen wir im Auge behalten, daß dieser Durchschnitt aus den verschiedensten Komponenten zusammengesetzt ist.

Außerdem ist es selbstverständlich, daß man bei Planungen, die den sechsten Teil der trockenen Erdoberfläche betreffen, immer zu einem gewissen allgemeinen Schema kommen muß. Aber in einzelnen Fällen wird man Abweichungen von diesem Schema beobachten. So wird es möglich sein, einen Teil der Stickstoffdüngemittel den technischen Kulturen zu entziehen und dem bewässerten Getreide zuzuführen, weil die großen Bewässerungskosten durch hohe Ernten aufgewogen werden müssen. Genau so ist der Getreidebau im äußersten Norden an die Verwendung stickstoffhaltiger Düngemittel gebunden.

Und trotzdem ändert das alles die Hauptrichtung bei der Lösung der Stickstofffrage auf der riesigen Fläche der Getreidearten nicht.

Zum Schluß möchte ich auf folgendes hinweisen: Wir projektieren zur Zeit als nächste Perspektive einen Plan der Stickstoffbilanz, der vorwiegend auf der Ausdehnung von Stickstoffsammlern, auf dem „biologischen" Stickstoff beruht, und gehen bei den Aufträgen an die chemische Industrie von den minimalen Ansprüchen der technischen und anderen wertvolleren Kulturen an die mineralischen stickstoffhaltigen Düngemittel aus. Das bedeutet aber keinesfalls, daß wir damit dem weiteren Wachstum der chemischen Industrie und der Verwendung mineralischer Stickstoffdüngemittel irgendwelche Schranken auferlegen wollen. Dieser Plan ist als eine der Etappen auf dem Wege zu weiterem Wachstum zu betrachten; durch ihn werden wir verpflichtet und in die Lage gesetzt, Länder zu überholen, die bisher in technischer und ökonomischer Hinsicht führend waren. Es geht darum, daß der unserem Plan entsprechende Ausbau der chemischen Industrie[1], sogar in den Grenzen der projektierten Bilanz, den Umfang der Vorkriegsproduktion nicht nur eines Landes wie Deutschland, sondern Deutschland und Japan zusammen, bei weitem über-

[1] Das betrifft die Summe aller mineralischen Düngemittel und nicht den Stickstoff allein.

trifft. Trotzdem bedeutet das Wachstum der Produktion in der UdSSR noch keineswegs eine Sättigung der Landwirtschaft mit Düngemitteln, während in den genannten Ländern eine wirtschaftliche Notwendigkeit zu weiterem Ausbau in der chemischen Industrie deswegen nicht besteht, weil die vorhandenen Anbauflächen schon wesentlich gesättigt sind und neue Flächen infolge Landmangels nicht zur Verfügung stehen. Wir aber können, abgesehen von der Möglichkeit, das Ackerland auszudehnen, auch bei der bestehenden Anbaufläche noch bedeutend mehr Düngemittel in Zukunft anwenden, und zwar auf unseren Getreidefeldern. Und wenn die Stickstoffproduktion auch das Getreide versorgt haben wird, dann muß unsere Stickstoffindustrie in ihrer Kapazität nicht nur die gesamte Leistung der europäischen Länder übertreffen, sondern auch imstande sein, mit der Weltindustrie in Konkurrenz zu treten, sofern dieses notwendig sein sollte.

www.ingramcontent.com/pod-product-compliance
Lightning Source LLC
LaVergne TN
LVHW060623300926
849162LV00008B/1694